CHUMOPING YU BIANPINQI
YINGYONG JISHU

触摸屏与变频器应用技术

主　编　陈立奇　侯小毛
副主编　张群慧　周惠芳　徐仁伯
参　编　赵　勇　张金菊

中国电力出版社
CHINA ELECTRIC POWER PRESS

内 容 提 要

本书共十一个项目，每个项目都由若干个工作任务组成，主要内容有认识触摸屏；电容触摸屏的生产流程介绍；威伦触摸屏硬件设定；认识 MCGS 组态软件；认识变频器；变频器选用、维护与维修；西门子 420 变频器调试；三菱通用变频器 FR-A700 的调试；触摸屏与 PLC 的应用；变频器的应用；触摸屏、变频器与 PLC 的综合应用。各个项目在编写过程中都以完成工作任务为目标，注重理论知识和技能的结合。

本书既可作为高职高专院校自动化和机电一体化专业的教材，也可以供广大电气工程技术人员学习和参考使用。

图书在版编目（CIP）数据

触摸屏与变频器应用技术/陈立奇，侯小毛主编. —北京：中国电力出版社，2015.12

ISBN 978-7-5123-8608-2

Ⅰ.①触… Ⅱ.①陈…②侯… Ⅲ.①触摸屏②变频器 Ⅳ.①TP334②TN77

中国版本图书馆 CIP 数据核字（2015）第 283608 号

中国电力出版社出版、发行

（北京市东城区北京站西街 19 号 100005 http://www.cepp.sgcc.com.cn）

三河市航远印刷有限公司印刷

各地新华书店经售

*

2015 年 12 月第一版 2015 年 12 月北京第一次印刷

787 毫米×1092 毫米 16 开本 14 印张 306 千字

印数 0001—3000 册 定价 **38.00** 元

前 言

PLC 作为先进的、应用势头最强的工业控制器已风靡全球。变频器作为交流电动机的驱动器，广泛应用于现代的工业生产和民用生活中，而使用触摸屏进行监控操作是现代工业控制的常用手段。在各行各业的机电设备中，触摸屏与变频器技术不仅应用于工业，而且已进入家庭，在家电工业领域，空调器、电冰箱都有了变频器控制的相应产品，提高了家电产品的经济技术指标和智能化水平。随着现代化程度的提高，对触摸屏与变频器的应用会更加普及。

使用好触摸屏与变频器是一门实践性很强的学问，其难易程度并不亚于使用好一台个人电脑。但是，现在社会上已有的有关触摸屏与变频器技术资料，多为介绍触摸屏与变频器的设计、制造方面的知识，即使学习和掌握了这些内容，到了工程现场，仍不能正确使用和应用，这是由于有关应用的资料太少，而社会上对能正确使用和应用触摸屏与变频器的技术人员需求量很大，还有就是将综合介绍这两种技术的书籍更少，尤其是通过项目与阶梯实操案例把多门专业课程有机地结合起来，培养读者专业能力和综合素质的书籍更是少之又少。针对这种现状，本书主要是以西门子变频器 MM420 型与 EB8000 威伦触摸屏来介绍，再适当介绍三菱通用变频器 FR-A700、FR-D720S 与 MCGS 触摸屏来触类旁通掌握其他厂家的变频器与触摸屏的使用方法与技能。本书可供本科、大专、高职、中专等各类学校相关专业选用。

本书在内容上努力做到理论与实践紧密结合，侧重实践操作。理论知识以够用为度；技能实践方面以培养掌握复杂操作、新技术操作的技能和增强分析、判断、排除各种实际故障的能力为重点。文字叙述尽量做到深入浅出、通俗易懂、图文并茂，可以帮助广大读者自学，再加以实际操作培训，即可全面掌握该项实践技能。

全书由陈立奇、侯小毛任主编，张群慧、周惠芳、徐仁伯任副主编，赵勇、张金菊任参编，参加资料搜集和整理的人员还有：覃弋伦、彭微微、柳周、罗亮、周志华、熊溪、蔡张华、罗凯耀、周佳乐、刘志慧、周志华、易晨晖、唐慧等，在编写过程中参考了相关出版物，在此一并表示感谢。

由于编写时间仓促，加之编者水平有限，书中的错误和不当之处在所难免，恳请读者提出宝贵意见。

编　者

目 录

项目四 认识 MCGS 组态软件

项目五 认识变频器

项目六 变频器选用、维护与维修

项目七 西门子 420 变频器调试

项目八 三菱通用变频器 FR-A700 的调试

项目九 触摸屏与 PLC 的应用

项目十 变频器的应用

项目十一 触摸屏、变频器与PLC的综合应用

项 目 一

认 识 触 摸 屏

触摸屏是目前最新的一种交互式图视化人机界面设备。人机界面又称为人机接口，简称HMI。HMI 泛指计算机与操作人员交换信息的设备。其基本原理是，用手指或其他物体触摸安装在显示器前端的触摸屏时，所触摸的位置（以坐标形式）由触摸屏控制器检测，并通过接口（如 RS-232 串行口）送到 CPU，从而确定输入的信息。

触摸屏系统一般包括触摸屏控制器（卡）和触摸检测装置两个部分。其中，触摸屏控制器（卡）的主要作用是从触摸点检测装置上接收的触摸信息，并将它转换成触点坐标，再送给 CPU，它同时能接收 CPU 发来的命令并加以执行；触摸检测装置一般安装在显示器的前端，主要作用是检测用户的触摸位置，并传送给触摸屏控制卡。如图 1-1 所示。

图 1-1　常见的触摸屏外形图

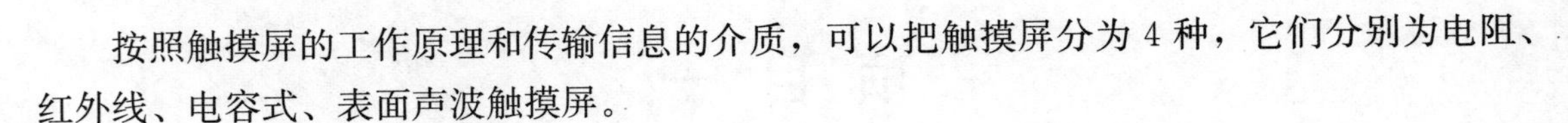

按照触摸屏的工作原理和传输信息的介质，可以把触摸屏分为 4 种，它们分别为电阻、红外线、电容式、表面声波触摸屏。

▶任务一 认识电阻触摸屏

电阻触摸屏的屏体部分是一块与显示器表面相匹配的多层复合薄膜，由一层玻璃或有机玻璃作为基层，表面涂有一层透明的导电层，上面再盖有一层外表面硬化处理、光滑防刮的塑料层，它的内表面也涂有一层透明导电层，在两层导电层之间有许多细小［小于 1‰（1in=0.0254m）］的透明隔离点把它们隔开绝缘。

当手指触摸屏幕时，平常相互绝缘的两层导电层就在触摸点位置有了一个接触，因其中一面导电层接通 Y 轴方向的 5V 均匀电压场，使得侦测层的电压由零变为非零，这种接通状态被控制器侦测到后，进行 A/D 转换，并将得到的电压值与 5V 相比即可得到触摸点的 Y 轴坐标，同理得出 X 轴的坐标，这就是所有电阻技术触摸屏共同的最基本原理。电阻类触摸屏的关键在于材料科技。电阻屏根据引出线数多少，分为四线、五线、六线等多线电阻触摸屏。电阻式触摸屏在强化玻璃表面分别涂上两层 OTI 透明氧化金属导电层，最外面的一层 OTI 涂层作为导电体，第二层 OTI 则经过精密的网络附上横竖两个方向的 0V 至＋5V 的电压场，两层 OTI 之间以细小的透明隔离点隔开。当手指接触屏幕时，两层 OTI 导电层就会出现一个接触点，电脑同时检测电压及电流，计算出触摸的位置，反应速度为 10～20ms。

五线电阻触摸屏的外层导电层使用的是延展性好的镍金涂层材料，外导电层由于频繁触摸，使用延展性好的镍金材料目的是延长使用寿命，但是工艺成本较为高昂。镍金导电层虽然延展性好，但是只能作透明导体，不适合作为电阻触摸屏的工作面，因为它电导率高，而且金属不易做到厚度非常均匀，不宜作电压分布层，只能作为探层。

电阻触摸屏是一种对外界完全隔离的工作环境，不怕灰尘和水汽，它可以用任何物体来触摸，可以用来写字画画，比较适合工业控制领域及办公室内有限人的使用。电阻触摸屏共同的缺点是因为复合薄膜的外层采用塑胶材料，不知道的人太用力或使用锐器触摸可能划伤整个触摸屏而导致报废。不过，在限度之内，划伤只会伤及外导电层，外导电层的划伤对于五线电阻触摸屏来说没有关系，而对四线电阻触摸屏来说是致命的。如图 1-2 所示，典型电阻触摸屏的工作部分一般由三部分组成，分别为：两层透明的阻性导体层、两层导体之间的隔离层、电极。阻性导体层选用阻性材料，如将铟锡氧化物（ITO）涂在衬底上，上层衬底用塑料，下层衬底用玻璃。隔离层为粘性绝缘液体材料，如聚酯薄膜。电极选用导电性能极好的材料，如银粉墨，其导电性能大约为 ITO 的 1000 倍。触摸屏工作时，上下导体层相当于电阻网络，如图 1-3 所示。当某一层电极加上电压时，会在该网络上形成电压梯度。如有外力使得上下两层在某一点接触，则在电极未加电压的另一层可以测得接触点处的电压，从而知道接触点处的坐标。比如，在顶层的电极（X+，X－）上加上电压，则在顶层导体层上形成电压梯度，当有外力使得上下两层在某一点接触，在底层就可以测得接触点处的电压，再根据该电压与电极（X＋）之间的距离关系，知道该处的 X 坐标。然后，将电压切换到底层电极（Y＋，Y－）上，并在顶层测量接触点处的电压，从而知道 Y 坐标。

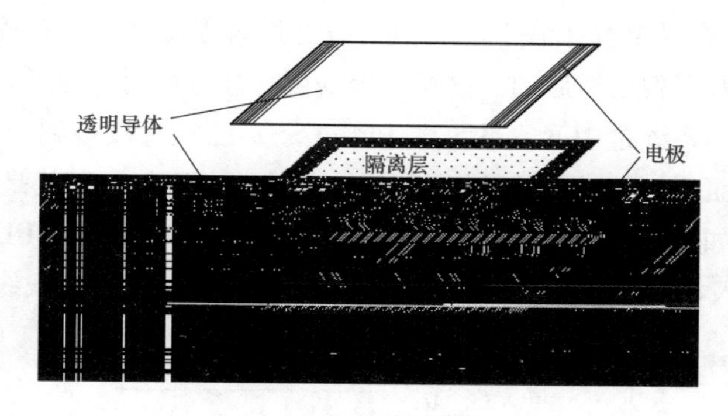

图 1-2 典型电阻触摸屏结构

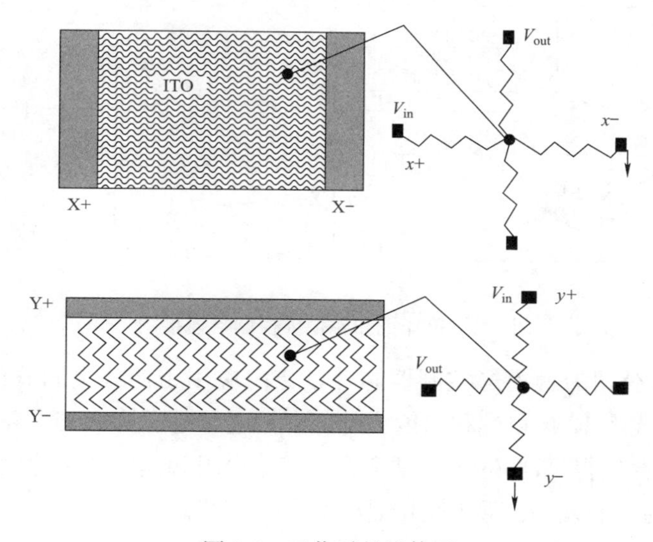

图 1-3 工作时的导体层

触摸屏的控制实现在很多 PDA 应用中，将触摸屏作为一个输入设备，对触摸屏的控制也有专门的芯片。很显然，触摸屏的控制芯片要完成两件事情：①完成电极电压的切换；②采集接触点处的电压值（即 A/D）。本书以 BB（Burr-Brown）公司生产的芯片 ADS7843 为例，介绍触摸屏控制的实现。

1.1.1 触摸屏控制器硬件设计

ATmega 128 单片机是 ATMEL 公司的 8 位 RISC 单片机，片内有 128KB Flash、4KB RAM、4KB EEPROM 两个可编程的 USART、1 个可工作在主机/从机的 SPI 串行接口。此外还有丰富的 I/O 接口 8 通道 10 位分辨率 ADC 转换器等硬件资源。

ATmega 128 单片机目前最常用的封装是 TQFP-64。低电压版本的 ATmega 128 支持

3.3V、5V 两种供电电压，本系统采用 5V 供电，便于供电电压统一。晶振采用常规直插晶振 7.373800M，选用标准晶振的目的主要是为了提高 USART 通信波特率的准确性，使单片机能够使用于比较高的通信波特率。复位电路采用常规的 RC 复位，没有使用特殊的复位器件，ATmega 128 已经内置了看门狗，并且可以通过编程使看门狗在程序启动前启动，即上电后程序启动前，看门狗已经启动，这样系统的可靠性可以得到保证，看门狗最高分频系数是 2048K，最小分频系统是 16K。系统中 PB0（SS）已经直接接到＋5V，这样硬件配置了单片机为主机，下面所有外挂的均为从机，本系统外挂只有一个就是 ADS7843。单片机和触摸屏控制器连接如图 1-4 所示，PB1（CLK）定义为 SPI 时钟，PB2（MOSI）定义为 SPI 主机输出从机输入，PB3（MISO）SPI 主机输入从机输出。这三根线称之为 SPI 总线。

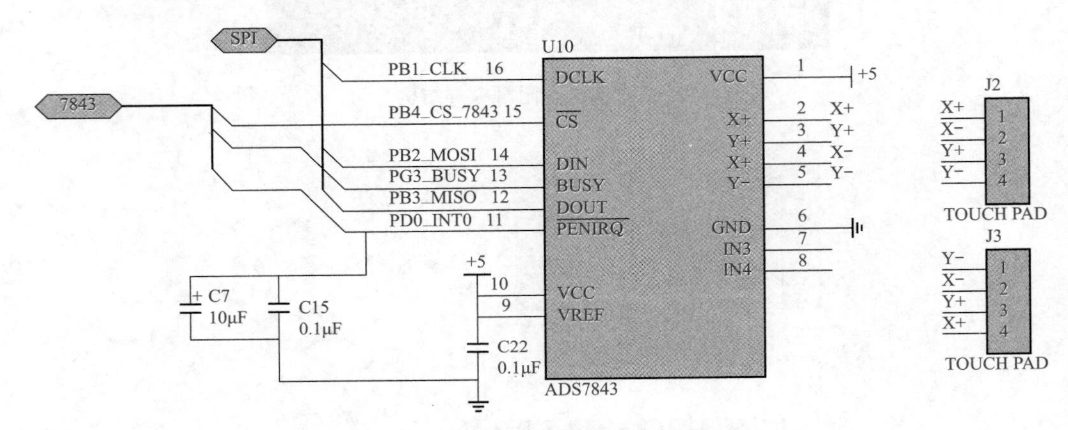

图 1-4　单片机和触摸屏控制器连接图

ADS7843 是 TI 公司的触摸屏控制器芯片，专门应用于四线电阻式触摸屏，最高达到 125K 的转换率 8 位或者 12 位可编程精度。外部参考电压范围从 1V 到 V_{CC} 均可，V_{CC} 最高电压为 5V，高速低功耗使得 ADS7843 非常适合于使用电阻触摸屏的手持设备。宽温度设计使得它很适用于大量的工业现场。温度范围是－40～＋85℃。

ADS7843 连接触摸屏的示意图如图 1-5 所示。

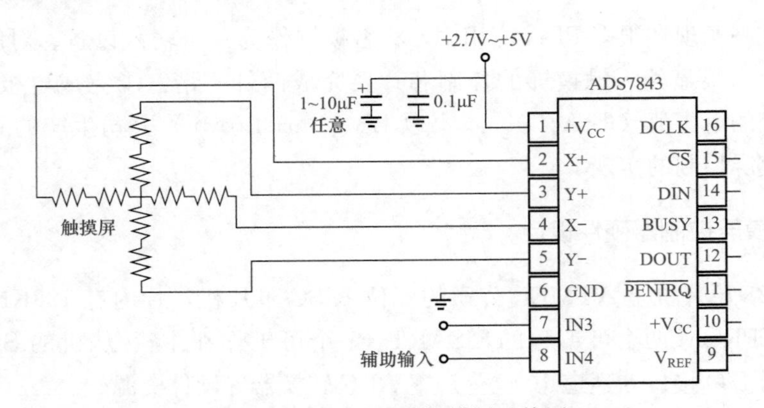

图 1-5　ADS7843 和触摸屏连接图

触摸屏是一个四线电阻屏幕，可以示意突出两个电阻，测量 X 方向的时候，将 X+、X−之间加上参考电压 U_{REF}，Y−断开，Y+作为 A/D 输入，进行 A/D 转换获得 X 方向的电压，同理测量 Y 方向的时候，将 Y+、Y−之间加上参考电压 V_{REF}，X−断开，X+作为 A/D 输入，进行 A/D 转换获得 Y 方向的电压，之后再完成电压与坐标的换算。整个过程类似一个电位器，触摸不同的位置分得不同的电压。

以上所需要的加参考电压、断开、A/D 转换等工作都是 ADS7843 直接完成的，只需要将相应的命令传输到 ADS7843 即可，等待转换周期完成，检测到 BUSY 信号不再忙，即可以获得相应电压的数据。

此外 PENIRQ 一般需要一个上拉电阻，因为 ADS7843 是一个 OC 门输出结构，本系统中直接使用 ATmega 128 内部的上拉电阻。单片机中断系统中将 INT0 分配给触摸屏控制器，并且设定成低电平触发，这样可以检测按键时间，可以用按键长短处理不同的功能。

1.1.2 ADS7843 的基本特性与典型应用

ADS7843 是一个内置 12 位模/数转换、低导通电阻模拟开关的串行接口芯片。供电电压 2.7～5V，参考电压 V_{REF} 为 1～$+U_{CC}$，转换电压的输入范围为 0～U_{REF}，最高转换速率为 125kHz。ADS7843 的引脚配置如图 1-6 所示。

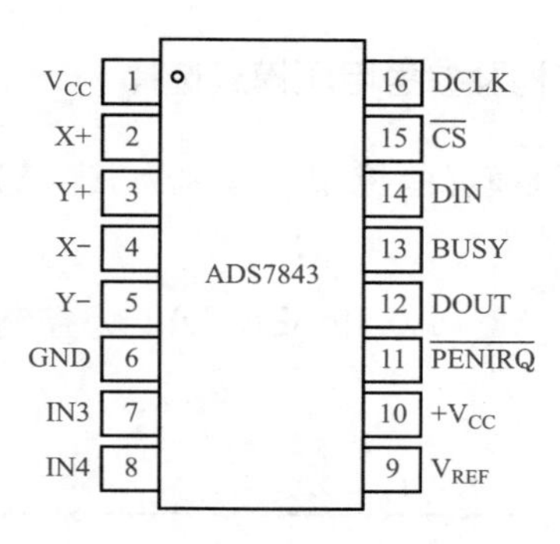

图 1-6 ADS7843 引脚

表 1-1 为引脚功能说明，图 1-7 为典型应用。

表 1-1 引 脚 功 能 说 明

引脚号	引脚名	功能描述
1，10	$+U_{CC}$	供电电源 2.7～5V
2，3	X+、Y+	接触摸屏正电极，内部 A/D 通道
4，5	X−、Y−	接触摸屏负电极
6	GND	电源地
7，8	IN3、IN4	两个附属 A/D 输入通道
9	U_{REF}	A/D 参考电压输入
11	$\overline{\text{PENIRQ}}$	中断输出，须接外拉电阻（10kΩ 或 100kΩ）

续表

引脚号	引脚名	功能描述
12，14，16	DOUT、DIN、DCLK	串行接口引脚，在时钟下降沿数据移出，上升沿移进
13	BUSY	忙指示，高电平有效
15	$\overline{CS}$	片选

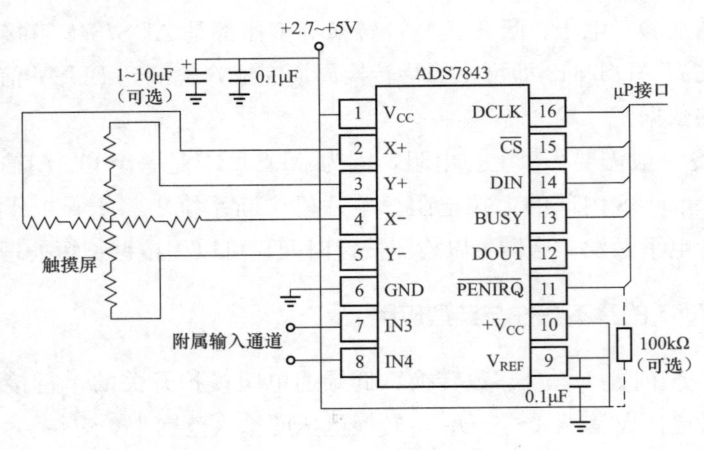

图 1-7　ADS7843 的典型应用

1.1.3　ADS7843 的内部结构及参考电压模式选择

ADS7843 之所以能实现对触摸屏的控制，是因为其内部结构很容易实现电极电压的切换，并能进行快速 A/D 转换。

图 1-8 所示为其内部结构，A2～A0 和 SER/$\overline{DFR}$为控制寄存器中的控制位，用来进行开关切换和参考电压的选择。

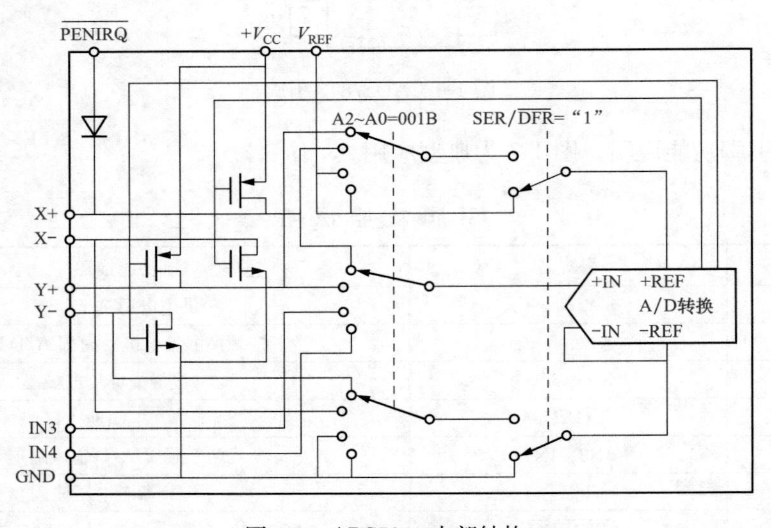

图 1-8　ADS7843 内部结构

ADS7843 支持两种参考电压输入模式：一种是参考电压固定为 V_{REF}；另一种采取差动模式，参考电压来自驱动电极。这两种模式分别如图 1-9（a）、（b）所示。

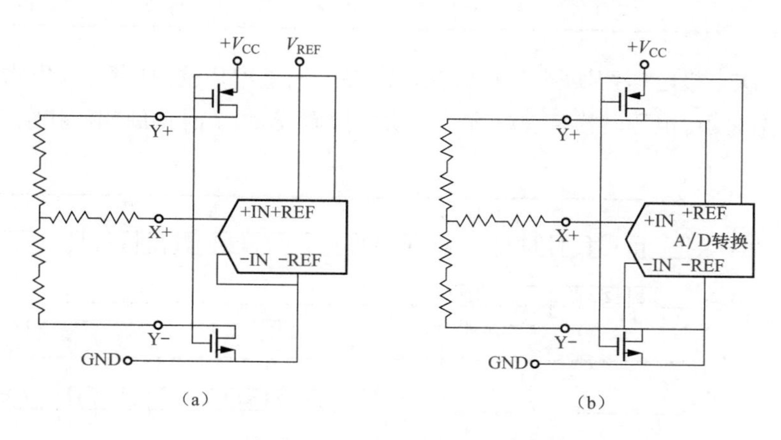

图 1-9 参考电压输入模式

采用图 1-9（b）的差动模式可以消除开关导通压降带来的影响。两种参考电压输入模式所对应的内部开关状况见表 1-2、表 1-3。

表 1-2　参考电压非差动输入模式（SER/$\overline{DFR}$＝“1”）

A2	A1	A0	X+	Y+	IN3	IN4	−IN	X 开关	Y 开关	+REF	−REF
0	0	1	+IN				GND	OFF	ON	$+V_{REF}$	GND
1	0	1		+IN			GND	ON	OFF	$+V_{REF}$	GND
0	1	0			+IN		GND	OFF	OFF	$+V_{REF}$	GND
1	1	0				+IN	GND	OFF	OFF	$+V_{REF}$	GND

表 1-3　参考电压差动输入模式（SER/$\overline{DFR}$＝“0”）

A2	A1	A0	X+	Y+	IN3	IN4	−IN	X 开关	Y 开关	+REF	−REF
0	0	1	+IN				−Y	OFF	ON	+Y	−Y
1	0	1		+IN			−X	ON	OFF	+X	−X
0	1	0			+IN		GND	OFF	OFF	$+V_{REF}$	GND
1	1	0				+IN	GND	OFF	OFF	$+V_{REF}$	GND

1.1.4 ADS7843 的控制字及数据传输格式

ADS7843 的控制字如表 1-4 所示，其中，S 为数据传输起始标志位，该位必为“1”。A2～A0 进行信道选择（见表 1-2 和表 1-3）。MODE 用来选择 A/D 转换的精度，“1”选择 8 位，“0”选择 12 位。SER/$\overline{DRF}$选择参考电压的输入模式（见表 1-2 和表 1-3）。PD1、PD0 选择省电模式：“00”省电模式允许，在两次 A/D 转换之间掉电，且中断允许；“01”同“00”，只是不允许中断；“10”保留；“11”禁止省电模式。

表 1-4　　**ADS7843 的控制字**

bit7（MSB）	bit6	bit5	bit4	bit3	bit2	bit1	bit0
s	A2	A1	A0	MODE	SER/$\overline{DFR}$	PD1	PD0

为了完成一次电极电压切换和 A/D 转换，需要先通过串口往 ADS7843 发送控制字，转换完成后再通过串口读出电压转换值。标准的一次转换需要 24 个时钟周期，如图 1-10 所示。

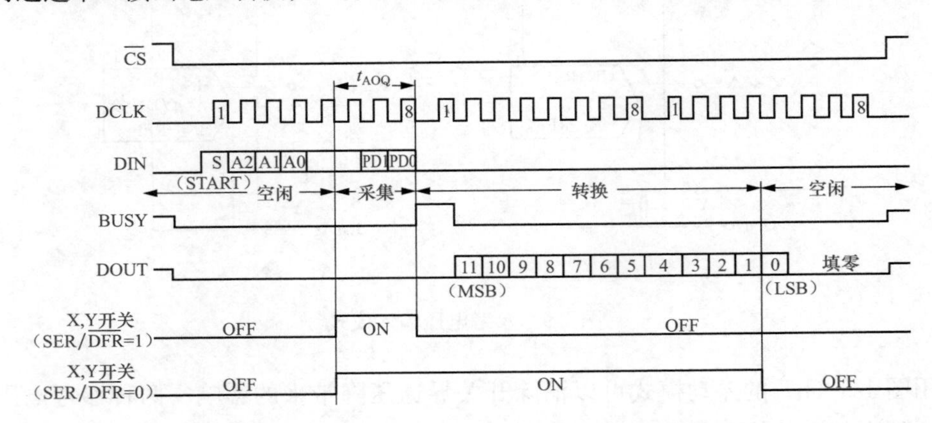

图 1-10　A/D 转换时序（每次转换需 24 个时钟周期）

由于串口支持双向同时进行传送，并且在一次读数与下一次发控制字之间可以重叠，所以转换速率可以提高到每次 16 个时钟周期，如图 1-11 所示。

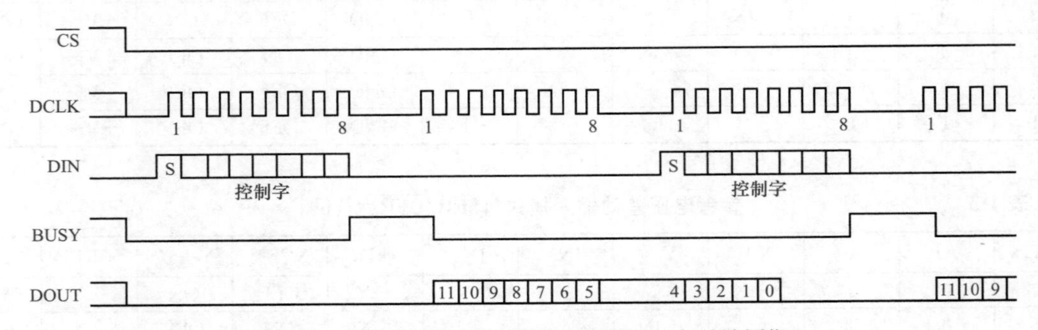

图 1-11　A/D 转换时序（每次转换需 16 个时钟周期）

如果条件允许，CPU 可以产生 15 个 CLK 的话（如 FPGAs 和 ASICs），转换速率还可以提高到每次 15 个时钟周期，如图 1-12 所示。

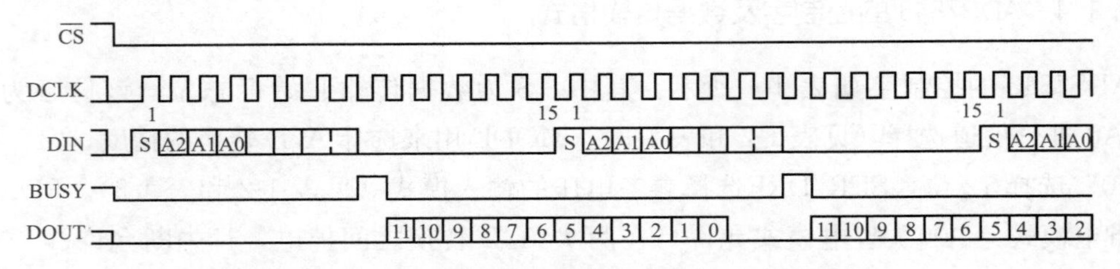

图 1-12　A/D 转换时序（每次转换需 15 个时钟周期）

1.1.5 触摸屏控制器驱动程序设计（汇编语言与C语言分别如下）

ADS7843的典型应用如图1-7所示。假设μP接口与51单片机的P1.3～P1.7相连，现以一次转换需24个时钟周期为例，介绍A/D转换时序的程序设计。

```
；A/D接口控制线
DCLKBITP1.3
CSBITP1.4
DINBITP1.5
BUSYBITP1.6
DOUTBITP1.7
；A/D信道选择命令字和工作寄存器
CHXEQU094H；信道X+的选择控制字
CHYEQU0D4H；信道Y+的选择控制字
CH3EQU0A4H
CH4EQU0E4H
AD_CHEQU35H；信道选择寄存器
AD_DATAHEQU36H；存放12 bit A/D值
AD_DATALEQU37H
；存放信道CHX+的A/D值
CHX_AdHEQU38H
CHX_AdLEQU39H
；存放信道CHY+的A/D值
CHY_AdHEQU3AH
CHY_AdLEQU3BH
；==============================
；采集信道CHX+的程序段（CHXAD）
CHXAD：
MOVAD_CH，#CHX
LCALLAD_RUN
MOVCHX_AdH，AD_DATAH
MOVCHX_AdL，AD_DATAL
RET
；采集信道CHY+的程序段（CHYAD）
CHYAD：
MOVAD_CH，#CHY
LCALLAD_RUN
MOVCHY_AdH，AD_DATAH
MOVCHY_AdL，AD_DATAL
```

```
RET
；===================================
；A/D转换子程序（AD_RUN）
；输入：AD_CH-模式和信道选择命令字
；输出：AD_RESULTH，L；12 bit 的 A/D 转换值
；使用：R2；辅助工作寄存器
AD_RUN：
CLRCS；芯片允许
CLRDCLK
MOVR2，#8；先写 8 bit 命令字
MOVA，AD_CH
AD_LOOP：
MOVC，ACC.7
MOVDIN，C；时钟上升沿锁存 DIN
SETBDCLK；开始发送命令字
CLRDCLK；时钟脉冲，一共 24 个
RL A
DJNZR2，AD_LOOP
NOP
NOP
NOP
NOP
ADW0：
JNBBUSY，AD_WAIT；等待转换完成
SJMPADW1
AD_WAIT：
LCALLWATCHDOG
NOP
SJMPADW0
CLRDIN
ADW1：
MOVR2，#12；开始读取 12bit 结果
SETBDCLK
CLRDCLK
AD_READ：
SETBDCLK
CLRDCLK；用时钟的下降沿读取
MOVA，AD_DATAL
MOVC，DOUT
```

```
RLCA
MOVAD _ DATAL，A
MOVA，AD _ DATAH
RLCA
MOVAD _ DATAH，A
DJNZR2，AD _ READ
MOVR2，＃4；最后是没用的 4 个时钟
IGNORE：
SETBDCLK
CLRDCLK
DJNZR2，IGNORE
SETBCS；禁止芯片
ANLAD _ DATAH，＃0FH；屏蔽高 4 bit
RET
```

SPI 初始化程序：

```
void spi _ init（void）
{
SPCR＝0x53；//setup SPI
SPSR＝0x00；//setup SPI
}
```

SPI 主机传输函数

```
void SPI _ MasterTransmit（char cData）
{
SPDR＝cData；/＊启动数据传输＊/
while（！（SPSR &（1<<SPIF）））；/＊等待传输结束＊/
}
```

读取 ADS7843 的模拟量值

```
unsigned int Get _ Touch _ Ad（unsigned char channel）
{
unsigned int ad _ tem；
SPI _ MasterTransmit（channel）；//发送控制字
if（PING&&0x08==0）   ；       //判断 busy
delayms（1）；
SPI _ MasterTransmit（0）；
delayms（1）；                //等待发送完毕
ad _ tem=SPDR；
ad _ tem=ad _ tem<<8；
SPI _ MasterTransmit（0）；      //启动 spi 传送
delayms（1）；     //等待发送完毕
```

```
ad_tem|=SPDR;
ad_tem=ad_tem>>4;
return (ad_tem);    //返回的参数
}
```

1.1.6 A/D 转换结果的资料格式

ADS7843 转换结果为二进制格式。需要说明的是，在进行公式计算时，参考电压在两种输入模式中是不一样的。而且，如果选取 8 位的转换精度，1LSB=U_{REF}/256，一次转换完成时间可以提前 4 个时钟周期，此时串口时钟速率也可以提高一倍。

在许多嵌入式系统中，CPU 提供专门的模块来支持液晶显示和触摸屏的输入，使得接口非常简单。例如，MOTOROLA 的 MC68VZ328（称为 Dragon Ball）就提供专门的引脚来支持 8 位和 4 位的液晶显示，对触摸屏的支持通过 SPI2 借助 ADS7843 也很容易完成。

▶任务二　认识红外线触摸屏

红外线触摸屏安装简单，只需在显示器上加上光点距架框，无需在屏幕表面加上涂层或接驳控制器。光点距架框的四边排列了红外线发射管及接收管，在屏幕表面形成一个红外线网。用户以手指触摸屏幕某一点，便会挡住经过该位置的横竖两条红外线，电脑便可即时算出触摸点的位置。任何触摸物体都可改变触点上的红外线而实现触摸屏操作。早期观念上，红外触摸屏存在分辨率低、触摸方式受限制和易受环境干扰而导致误动作等技术上的局限，因而一度淡出过市场。此后第二代红外屏部分解决了光干扰的问题，第三代和第四代在提升分辨率和稳定性能上亦有所改进，但都没有在关键指标或综合性能上有质的飞跃。但是，了解触摸屏技术的人都知道，红外触摸屏不受电流、电压和静电干扰，适宜恶劣的环境条件，红外线技术是触摸屏产品最终的发展趋势。采用声学和其他材料学技术的触屏都有其难以逾越的屏障，如单一传感器的受损、老化，触摸界面怕受污染、破坏性使用、维护繁杂等问题。红外线触摸屏只要真正实现了高稳定性能和高分辨率，必将替代其他技术产品而成为触摸屏市场主流。过去的红外触摸屏的分辨率由框架中的红外对管数目决定，因此，分辨率较低。市场上主要国内产品为 32×32、40×32，另外还有说红外屏对光照环境因素比较敏感，在光照变化较大时会误判甚至死机。这些正是国外非红外触摸屏的国内代理商销售宣传的红外屏的弱点。而最新的技术——第五代红外屏的分辨率取决于红外对管数目、扫描频率以及差值算法，分辨率已经达到了 1000×720，至于说红外屏在光照条件下不稳定，从第二代红外触摸屏开始，就已经较好地克服了光干扰这个弱点。第五代红外线触摸屏是全新一代的智能技术产品，它实现了 1000×720 高分辨率、多层次自调节和自恢复的硬件适应能力及高度智能化的判别识别，可长时间在各种恶劣环境下任意使用。并且可针对用户定制扩充功能，如网络控制、声感应、人体接近感应、用户软件加密保护、红外数据传输等。原来媒体宣传的红外触摸屏另外一个主要缺点是抗暴性差，其实红外屏完全可以选用任何客户认为满意的防暴玻璃而不会增加太多的成本和影响使用性能，这是其他的触摸屏所无法效仿的。

红外线式触摸屏价格便宜、安装容易、能较好地感应轻微触摸与快速触摸。但是由于红外线式触摸屏依靠红外线感应动作、外界光线变化，如阳光、室内射灯等均会影响其准确度。而且红外线式触摸屏不防水和怕污垢，任何细小的外来物都会引起误差影响其性能，不适宜置于户外和公共场所使用。

其工作原理图如图 1-13 所示。

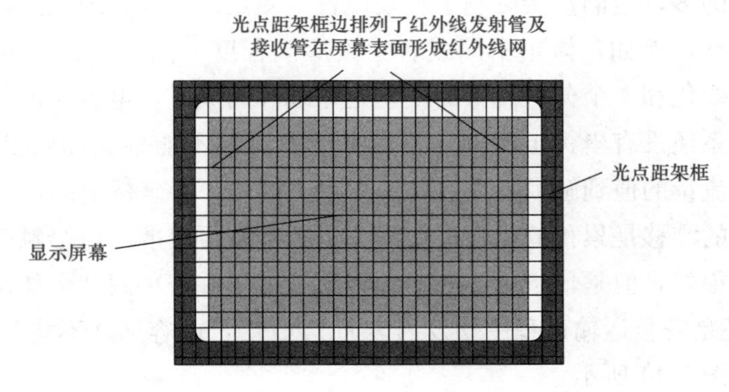

图 1-13　红外线触摸屏工作原理图

▶ 任务三　认识电容式触摸屏

电容式触摸屏的构造主要是在玻璃屏幕上镀一层透明的薄膜体层，再在导体层外上一块保护玻璃，双玻璃设计能彻底保护导体层及感应器。此外，在附加的触摸屏四边均镀上狭长的电极，在导电体内形成一个低电压交流电场。用户触摸屏幕时，由于人体电场、手指与导体层间会形成一个耦合电容，四边电极发出的电流会流向触点，而其强弱与手指及电极的距离成正比，位于触摸屏幕后的控制器便会计算电流的比例及强弱，准确算出触摸点的位置。电容触摸屏的双玻璃不但能保护导体及感应器，更能有效地防止外在环境因素给触摸屏造成影响，就算屏幕沾有污秽、尘埃或油渍，电容式触摸屏依然能准确算出触摸位置。

电容触摸屏的透光率和清晰度优于四线电阻屏，当然还不能和表面声波屏和五线电阻屏相比。电容屏反光严重，而且，电容技术的四层复合触摸屏对各波长光的透光率不均匀，存在色彩失真的问题，由于光线在各层间的反射，还造成图像字符的模糊。电容屏在原理上把人体当作一个电容器元件的一个电极使用，当有导体靠近与夹层 ITO 工作面之间耦合出足够量容值的电容时，流走的电流就足够引起电容屏的误动作。我们知道，电容值虽然与极间距离成反比，却与相对面积成正比，并且还与介质的绝缘系数有关。因此，当较大面积的手掌或手持的导体物靠近电容屏而不是触摸时就能引起电容屏的误动作，在潮湿的天气，这种情况尤为严重，手扶住显示器、手掌靠近显示器 7cm 以内或身体靠近显示器 15cm 以内就能引起电容屏的误动作。电容屏的另一个缺点用戴手套的手或手持不导电的物体触摸时没有反应，这是因为增加了更为绝缘的介质。电容屏更主要的缺点是漂移：当环境温度、湿度改变时，环境电场发生改变时，都会引起电容屏的漂移，造成不准确。例如，开机后显示器温度上升会造成漂移：用户触摸屏幕的同时另一只手或身体一侧靠近显示器会漂移；电容触摸屏附近较大的物体搬移后会漂移，你触摸时如果有人围过来观看也会引起漂移；电容屏的漂移原因属于技术上的先天不足，环境电势面（包括用户的身体）虽然与电容触摸屏离得较远，却比手指头面积大的多，他们直接影响了触摸位置的测定。此外，理论上许多应该线性的关系实际上却是非线性，例如，体重不同或者手指湿润程度不同的人吸走的总电流量是不同的，而总电流量的变化和 4 个分电流量的变化是非线性的关系，电容触摸屏采用的这种 4 个角的自定义极坐标系还没有坐标上的原点，漂移后控制器不能察觉和恢复，而且 4 个 A/D 完成后，由 4 个分流量的值到触摸点在直角坐标系上的 X、Y 坐标值的计算过程复杂。由于没有原点，电容屏的漂移是累积的，在工作现场也经常需要校准。电容触摸屏最外面的矽土保护玻璃防刮擦性很好，但是怕指甲或硬物的敲击，敲出一个小洞就会伤及夹层 ITO，不管是伤及夹层 ITO 还是安装运输过程中伤及内表面 ITO 层，电容屏就不能正常工作了。

其工作原理如图 1-14 所示。

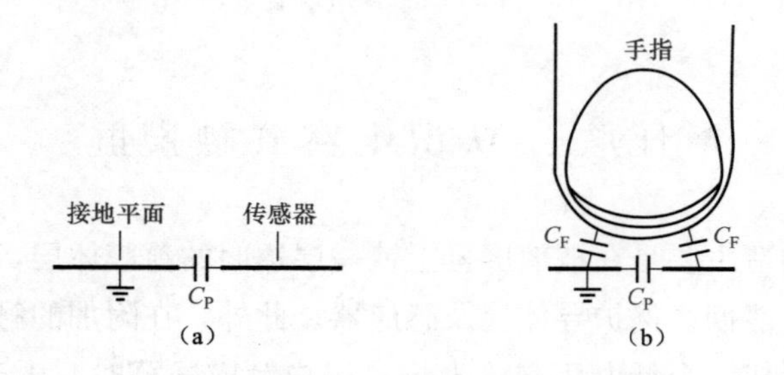

图 1-14　电容式触摸屏工作原理图

当人手碰到感应电极时，电极和地之间的电容由原来的 C_P 变为 C_P+2C_F，显然增大了。

电容式触摸屏是利用人体的电流感应进行工作的，如图 1-15 所示。

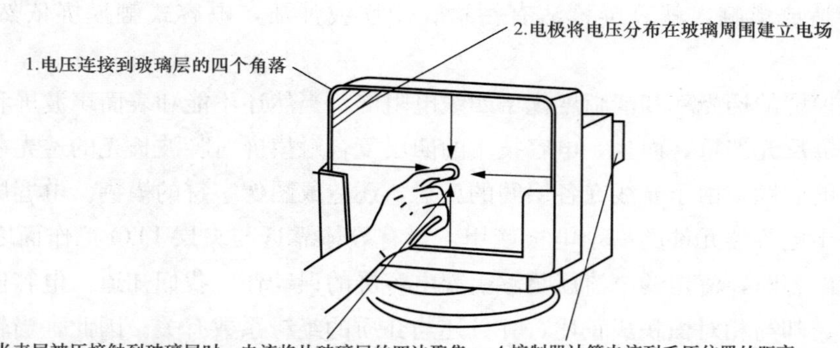

图 1-15　电容触摸屏工作过程

▶ 任务四　认识表面声波触摸屏

表面声波触摸屏的触摸屏部分可以是一块平面、球面或是柱面的玻璃平板，安装在CRT、LED、LCD或是等离子显示器屏幕的前面。这块玻璃平板只是一块纯粹的强化玻璃，区别于别类触摸屏技术的是没有任何贴膜和覆盖层。玻璃屏的左上角和右下角各固定了竖直和水平方向的超声波发射换能器，右上角则固定了两个相应的超声波接收换能器。玻璃屏的四个周边则刻有45°角由疏到密间隔非常精密的反射条纹。

工作原理以右下角的轴发射换能器为例：发射换能器把控制器通过触摸屏电缆送来的电信号转化为声波能量向左方表面传递，然后由玻璃板下边的一组精密反射条纹把声波能量反射成向上的均匀面传递，声波能量经过屏体表面，再由上边的反射条纹聚成向右的线传播给X轴的接收换能器，接收换能器将返回的表面声波能量变为电信号。

当发射换能器发射一个窄脉冲后，声波能量历经不同途径到达接收换能器，走最右边的最早到达，走最左边的最晚到达，早到达的和晚到达的这些声波能量叠加成一个较宽的波形信号，不难看出，接收信号集合了所有在X轴方向历经长短不同路径回归的声波能量，它们在Y轴走过的路程是相同的，但在X轴上，最远的比最近的多走了两倍X轴最大距离。因此，这个波形信号的时间轴反映各原始波形叠加前的位置，也就是X轴坐标。发射信号与接收信号波形在没有触摸的时候，接收信号的波形与参照波形完全一样。当手指或其他能够吸收或阻挡声波能量的物体触摸屏幕时，X轴途经手指部位向上走的声波能量被部分吸收，反应在接收波形上即某一时刻位置上波形有一个衰减缺口。接收波形对应手指挡住部位，信号衰减了一个缺口，计算缺口位置即得触摸坐标控制器分析到接收信号的衰减并由缺口的位置判定X坐标。之后Y轴同样的过程判定出触摸点的Y坐标。除了一般触摸屏都能响应的X、Y坐标外，表面声波触摸屏还响应第三轴Z轴坐标，也就是能感知用户触摸压力大小值。其原理是由接收信号衰减处的衰减量计算得到。三轴一旦确定，控制器就把它们传给主机。

表面声波触摸屏一个特点是抗暴，因为表面声波触摸屏的工作面是一层看不见、打不坏的声波能量，触摸屏的基层玻璃没有任何夹层和结构应力（表面声波触摸屏可以发展到直接做在CRT表面从而没有任何“屏幕”），因此非常抗暴力使用，适合公共场所。

表面声波触摸屏第二个特点是反应速度快，是所有触摸屏中反应速度最快的，使用时感觉很顺畅。

表面声波触摸屏第三个特点是性能稳定，因为表面声波技术原理稳定，而表面声波触摸屏的控制器靠测量衰减时刻在时间轴上的位置来计算触摸位置，所以表面声波触摸屏非常稳定，精度也非常高，目前表面声波技术触摸屏的精度通常是4096×4096×256级力度。

表面声波触摸屏的第四个特点是控制卡能知道什么是尘土和水滴，什么是手指，有多少在触摸。因为我们的手指触摸在4096×4096×256级力度的精度下，每秒48次的触摸数据不可能是纹丝不变的，而尘土或水滴就一点都不变，控制器发现一个“触摸”出现后纹丝不变超过三秒钟即自动识别为干扰物。

表面声波触摸屏的缺点是触摸屏表面的灰尘和水滴也阻挡表面声波的传递，虽然聪明的控制卡能分辨出来，但尘土积累到一定程度，信号也就衰减得非常厉害，此时表面声波触摸屏变得迟钝甚至不工作，因此，表面声波触摸屏一方面推出防尘型触摸屏，一方面建议别忘了每年定期清洁触摸屏。

其工作原理图如图 1-16 所示。

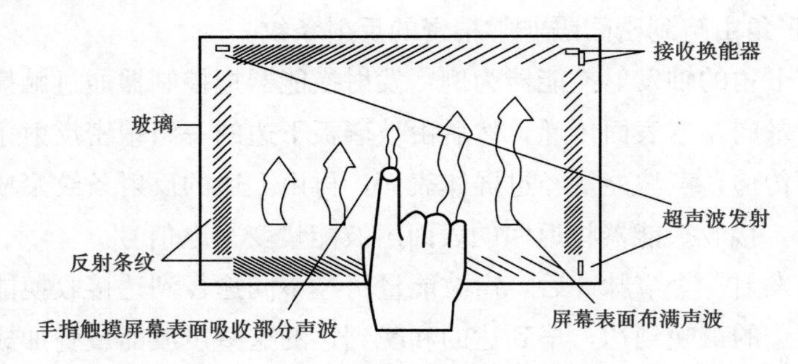

图 1-16　表面声波触摸屏工作原理图

触摸屏类型性能比较见表 1-5。

表 1-5　触摸屏类型性能比较

类别特性	电阻式触摸屏	表面声波式触摸屏	红外线式触摸屏	电容式触摸屏
清晰度	较好	很好	一般	较差
透光率	75%	92%	100%	85%
分辨率	4096×4096	4096×4096	40×32	1024×1024
响应速度	10ms	10ms	50～30ms	15～24ms
防刮擦	一般	非常好	好	一般
漂移	无	无	无	有
防尘	不怕	不怕	不能挡住透光部	不怕
寿命	大于 3500 万次	大于 5000 万次	红外管寿命	大于 2000 万次
价格	中	高	低	中

项 目 二

电容触摸屏的生产流程介绍

▶ 任务一　掌握电容式触摸屏的原理

普通电容式触摸屏的感应屏是一块四层复合玻璃屏，玻璃屏的内表面和夹层各涂有一层导电层，最外层是一薄层矽土玻璃保护层。当我们用手指触摸在感应屏上的时候，人体的电场让手指和触摸屏表面形成一个耦合电容，对于高频电流来说，电容是直接导体，于是手指从接触点吸走一个很小的电流。这个电流分别从触摸屏的四角上的电极中流出，并且流经这 4 个电极的电流与手指到四角的距离成正比，控制器通过对这 4 个电流比例的精确计算，得出触摸点的位置，如图 2-1 所示。

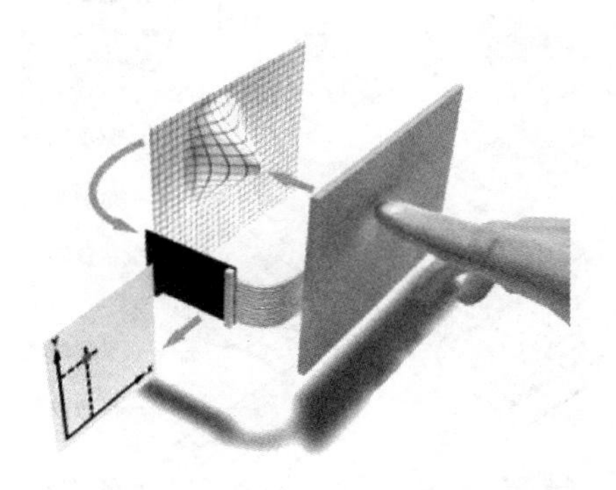

图 2-1　电容触摸屏的原理图

1. 表面电容式

由一个普通的 ITO 层和一个金属边框，当一根手指触摸屏幕时，从面板中放出电荷。感应在触摸屏的四角完成，不需要复杂的 ITO 图案。

2. 投射电容式（感应电容式）

采用 1 个或多个精心设计的、被蚀刻的 ITO 层，这些 ITO 层通过蚀刻形成多个水平和垂直电极。自感应、互感应电容触摸屏结构如图 2-2、图 2-3 所示。

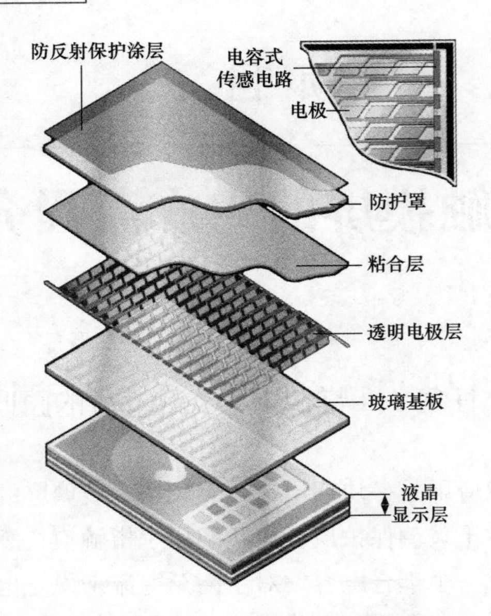

图 2-2　自感应电容式触摸屏结构

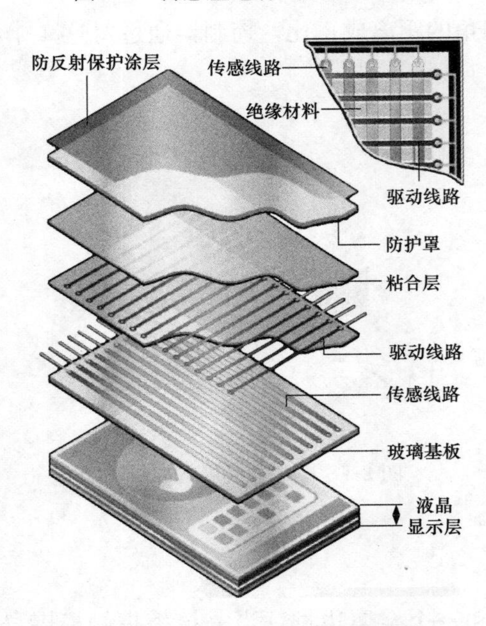

图 2-3　互感应电容式触摸屏结构

▶任务二　认 识 生 产 流 程

生产流程如图 2-4～图 2-15 所示。

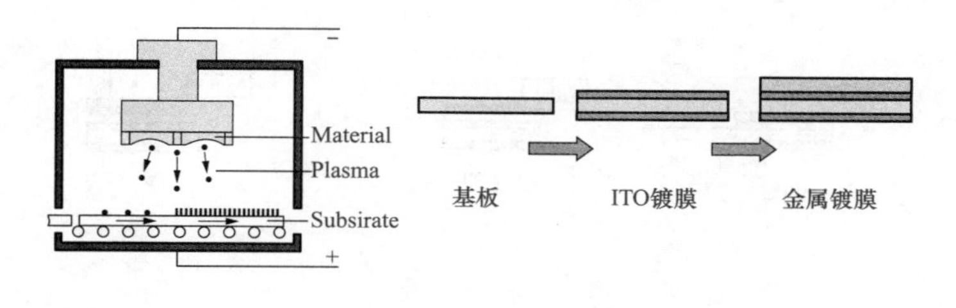

图 2-4 镀膜

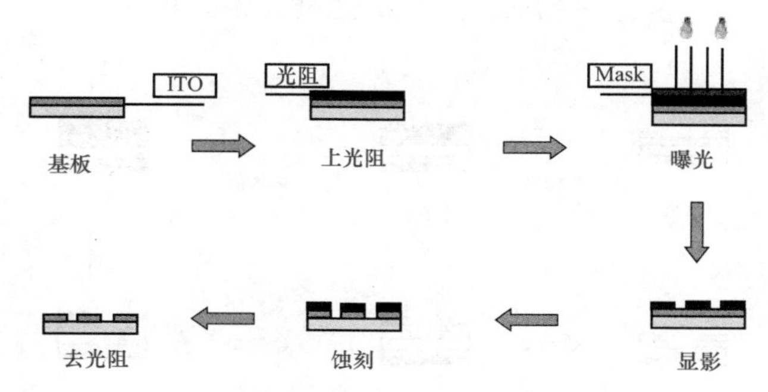

图 2-5 ITO 蚀刻——单面制程

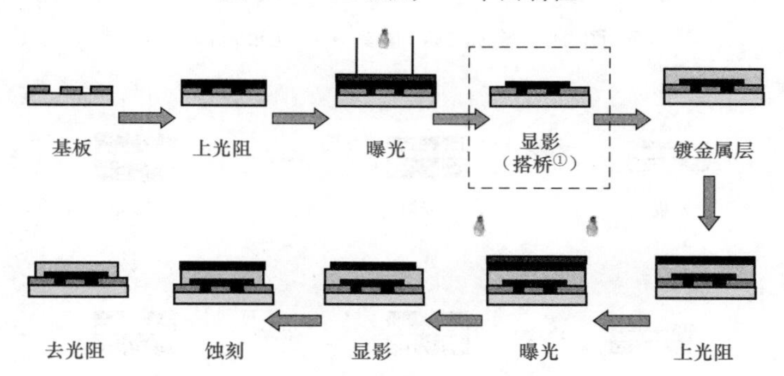

图 2-6 金属蚀刻——单面制程

注：①搭桥所用光阻为负电阻，ITO& 金属蚀刻使用正光阻。

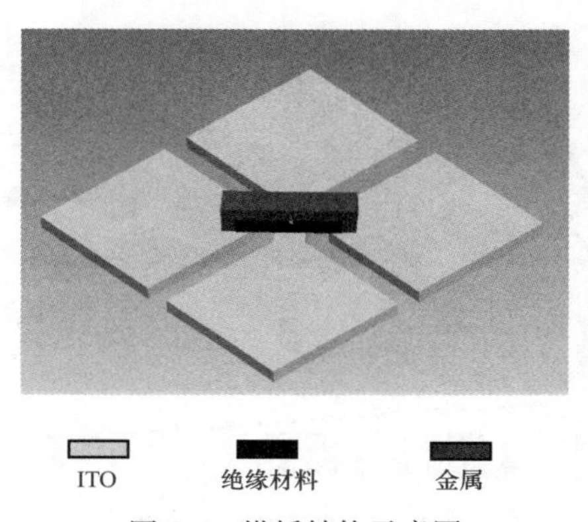

图 2-7 搭桥结构示意图

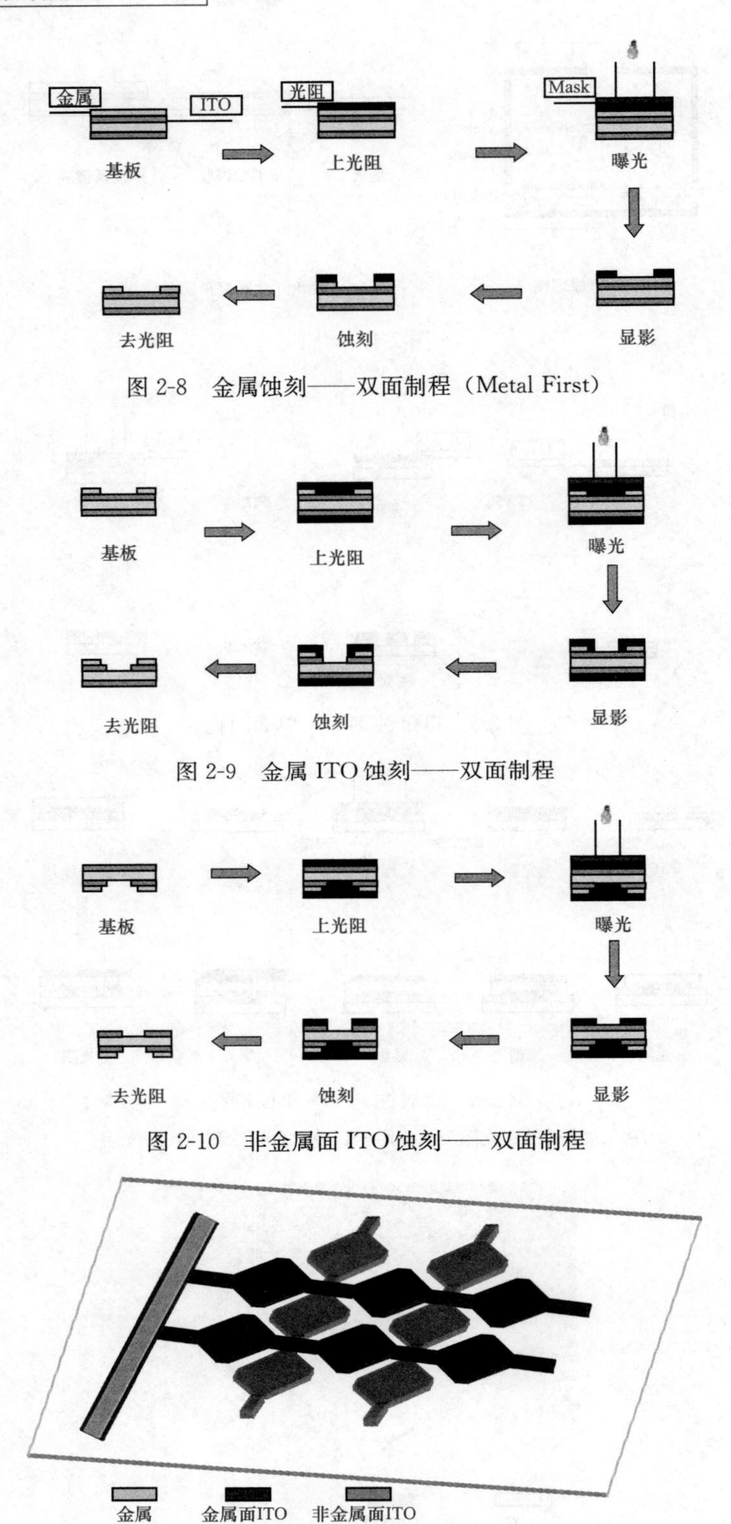

图 2-8　金属蚀刻——双面制程（Metal First）

图 2-9　金属 ITO 蚀刻——双面制程

图 2-10　非金属面 ITO 蚀刻——双面制程

图 2-11　双层结构示意图

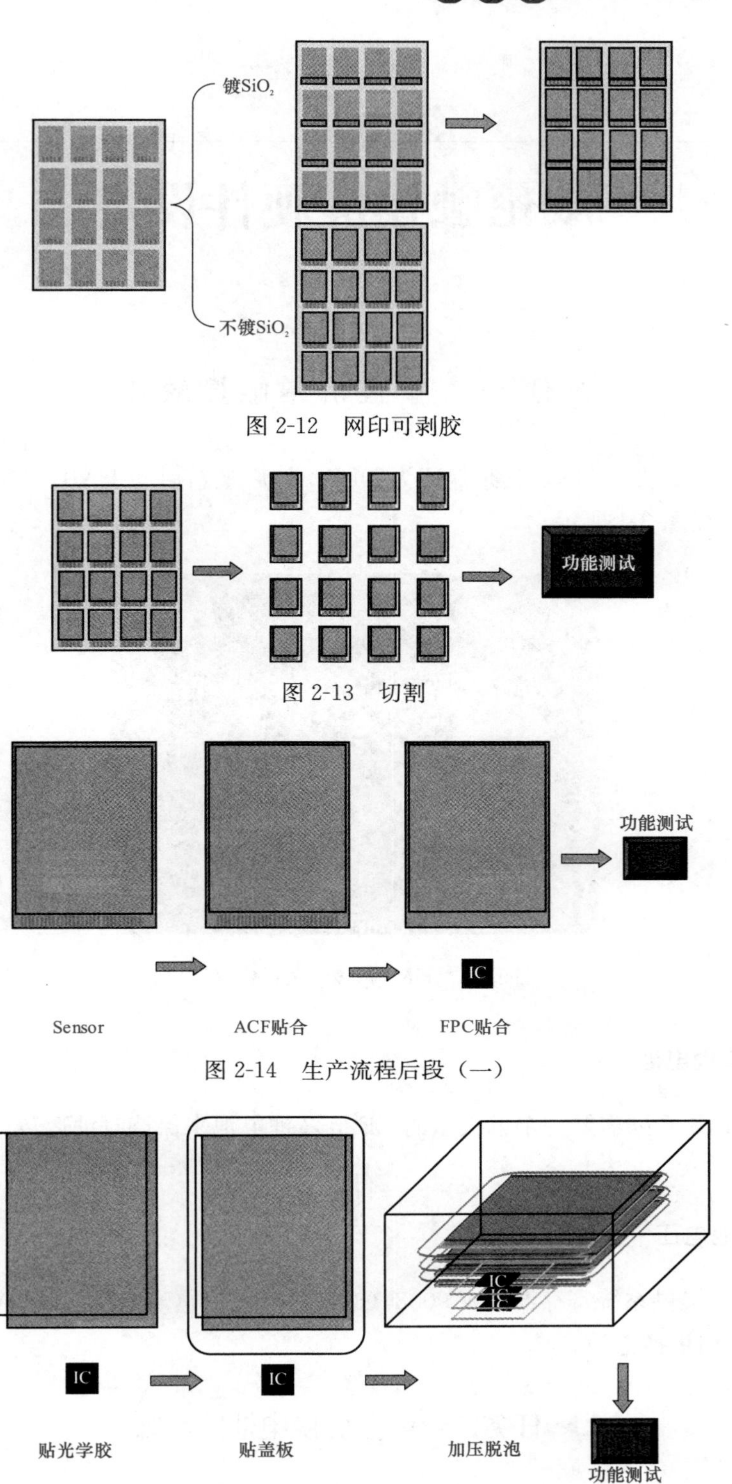

图 2-12　网印可剥胶

图 2-13　切割

图 2-14　生产流程后段（一）

图 2-15　生产流程后段（二）

项 目 三

威伦触摸屏硬件设定

▶ 任务一 掌握屏幕触控校正

可将指拨开关 1 拨为 ON，其余保留为 OFF，然后重新启动 HMI，HMI 会切换至屏幕触控校正模式，如图 3-1 所示。

图 3-1 HMI 指拨开关设定（1）

1. CR2032 锂电池

Weintek HMI 系列需要一个铜板型的 CR2032 锂电池来保持时钟运转。

电池规格：3V。

2. 读取电池电压

EasyBuilder 提供系统寄存器 LW-9008（32bit-float）：电池电压。若 LW-9008 内的电压值低于 3V 时，请更换电池。

▶ 任务二 掌握更换电池的步骤

（1）关机并开起后盖。

（2）用螺钉起子将电池移出。

（3）放入新的电池于槽中。

（4）将后盖装上。

（5）开机并重置时钟时间。

正确更换电池，如图 3-2 所示。

指拨开关设定如图 3-3、表 3-1 所示。

图 3-2 更换电池操作

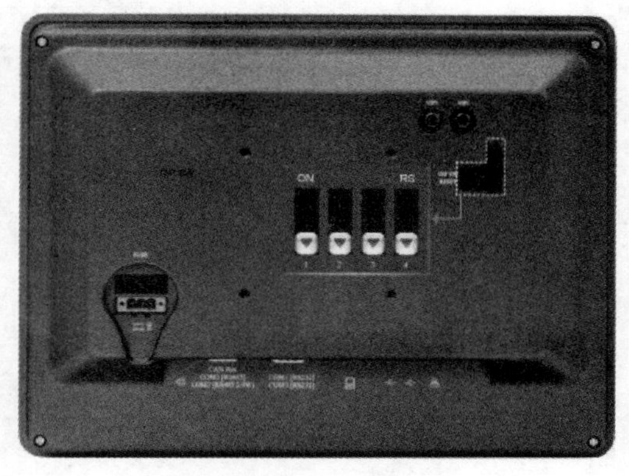

图 3-3 HMI 指拨开关设定（2）

表 3-1 指拨开关设定

SW1	SW2	SW3	SW4	模式
ON	OFF	OFF	OFF	屏幕触控校正模式
OFF	ON	OFF	OFF	隐藏 HMI 系统设定列
OFF	OFF	ON	OFF	Boot 加载模式
OFF	OFF	OFF	ON	保留
OFF	OFF	OFF	OFF	正常模式

所有模式均需先将指拨开关调整后并重新启动 HMI 才会进入该模式。

▶ 任务三 掌握外部装置下载设定

系统提供使用外部装置下载工程档案到 HMI 的方式。将外部装置插入 HMI，并指定要下载的数据文件目录名称后，系统会将此目录下的所有数据下载到 HMI 上。

当 HMI 侦测有外部装置插入时，会出现如图 3-4 所示的画面。

此时可选择需要的功能，如选定下载功能时必须先确认防护密码，如图 3-5 所示。

在完成确认密码后会显示外部装置底下目录的名称（pccard：SD 卡；usbdisk：USB 碟），如图 3-6 所示。

此时可选择工程档案的存放路径并按下 OK 键，即会开始下载程序。

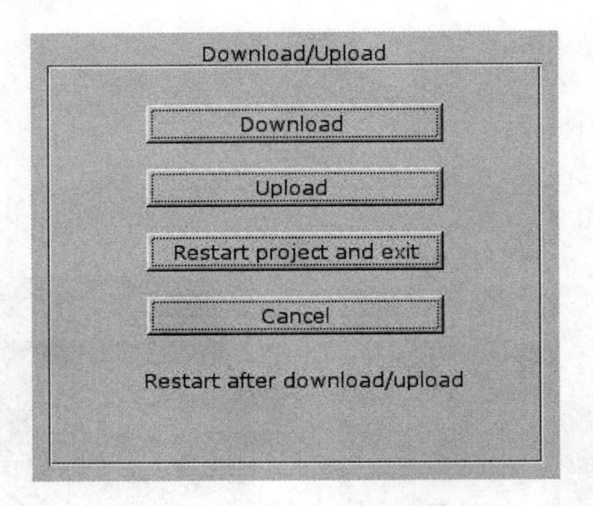

图 3-4　外部装置下载设定

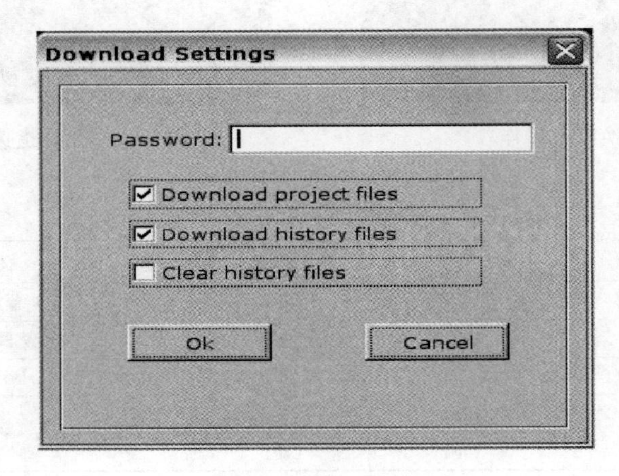

图 3-5　确认防护密码

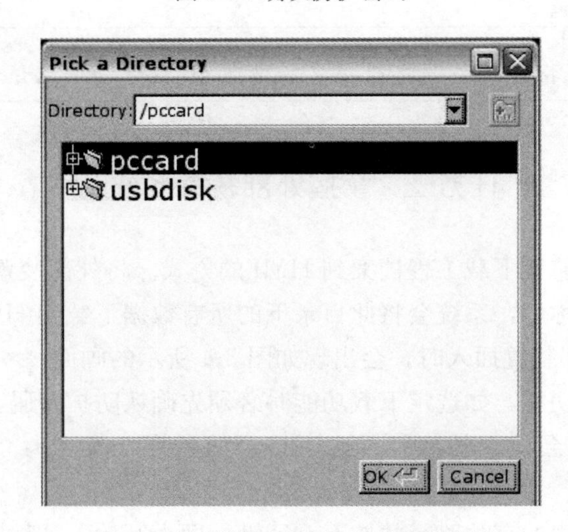

图 3-6　外部装置底下目录的名称选择

此处要下载的数据文件，必须先使用“建立使用在USB碟与SD卡所需的下载数据”来产生。

一般来说，所建立的下载档案分为如下两个目录。

(1) emt3000/mt8000：存放工程档案。

(2) history：当需要下载历史数据时，会产生此目录。

也就是说如果下载档案的存放位置设定如图3-7所示。则下载数据的存放结构如下：

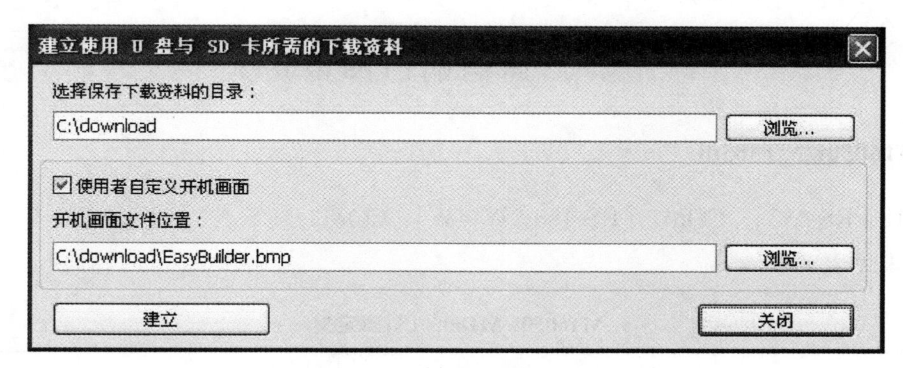

图3-7 下载档案的存放位置

C:/download -emt3000/mt8000

-history

此时下载档案时必须选择存放下载数据的最上层路径，也就是说，若以图3-7为例，必须选择“download”，不可选择“emt3000/mt8000”或“history”。

透过外部装置上传程序的步骤大致相同于下载步骤，插入外部装置，点选“upload”后输入密码，选择上传路径后点选“OK”。

上传步骤完成后，若使用者欲用“EasyBuilder”软件来修改此程序，请将外部装置插入计算机，进入外部装置的“001”目录下会有一个“mt8000”档案，将它加入扩展名“.exob/.xob”。最后，使用反编译功能将此档案反编为“.emtp/.mtp”档案即可。

▶任务四 认识HMI运行温度

HMI适合运行的温度范围是0～50℃（32～122℉）。如果HMI被放置于0℃以下或过热的环境运行，其塑料成分会产生热胀冷缩的现象。当HMI突然遇到巨大的温度改变，其塑料外壳的前盘与后盖可能会变形。若前盘变形，可能会使触控屏幕失效，因为其被嵌在前盘中，因此也会受到影响。

强烈建议要在0℃以下环境运作系统的使用者可在控制箱中加装暖器。相反的，要在50℃以上环境运作系统的使用者可加装冷气或电扇加强散热。

▶ 任务五 认识LED指示灯

LED指示灯用于显示HMI的操作状态：

（1）PWR LED（黄灯）表示电源状态。

（2）CPU LED（绿灯）表示CPU状态。闪烁或熄灭表示CPU有问题。

（3）COM LED（红灯）表示通信状态。每一次通信时都会闪烁。通信良好时LED灯可能会保持恒亮。

▶ 任务六 通信端口脚位定义

1. MT6050i/MT8050i

COM1［RS-232］、COM1［RS-485 2W/4W］、COM3［RS-485］通信端口9针D型公座脚位列表见表3-2。

表3-2　　MT6050i/MT8050i引脚定义

脚位编号	标　示	COM1［RS-485］2W	COM1［RS-485］4W	COM1［RS-232］	COM3［RS-485］2W
1	Rx－	Data－	Rx－		
2	Rx＋	Data＋	Rx＋		
3	Tx－		Tx－		
4	Tx＋		Tx＋		
5	GND	Signal Ground			
6	TxD			Transmitted Data	
7	Data－				Data－
8	Data＋				Data＋
9	RxD			Received Data	

2. TK6070iHCOM1

［RS-232］、COM2［RS-485 4W/2W］通信端口9针D型公座脚位列表见表3-3。

表3-3　　TK6070iH引脚定义

脚位编号	标　示	COM1［RS-232］	COM2［RS-485］	
			4W	2W
1	Rx－		Rx－	Data－
2	Rx＋		Rx＋	Data＋
3	Tx－		Tx－	

续表

脚位编号	标　示	COM1 [RS-232]	COM2 [RS-485]	
			4W	2W
4	Tx+		Tx+	
5	GND	Signal Ground		
6	TxD	TxD		
7	RTS	RTS		
8	CTS	CTS		
9	RxD	RxD		

3. eMT 系列

COM1 [RS-232]、COM3 [RS-232] 通信端口 9 针 D 型公座脚位列表见表 3-4。

表 3-4　　eMT 系列引脚定义

脚位编号	标　示	COM1 [RS-232]	COM3 [RS-232]
1	未使用		
2	RxD	Received Data	
3	TxD	Transmitted Data	
4	未使用		
5	GND	Signal Ground	
6	未使用		
7	RTS	Ready to send output	Transmitted Data
8	CTS	Clear to send input	Received Data
9	未使用		

COM1 [RS-232] RTS/CTS 与 COM3 [RS-232] 不能同时使用。

4. T 系列

(1) COM1 [RS-232]、COM2 [RS-232] 通信端口 9 针 D 型公座脚位列表见表 3-5。

表 3-5　　T 系列引脚定义 (一)

脚位编号	标　示	COM1 [RS-232]	COM2 [RS-232]
1	未使用		
2	RxD	Received Data	
3	TxD	Transmitted Data	
4	TxD		Transmitted Data
5	GND	Signal Ground	
6	RxD		Received Data

续表

脚位编号	标　示	COM1［RS-232］	COM2［RS-232］
7	RTS	Ready to send output	
8	CTS	Clear to send input	
9	未使用		

（2）COM1［RS-485］、COM3［RS-485］、COM3［RS-232］通信端口 9 针 D 型母座脚位列表见表 3-6。

表 3-6　　T 系列引脚定义（二）

脚位编号	标　示	COM1［RS-485］2W	COM1［RS-485］4W	COM3［RS-485］2W	COM3［RS-232］
1	Rx－	Data－	Rx－		
2	Rx＋	Data＋	Rx＋		
3	Tx－		Tx－		
4	Tx＋		Tx＋		
5	GND	Signal Ground			
6	Data－			Data－	
7	TxD				Transmitted Data
8	RxD				Received Data
9	Data＋			Data＋	

5. X 系列

COM1［RS-232］、COM2［RS-232］通信端口 9 针 D 型公座脚位列表见表 3-7。

表 3-7　　X 系列引脚定义

脚位编号	标　示	COM1［RS-232］	COM2［RS-232］
1	未使用		
2	RxD	Received Data	
3	TxD	Transmitted Data	
4	TxD		Transmitted Data
5	GND	Signal Ground	
6	RxD		Received Data
7	RTS	Ready tosend output	
8	CTS	Clear to send input	
9	未使用		

6. MT6070iH/MT8070iH/MT6100i/MT8100i/MT8104iH

（1）COM1［RS-232］、COM2［RS-232］通信端口 9 针 D 型公座脚位列表见表 3-8。

表 3-8　　MT6070iH/MT8070iH/MT6100i/MT8100i/MT8104iH 引脚定义

脚位编号	标　示	COM1［RS-232］	COM2［RS-232］
1	未使用		
2	RxD	Received Data	
3	TxD	Transmitted Data	
4	TxD		Transmitted Data
5	GND	Signal Ground	
6	RxD		Received Data
7	RTS	Ready to send output	
8	CTS	Clear to send input	
9	未使用		

（2）COM1［RS-485］、COM3［RS-485］、COM3［RS-232］通信端口 9 针 D 型母座脚位列表见表 3-9。

表 3-9　　MT 系列 COM1［RS-485］、COM3［RS-485］、COM3［RS-232］引脚定义

脚位编号	标　示	COM1［RS-485］2W	COM1［RS-485］4W	COM3［RS-485］2W	COM3［RS-232］
1	Rx−	Data−	Rx−		
2	Rx+	Data+	Rx+		
3	Tx−		Tx−		
4	Tx+		Tx+		
5	GND	Signal Ground			
6	Data−			Data−	
7	TxD				Transmitted Data
8	RxD				Received Data
9	Data+			Data+	

7. WT 系列

（1）COM1［RS-232］，COM2［RS-232］通信端口 9 针 D 型公座脚位列表见表 3-10。

表 3-10　　WT 系列 COM1［RS-232］、COM2［RS-232］引脚定义

脚位编号	标　示	COM1［RS-232］	COM2［RS-232］
1	未使用		
2	RxD	Received Data	
3	TxD	Transmitted Data	
4	TxD		Transmitted Data
5	GND	Signal Ground	
6	RxD		Received Data
7	RTS	Ready to send output	
8	CTS	Clear to send input	
9	未使用		

（2）COM1［RS-485］、COM3［RS-485］、COM3［RS-232］通信端口 9 针 D 型母座脚位列表见表 3-11。

表 3-11　　WT 系列 COM1［RS-485］、COM3［RS-485］、COM3［RS-232］引脚定义

脚位编号	标　示	COM1 ［RS-485］2W	COM1 ［RS-485］4W	COM3 ［RS-485］2W	COM3 ［RS-232］
1	Rx−	Data−	Rx−		
2	Rx+	Data+	Rx+		
3	Tx−		Tx−		
4	Tx+		Tx+		
5	GND	Signal Ground			
6	Data−			Data−	
7	TxD				Transmitted Data
8	RxD				Received Data
9	Data+			Data+	

8. TK6102i

（1）COM1［RS-232］通信端口 9 针 D 型公座脚位列表见表 3-12。

表 3-12　　TK6102i COM1［RS-232］引脚定义

脚位编号	标　示	COM1［RS-232］
1	未使用	
2	RxD	Received Data
3	TxD	Transmitted Data
4	TxD	

续表

脚位编号	标　示	COM1［RS-232］
5	GND	Signal Ground
6	RxD	
7	RTS	Ready to send output
8	CTS	Clear to send input
9	未使用	

（2）COM1［RS-485］，COM3［RS-485］通信端口 9 针 D 型母座脚位列表见表 3-13。

表 3-13　　TK6102i COM1［RS-485］、COM3［RS-485］引脚定义

脚位编号	标　示	COM1［RS-485］2W	COM1［RS-485］4W	COM3［RS-485］2W
1	Rx－	Data－	Rx－	
2	Rx＋	Data＋	Rx＋	
3	Tx－		Tx－	
4	Tx＋		Tx＋	
5	GND	Signal Ground		
6	Data－			Data－
7	TxD			
8	RxD			
9	Data＋			Data＋

9．MT6056i

（1）COM1［RS-232］通信端口 9 针 D 型公座脚位列表见表 3-14。

表 3-14　　MT6056i COM1［RS-232］引脚定义

脚位编号	标　示	COM1［RS-232］
1	未使用	
2	RxD	Received Data
3	TxD	Transmitted Data
4	未使用	
5	GND	Signal Ground
6	未使用	
7	RTS	Ready tosend output
8	CTS	Clear to send input
9	未使用	

（2）COM1［RS-485 2W/4W］通信端口 9 针 D 型母座脚位列表见表 3-15。

表 3-15 **MT6056i COM1［RS-485 2W/4W］引脚定义**

脚位编号	标　示	COM1［RS-485］2W	COM1［RS-485］4W
1	Rx−	Data−	Rx−
2	Rx+	Data+	Rx+
3	Tx−		Tx−
4	Tx+		Tx+
5	GND	Signal Ground	
6	未使用		
7	未使用		
8	未使用		
9	未使用		

10. 以太网络 RJ45 端口

以太网络 RJ45 端口如表 3-16 所示。

表 3-16 **以太网络 RJ45 引脚定义**

脚位编号	标　示	颜　色
1	TX+	白/橘
2	TX−	橘
3	RX+	白/绿
4	BD4+	蓝
5	BD4−	白/蓝
6	RX−	绿
7	BD3+	白/棕
8	BD3−	棕

11. USB 埠

USB 埠各脚位见表 3-17。

表 3-17 **USB 各引脚定义**

脚位编号	标　示	定　义
1	Vcc	Supply voltage
2	DATA	Data in
3	+DATA	Data out
4	GND	Signal ground

▶任务七 系 统 重 置

每台 HMI 背后都有一组重置按钮及指拨开关，当使用指拨开关作不同模式切换时，可启动相对应之功能。若当使用者忘记 HMI 的系统设定密码时，可将指拨开关 1 切至 ON，其余指拨开关保持为 OFF，然后重新启动 HMI。

此时 HMI 会先切换至屏幕触控校正模式，在使用者完成校正动作后会弹出一个对话窗口，如图 3-8 所示询问使用者是否将 HMI 的系统设定密码恢复为出厂设定。

单击“Yes”后，此对话窗口将再次确认使用者是否要将 HMI 的系统设定密码恢复为出厂设定，并且要求使用者输入“yes”作为确认，在完成输入后按下“OK”即可（见图 3-9）。

图 3-8 是否恢复为出厂设定

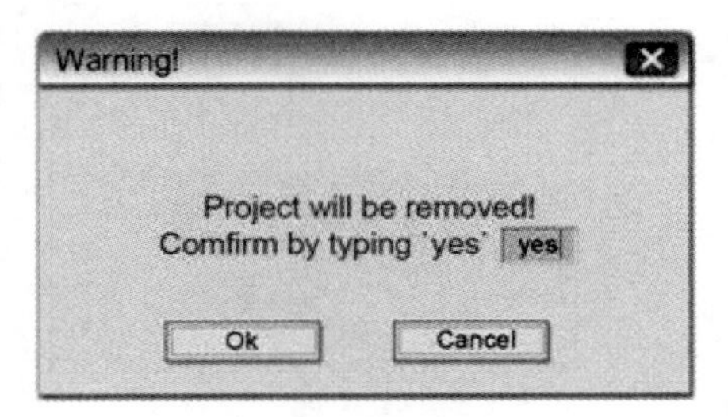

图 3-9 再次确认

注意

（1）若恢复为出厂设定，HMI 内的所有数据包含程序及历史数据将被清除。

（2）HMI 出厂时的系统预设密码为 111111；但其他密码，包括下载与上传所使用的密码皆需重设。

▶任务八 系 统 设 定

在系统设定对话窗中，允许使用者进行 HMI 内部相关设定，基于安全考虑必须进行密码确认，如图 3-10 所示，预设密码为 111111。

图 3-10 密码确认

1. Network 页签

使用者可使用以太网下载工程档案到 HMI，但需正确设定操作对象（即 HMI）的 IP 地址。选用“Obtain an IP Address Automatically”时，HMI 的 IP 地址由所处的网域 DHCP 自动分配 IP；若选用“IP address get from below”时，则必须手动输入 IP 地址及其他网域信息，如图 3-11 所示。

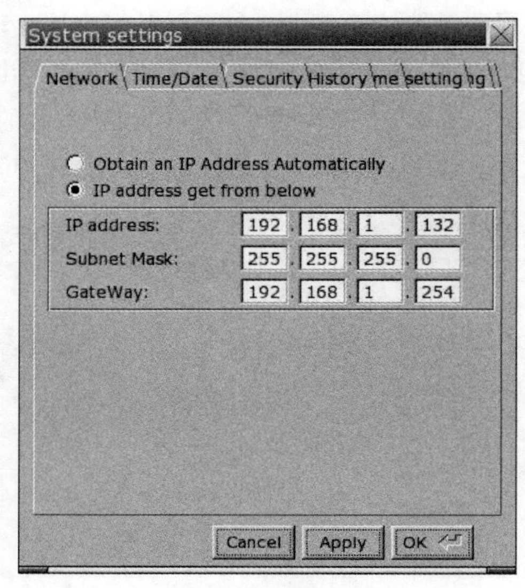

图 3-11　设置 IP 地址

2. Time/Date 页签

设定 HMI 系统内的日期与时间如图 3-12 所示。

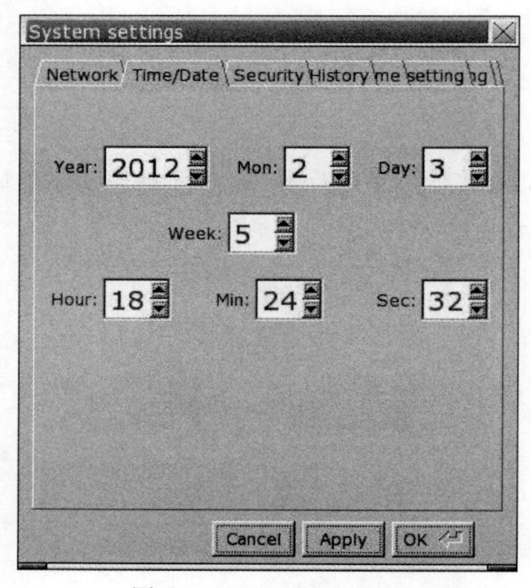

图 3-12　Time/Date 页签

3. Security 页签

HMI 提供严谨的密码防护，预设密码为 111111。Security 页签如图 3-13 所示。

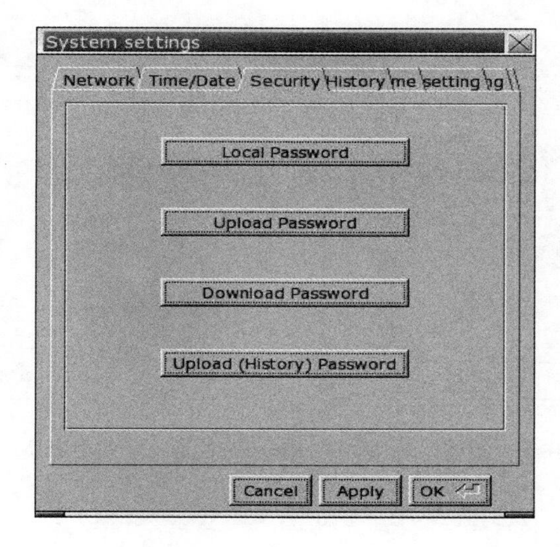

图 3-13 Security 页签

(1) [Local Password]。

进入系统设定时所需的密码。

(2) [Upload Password]。

上传工程档案时所需的密码。

(3) [Download Password]。

下载工程档案时所需的密码。

(4) [Upload (History) Password]。

上传数据取样数据与事件记录档案时所需的密码。

4. History 页签

清除存在 HMI 内的历史记录数据文件：配方数据、事件记录、数据取样记录，如图 3-14 所示。

5. HMI name 页签

设定 HMI 名称以方便同时管理多台 HMI 时，不需以 HMI IP 地址作记录。HMI name 页签如图 3-15 所示。

6. Firmware setting 页签

更新系统韧体及启用直立模式。Firmware setting 页签如图 3-16 所示。

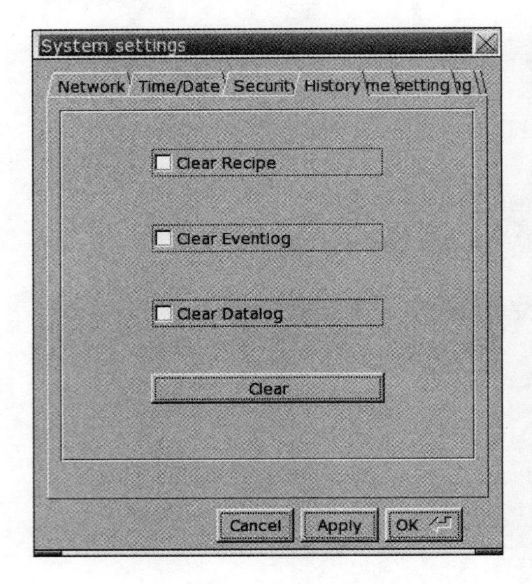

图 3-14　History 页签

图 3-15　HMI name 页签

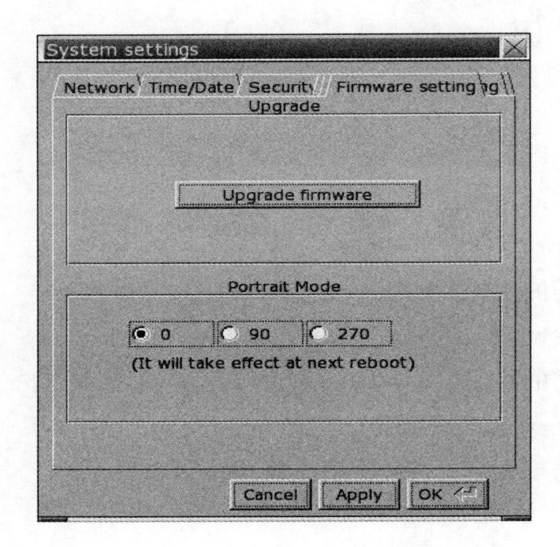

图 3-16　Firmware setting 页签

7. VNC server setting 页签

启用此功能后，可透过连接以太网监控远程 HMI。VNC server setting 页签如图 3-17 所示。

8. Miscellaneous 页签

利用屏幕上的旋钮可调整 LCD 画面亮度，及其他属性设定。Miscellaneous 页签如图 3-18 所示。

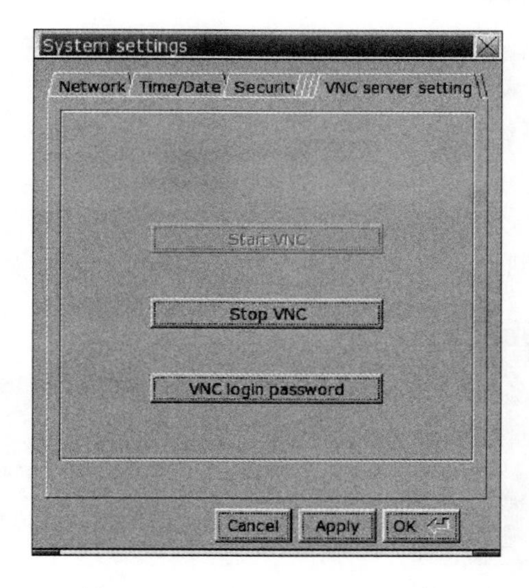

图 3-17 VNC server setting 页签

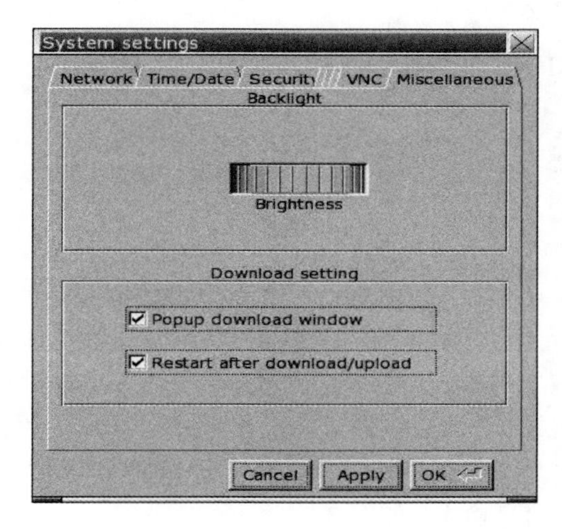

图 3-18 Miscellaneous 页签

▶ 任务九 认识系统设定列

启动 HMI 后可利用在屏幕下方的系统设定列作系统设定，一般情况下它是自动隐藏的，使用者只需单击屏幕右下角底端即会弹出系统设定列。

点选下列各图示看详细说明，如图 3-19 所示。

图 3-19 系统设定列

1. 系统设定

输入密码进入 HMI 系统设定，如图 3-20 所示。

2. 系统信息

Network 页签：显示网络信息，包括 HMI IP 地址及网域相关信息，如图 3-21 所示。

图 3-20　输入密码

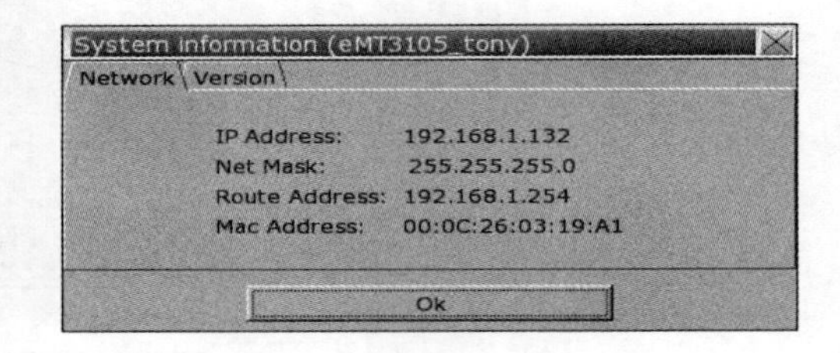

图 3-21　Network 页签

Version 页签：显示 HMI 系统版本信息，如图 3-22 所示。

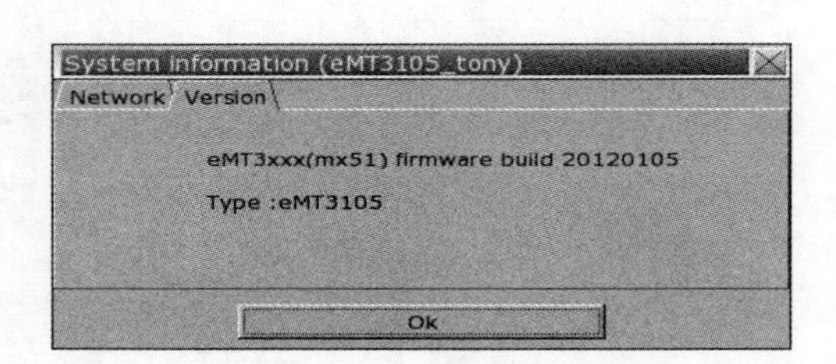

图 3-22　Version 页签

3. 字母与数字键盘

利用大键盘进行文字信息输入，如图 3-23 所示。

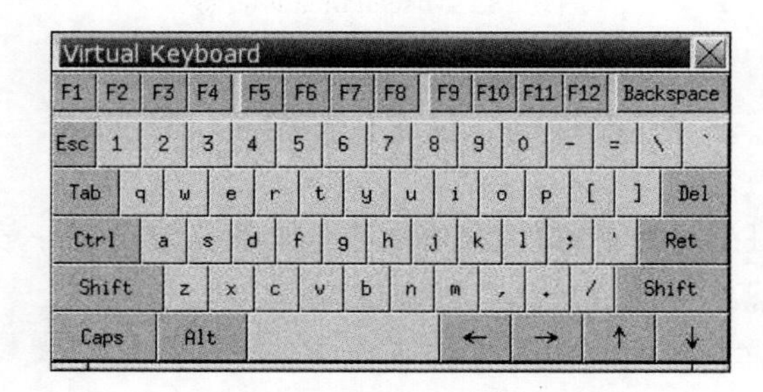

图 3-23　字母和数字键盘

4. 数字键盘

利用小键盘进行数字信息输入，如图 3-24 所示。

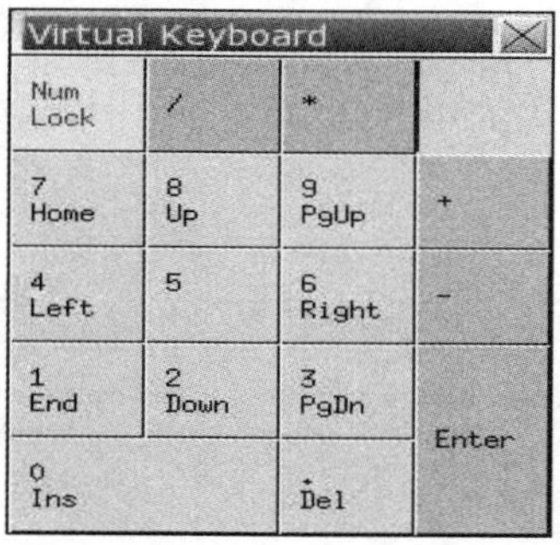

图 3-24 数字键盘

▶ 任务十 了解如何隐藏 HMI 系统设定列

可利用系统寄存器［LB-9020］来显示/隐藏系统设定列，或设定指拨开关 2 在 ON/OFF 位置来启动此功能。

如果使用［LB-9020］来控制系统设定列，当［LB-9020］设为 ON，此工具列会被显示，当设为 OFF，则此工具列会被隐藏。

当［指拨开关 2］设为 ON，系统设定列会被隐藏，而当设为 OFF，系统设定列便可被显示并控制。使用者需重启 HMI 来开始/停止这个功能。如图 3-25 所示。

图 3-25 HMI 系统设定列

▶ 任务十一 如何透过智能型手机远程操作 HMI

步骤 1，开启 HMI 的 VNC server 并设定登录密码，如图 3-26 所示。

步骤 2，安装 Java IE 或 VNC viewer 于 PC。

Java Web site：http://java.com

VNC viewer：ftp://ftp. weintek. com/MT8000/utility/vnc-4_1_2-x86_win32_viewer. zip

VNC viewer for Pocket PC：ftp://ftp. weintek. com/MT8000/utility/zoomVNC. CAB/http://zoomvnc. com/

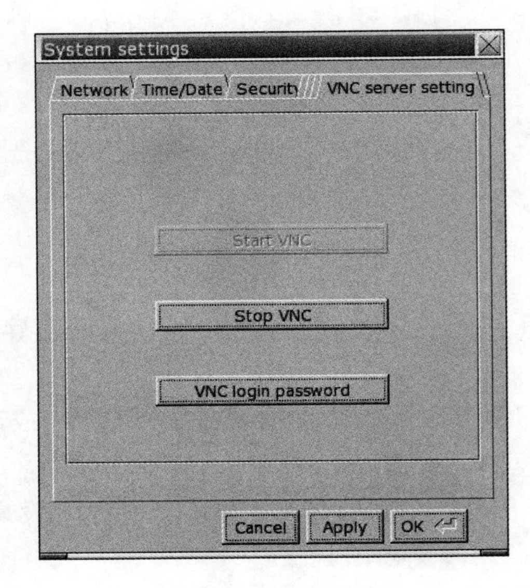

图 3-26　设定登录密码

步骤 3，安装 Java IE 后可透过 IE 输入远程 HMI IP 地址（以下范例为 http://192. 168. 1. 28），如图 3-27 所示。或者通过 VNC viewer 输入 HMI IP 地址和密码，如图 3-28 和图 3-29 所示。

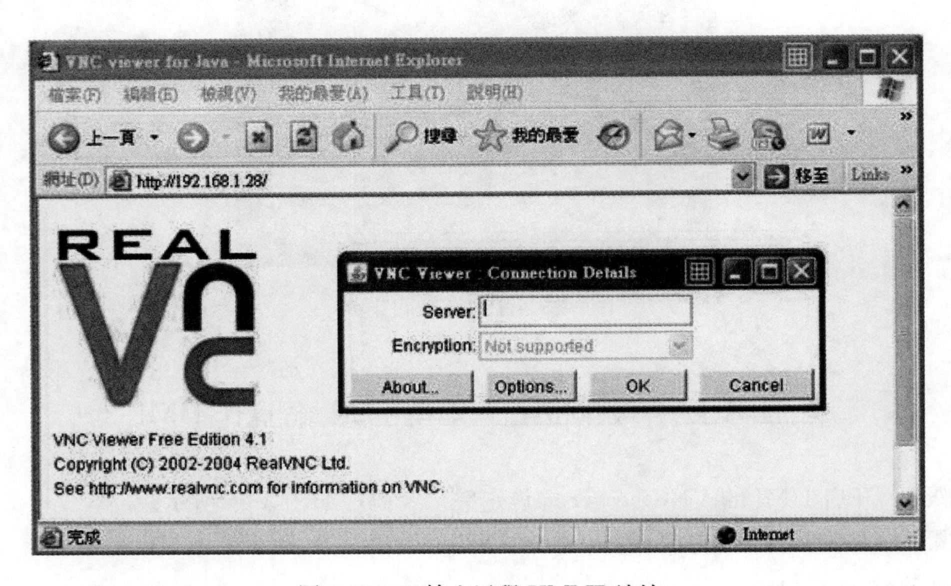

图 3-27　IE 输入远程 HMI IP 地址

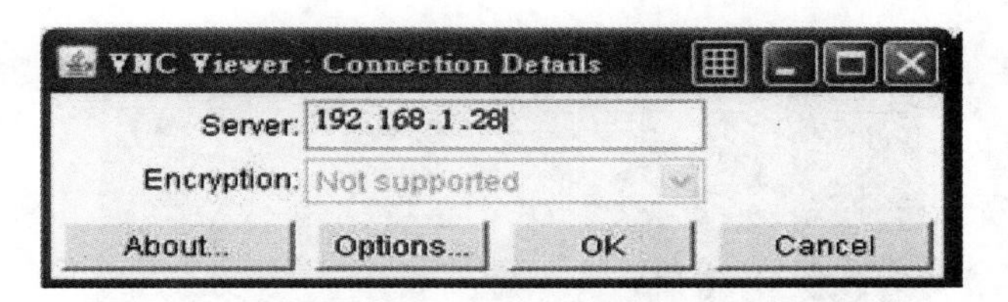

图 3-28 输入 HMI IP 地址

图 3-29 输入 HMI IP 密码

（1）一台 HMI 同时间只能允许一个使用者登录 VNC server。

（2）如果持续一小时没有操作 VNC server，系统将会自动注销。

1. 以 iPhone 为例

（1）开启 App Store 并寻找“VNC”，找到“Mocha VNC Lite”应用程序后安装它。如图 3-30 所示。

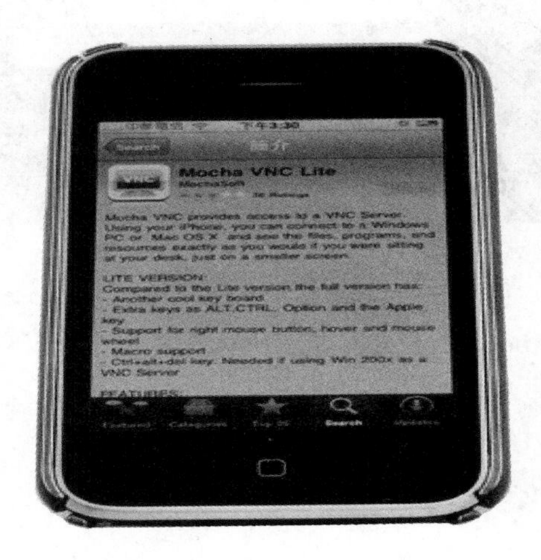

图 3-30 Mocha VNC Lite

（2）在 Mocha VNC Lite，设定 HMI IP 地址、密码、TCP 端口号＝5900 后，单击“Connect”。

现在使用者可以通过 iPhone 远程操作 HMI，如图 3-31 所示。

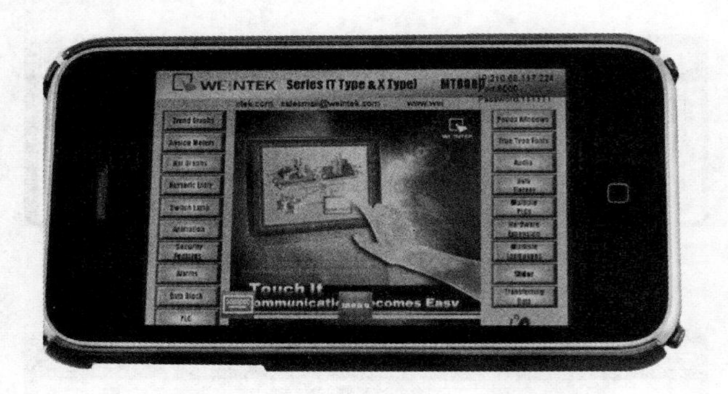

图 3-31 通过 iPhone 远程操作 HMI

2. 以 Android 系统智能手机为例

（1）开启 Android Market 并寻找“VNC”。找到“Android VNC”应用程序后安装它。

（2）在 Android VNC，设定 HMI IP 地址、密码、TCP 端口号＝5900 后，点选“Connect”，如图 3-32 所示。

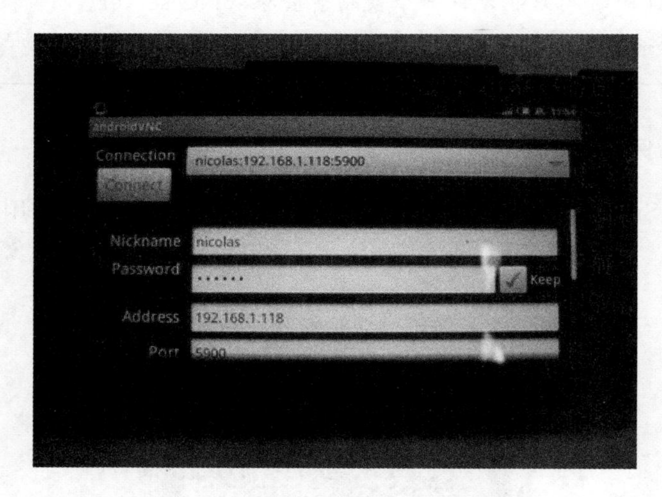

图 3-32 输入 HMI IP 地址和密码

现在使用者可以通过 Android 系统智能手机远程操作 HMI。

项 目 四

认识MCGS组态软件

本项目介绍MCGS嵌入版全中文工控组态软件的基本功能和主要特点，并对软件系统的构成和各个组成部分的功能进行详细地说明。帮助认识MCGS嵌入版组态软件系统的总体结构框架，同时介绍本软件运行的硬件和软件需求，以及安装过程和工作环境。

▶ 任务一　MCGS嵌入版概述

重点： MCGS嵌入版的主要特性和功能

MCGS嵌入版是在MCGS通用版的基础上开发的，专门应用于嵌入式计算机监控系统的组态软件，MCGS嵌入版包括组态环境和运行环境两部分，它的组态环境能够在基于Microsoft的各种32位Windows平台上运行，运行环境则是在实时多任务嵌入式操作系统Windows CE中运行。适应于应用系统对功能、可靠性、成本、体积、功耗等综合性能有严格要求的专用计算机系统。通过对现场数据的采集处理，以动画显示、报警处理、流程控制和报表输出等多种方式向用户提供解决实际工程问题的方案，在自动化领域有着广泛的应用。此外MCGS嵌入版还带有一个模拟运行环境，用于对组态后的工程进行模拟测试，方便用户对组态过程的调试。

4.1.1　MCGS嵌入版组态软件的主要功能

（1）简单灵活的可视化操作界面。MCGS嵌入版采用全中文、可视化、面向窗口的开发界面，符合中国人的使用习惯和要求。以窗口为单位，构造用户运行系统的图形界面，使得MCGS嵌入版的组态工作既简单直观，又灵活多变。

（2）实时性强、有良好的并行处理性能。MCGS嵌入版是真正的32位系统，充分利用了32位Windows CE操作平台的多任务、按优先级分时操作的功能，以线程为单位对在工程作业中实时性强的关键任务和实时性不强的非关键任务进行分时并行处理，使嵌入式PC机广泛应用于工程测控领域成为可能。例如，MCGS嵌入版在处理数据采集、设备驱动和异常处理等关键任务时，可在主机运行周期时间内插空进行像打印数据一类的非关键性工作，实现并行处理。

（3）丰富、生动的多媒体画面。MCGS嵌入版以图像、图符、报表、曲线等多种形式，为操作员及时提供系统运行中的状态、品质及异常报警等相关信息；用大小变化、颜色改变、明暗闪烁、移动翻转等多种手段，增强画面的动态显示效果；对图元、图符对象定义相应的状态属性，实现动画效果。MCGS 嵌入版还为用户提供了丰富的动画构件，每个动画构件都对应一个特定的动画功能。

（4）完善的安全机制。MCGS 嵌入版提供了良好的安全机制，可以为多个不同级别用户设定不同的操作权限。此外，MCGS 嵌入版还提供了工程密码功能，以保护组态开发者的成果。

（5）强大的网络功能。MCGS 嵌入版具有强大的网络通信功能，支持串口通信、Modem 串口通信、以太网 TCP/IP 通信，不仅可以方便快捷地实现远程数据传输，还可以与网络版相结合通过 Web 浏览功能，在整个企业范围内浏览监测到所有生产信息，实现设备管理和企业管理的集成。

（6）多样化的报警功能。MCGS 嵌入版提供多种不同的报警方式，具有丰富的报警类型，方便用户进行报警设置，并且系统能够实时显示报警信息，对报警数据进行应答，为工业现场安全、可靠地生产运行提供有力的保障。

（7）实时数据库为用户分步组态提供极大方便。MCGS 嵌入版由主控窗口、设备窗口、用户窗口、实时数据库和运行策略五个部分构成，其中实时数据库是一个数据处理中心，是系统各个部分及其各种功能性构件的公用数据区，是整个系统的核心。各个部件独立地向实时数据库输入和输出数据，并完成自己的差错控制。在生成用户应用系统时，每一部分均可分别进行组态配置，独立建造，互不相干。

（8）支持多种硬件设备，实现“设备无关”。MCGS 嵌入版针对外部设备的特征，设立设备工具箱，定义多种设备构件，建立系统与外部设备的连接关系，赋予相关的属性，实现对外部设备的驱动和控制。用户在设备工具箱中可方便选择各种设备构件。不同的设备对应不同的构件，所有的设备构件均通过实时数据库建立联系，而建立时又是相互独立的，即对某一构件的操作或改动，不影响其他构件和整个系统的结构，因此，MCGS 嵌入版是一个“设备无关”的系统，用户不必担心因外部设备的局部改动而影响整个系统。

（9）方便控制复杂的运行流程。MCGS 嵌入版开辟了“运行策略”窗口，用户可以选用系统提供的各种条件和功能的策略构件，用图形化的方法和简单的类 Basic 语言构造多分支的应用程序，按照设定的条件和顺序，操作外部设备，控制窗口的打开或关闭，与实时数据库进行数据交换，实现自由、精确地控制运行流程，同时也可以由用户创建新的策略构件，扩展系统的功能。

（10）良好的可维护性。MCGS 嵌入版系统由五大功能模块组成，主要的功能模块以构件的形式来构造，不同的构件有着不同的功能，且各自独立。三种基本类型的构件（设备构件、动画构件、策略构件）完成了 MCGS 嵌入版系统的三大部分（设备驱动、动画显示和流程控制）的所有工作。

（11）用自建文件系统来管理数据存储，系统可靠性更高。由于 MCGS 嵌入版不再使用 Access 数据库来存储数据，而是使用了自建的文件系统来管理数据存储，所以与 MCGS 通用版相比，MCGS 嵌入版的可靠性更高，在异常掉电的情况下也不会丢失数据。

（12）设立对象元件库，组态工作简单方便。对象元件库，实际上是分类存储各种组态对象的图库。组态时，可把制作完好的对象（包括图形对象、窗口对象、策略对象以至位图文件等）以元件的形式存入图库中，也可把元件库中的各种对象取出，直接为当前的工程所用，随着工作的积累，对象元件库将日益扩大和丰富。这样解决了组态结果的积累和重新利用问题。组态工作将会变得越来越简单方便。

总之，MCGS 嵌入版组态软件具有强大的功能，并且操作简单，易学易用，普通工程人员经过短时间的培训就能迅速掌握多数工程项目的设计和运行操作。同时使用 MCGS 嵌入版组态软件能够避开复杂的嵌入版计算机软、硬件问题，而将精力集中于解决工程问题本身，根据工程作业的需要和特点，组态配置出高性能、高可靠性和高度专业化的工业控制监控系统。

4.1.2 MCGS 嵌入版组态软件的主要特点

（1）容量小。整个系统最低配置只需要极小的存储空间，可以方便地使用 DOC 等存储设备。

（2）速度快。系统的时间控制精度高，可以方便地完成各种高速采集系统，满足实时控制系统要求。

（3）成本低。使用嵌入式计算机，大大降低设备成本。

（4）真正嵌入。运行于嵌入式实时多任务操作系统。

（5）稳定性高。无风扇，内置看门狗，上电重启时间短，可在各种恶劣环境下稳定、长时间运行。

（6）功能强大。提供中断处理，定时扫描精度可达到毫秒级，提供对计算机串口、内存、端口的访问。并可以根据需要灵活组态。

（7）通信方便。内置串行通信功能、以太网通信功能、GPRS 通信功能、Web 浏览功能和 Modem 远程诊断功能，可以方便地实现与各种设备进行数据交换、远程采集和 Web 浏览。

（8）操作简便。MCGS 嵌入版采用的组态环境，继承了 MCGS 通用版与网络版简单易学的优点，组态操作既简单直观，又灵活多变。

（9）支持多种设备。提供了所有常用的硬件设备的驱动。

（10）有助于建造完整的解决方案。MCGS 嵌入版组态环境运行于具备良好人机界面的 Windows 操作系统上，具备与北京昆仑通态公司已经推出的通用版本组态软件和网络版组态软件相同的组态环境界面，可有效帮助用户建造从嵌入式设备、现场监控工作站到企业生产监控信息网在内的完整解决方案；并有助于用户开发的项目在这三个层次上的平滑迁移。

▶ 任务二　认识嵌入版与通用版的异同

4.2.1　嵌入版与通用版相同之处

嵌入版和通用版组态软件有很多相同之处如下：

（1）相同的操作理念。嵌入版和通用版一样，组态环境是简单直观的可视化操作界面，通过简单的组态实现应用系统的开发，无需具备计算机编程的知识，就可以在短时间内开发出一个运行稳定的具备专业水准的计算机应用系统。

（2）相同的人机界面。嵌入版的人机界面的组态和通用版人机界面基本相同。可通过动画组态来反映实时的控制效果，也可进行数据处理，形成历史曲线、报表等，并且可以传递控制参数到实时控制系统。

（3）相同的组态平台。嵌入版和通用版的组态平台是相同的，都是运行于 Windows 95/98/Me/NT/2000 等操作系统。

（4）相同的硬件操作方式。嵌入版和通用版都是通过挂接设备驱动来实现和硬件的数据交互，这样用户不必了解硬件的工作原理和内部结构，通过设备驱动的选择就可以轻松地实现计算机和硬件设备的数据交互。

4.2.2　嵌入版与通用版的不同之处

虽然嵌入版和通用版有很多相同之处，但嵌入版和通用版是适用于不同控制要求的，所以二者之间又有明显的不同。

1. 与通用版相比，性能不同

（1）功能作用不同。虽然嵌入版中也集成了人机交互界面，但嵌入版是专门针对实时控制而设计的，应用于实时性要求高的控制系统中，而通用版组态软件主要应用于实时性要求不高的监测系统中，它的主要作用是用来作监测和数据后台处理，如动画显示、报表等，当然对于完整的控制系统来说二者都是不可或缺的。

（2）运行环境不同。嵌入版运行于嵌入式实时多任务操作系统 Windows CE；通用版运行于 Microsoft Windows 95/98/Me/NT/2000 等操作系统。

（3）体系结构不同。嵌入版的组态和通用版的组态都是在通用计算机环境下进行的，但嵌入版的组态环境和运行环境是分开的，在组态环境下组态好的工程要下载到嵌入式系统中运行，而通用版的组态环境和运行环境是在一个系统中。

2. 与通用版相比，嵌入版新增功能

（1）模拟环境的使用，嵌入式版本的模拟环境 CEEMU. exe 的使用，解决了用户组态时，必须将 PC 机与嵌入式系统相连的问题，用户在模拟环境中就可以查看组态的界面美观性、功能的实现情况以及性能的合理性。

（2）嵌入式系统函数，通过函数的调用，可以对嵌入式系统进行内存读写、串口参数设置、磁盘信息读取等操作。

（3）工程下载配置，可以使用串口或 TCP/IP 进行与下位机的通信，同时可以监控工程下载情况。

（4）中断策略，在硬件产生中断请求时，该策略被调用。

（5）与通用版相比，嵌入版不能使用的功能包括：动画构件中的文件播放、存盘数据处理、多行文本、格式文本、设置时间、条件曲线、相对曲线、通用棒图；策略构件中的音响输出、Excel 报表输出、报警信息浏览、存盘数据复制、存盘数据浏览、修改数据库、存盘数据提取、设置时间范围构件。

（6）脚本函数中不能使用的有：运行环境操作函数中！SetActiveX、！CallBackSvr，数据对象操作函数中！GetEventDT、！GetEventT、！GetEventP、！DelSaveDat，系统操作中！EnableDDEConnect、！EnableDDEInput、！EnableDDEOutput、！DDEReconnect、！ShowDataBackup、！Navigate、！Shell、！AppActive、！TerminateApplication、！Winhelp，ODBC 数据库函数、配方操作。

（7）数据后处理，包括：Access、ODBC 数据库访问功能。

（8）远程监控。

▶ 任务三 认识 MCGS 嵌入版组态软件的体系结构

 **重点：** MCGS 嵌入版系统的构成和组成部分的功能

MCGS 嵌入式体系结构分为组态环境、模拟运行环境和运行环境三部分。PC 机和嵌入式系统如图 4-1 所示。

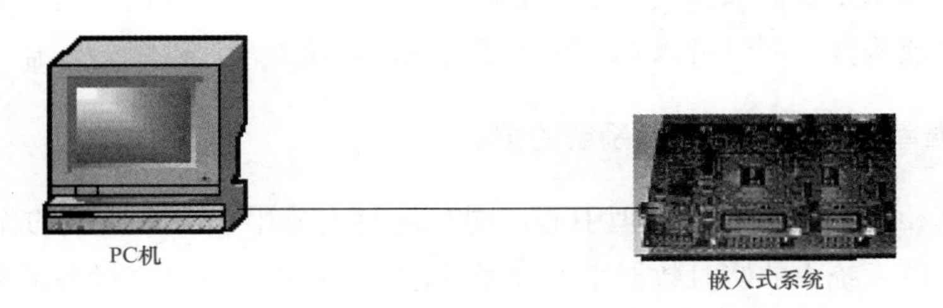

图 4-1 PC 机和嵌入式系统

组态环境和模拟运行环境相当于一套完整的工具软件，可以在 PC 机上运行。用户可根据实际需要裁减其中内容。它帮助用户设计和构造自己的组态工程并进行功能测试。

运行环境则是一个独立的运行系统，它按照组态工程中用户指定的方式进行各种处理，完成用户组态设计的目标和功能。运行环境本身没有任何意义，必须与组态工程一起作为一个整体，才能构成用户应用系统。一旦组态工作完成，并且将组态好的工程通过串口或以太

网下载到下位机的运行环境中，组态工程就可以离开组态环境而独立运行在下位机上。从而实现了控制系统的可靠性、实时性、确定性和安全性。

由 MCGS 嵌入版生成的用户应用系统，其结构由主控窗口、设备窗口、用户窗口、实时数据库和运行策略五个部分构成，如图 4-2 所示。

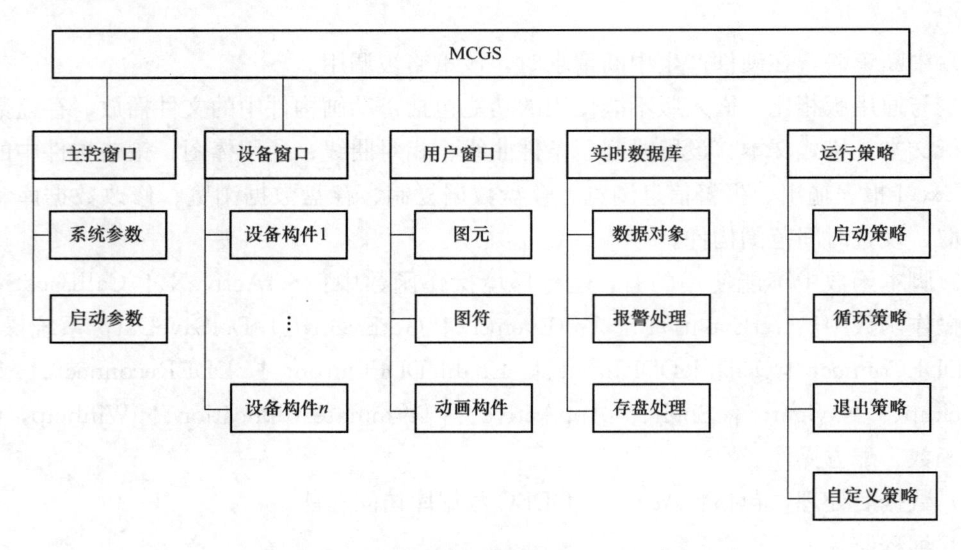

图 4-2 嵌入版生成的用户应用系统

窗口是屏幕中的一块空间，是一个“容器”，直接提供给用户使用。在窗口内，用户可以放置不同的构件，创建图形对象并调整画面的布局，组态配置不同的参数以完成不同的功能。

在 MCGS 嵌入版中，每个应用系统只能有一个主控窗口和一个设备窗口，但可以有多个用户窗口和多个运行策略，实时数据库中也可以有多个数据对象。MCGS 嵌入版用主控窗口、设备窗口和用户窗口来构成一个应用系统的人机交互图形界面，组态配置各种不同类型和功能的对象或构件，同时可以对实时数据进行可视化处理。

1. 实时数据库是 MCGS 嵌入版系统的核心

实时数据库相当于一个数据处理中心，同时也起到公用数据交换区的作用。MCGS 嵌入版使用自建文件系统中的实时数据库来管理所有实时数据。从外部设备采集来的实时数据送入实时数据库，系统其他部分操作的数据也来自于实时数据库。实时数据库自动完成对实时数据的报警处理和存盘处理，同时它还根据需要把有关信息以事件的方式发送给系统的其他部分，以便触发相关事件，进行实时处理。因此，实时数据库所存储的单元，不单单是变量的数值，还包括变量的特征参数（属性）及对该变量的操作方法（报警属性、报警处理和存盘处理等）。这种将数值、属性、方法封装在一起的数据我们称之为数据对象。实时数据库采用面向对象的技术，为其他部分提供服务，提供了系统各个功能部件的数据共享。

2. 主控窗口构造了应用系统的主框架

主控窗口确定了工业控制中工程作业的总体轮廓，以及运行流程、特性参数和启动特性等项内容，是应用系统的主框架。

3. 设备窗口是 MCGS 嵌入版系统与外部设备联系的媒介

设备窗口专门用来放置不同类型和功能的设备构件，实现对外部设备的操作和控制。设备窗口通过设备构件把外部设备的数据采集进来，送入实时数据库，或把实时数据库中的数据输出到外部设备。一个应用系统只有一个设备窗口，运行时，系统自动打开设备窗口，管理和调度所有设备构件正常工作，并在后台独立运行。注意，对用户来说，设备窗口在运行时是不可见的。

4. 用户窗口实现了数据和流程的“可视化”

用户窗口中可以放置三种不同类型的图形对象：图元、图符和动画构件。图元和图符对象为用户提供了一套完善的设计制作图形画面和定义动画的方法。动画构件对应于不同的动画功能，它们是从工程实践经验中总结出的常用的动画显示与操作模块，用户可以直接使用。通过在用户窗口内放置不同的图形对象，搭制多个用户窗口，用户可以构造各种复杂的图形界面，用不同的方式实现数据和流程的“可视化”。

组态工程中的用户窗口，最多可定义 512 个。所有的用户窗口均位于主控窗口内，其打开时窗口可见；关闭时窗口不可见。

5. 运行策略是对系统运行流程实现有效控制的手段

运行策略本身是系统提供的一个框架，其里面放置有策略条件构件和策略构件组成的“策略行”，通过对运行策略的定义，使系统能够按照设定的顺序和条件操作实时数据库、控制用户窗口的打开、关闭并确定设备构件的工作状态等，从而实现对外部设备工作过程的精确控制。

一个应用系统有三个固定的运行策略：启动策略、循环策略和退出策略，同时允许用户创建或定义最多 512 个用户策略。启动策略在应用系统开始运行时调用，退出策略在应用系统退出运行时调用，循环策略由系统在运行过程中定时循环调用，用户策略供系统中的其他部件调用。

综上所述，一个应用系统由主控窗口、设备窗口、用户窗口、实时数据库和运行策略五个部分组成。组态工作开始时，系统只为用户搭建了一个能够独立运行的空框架，提供了丰富的动画部件与功能部件。如果要完成一个实际的应用系统，应主要完成以下工作。

首先，要像搭积木一样，在组态环境中用系统提供的或用户扩展的构件构造应用系统，配置各种参数，形成一个有丰富功能可实际应用的工程。

然后，把组态环境中的组态结果提交给运行环境。运行环境和组态结果一起就构成了用户自己的应用系统。

▶任务四 认识MCGS嵌入版组态软件的系统需求

4.4.1 硬件需求

MCGS嵌入版组态软件的硬件需求分为组态环境需求和运行环境需求两部分。

1. 组态环境硬件需求

MCGS嵌入版组态环境硬件需求和通用版硬件需求相同。

(1) 最低配置。系统要求在IBM PC486以上的微型机或兼容机上运行，以Microsoft的Windows 98/Me/XP/NT/2000为操作系统。计算机的最低配置要求是：

1) CPU。可运行于任何Intel及兼容Intel x86指令系统的CPU。

2) 内存。当使用Windows 9X操作系统时内存应在16MB以上。

当选用Windows NT操作系统时，系统内存应在32MB以上。

当选用Windows 2000操作系统时，系统内存应在64MB以上。

3) 显卡。Windows系统兼容，含有1MB以上的显示内存，可工作于640×480分辨率，256色模式下。

4) 硬盘。MCGS嵌入版组态软件占用的硬盘空间最少为40MB。

低于以上配置要求的硬件系统，将会影响系统功能的完全发挥。目前市面上流行的各种品牌机和兼容机都能满足上述要求。

(2) 推荐配置。MCGS嵌入版组态软件的设计目标是瞄准高档PC机和高档操作系统，充分利用高档PC兼容机的低价格、高性能来为工业应用级的用户提供安全可靠的服务。

1) CPU。使用相当于Intel公司的Pentium 233或以上级别的CPU。

2) 内存。当使用Windows 9X操作系统时内存应在32MB以上。

当选用Windows NT操作系统时，系统内存应在64MB以上。

当选用Windows 2000操作系统时，系统内存应在128MB以上。

3) 显卡。Windows系统兼容，含有1MB以上的显示内存，可工作于800×600分辨率，65535色模式下。

4) 硬盘。MCGS嵌入版组态软件占用的硬盘空间约为80MB。

2. 运行环境硬件需求

目前MCGS嵌入版组态软件运行环境能够运行在x86和ARM两种类型的CPU上。

(1) 最低配置。

1) RAM：4M。

2）DOC：2M。

（2）推荐配置。

1）RAM：64M。（若需要使用带中文界面的系统，则至少需要 32M）

2）DOC：32M。（若需要使用带中文界面的系统，则至少需要 16M）

4.4.2 软件需求

MCGS 嵌入版组态软件的软件需求也分为组态环境和运行环境两部分介绍。

1. 组态环境软件需求

MCGS 嵌入版组态环境软件需求和通用版相同，可以在以下操作系统下运行。

（1）中文 Microsoft Windows NT Server 4.0（需要安装 SP3）或更高版本。

（2）中文 Microsoft Windows NT Workstation 4.0（需要安装 SP3）或更高版本。

（3）中文 Microsoft Windows 95/98/Me/2000（Windows 95 推荐安装 IE5.0）或更高版本。

2. 运行环境软件需求

嵌入版运行环境要求运行在实时多任务操作系统，现在支持 Windows CE 实时多任务操作系统。

▶ 任务五 掌握 MCGS 嵌入版的安装

嵌入版的组态环境与通用版基本一致，是专为 Microsoft Windows 系统设计的 32 位应用软件，可以运行于 Windows 95/98/NT4.0/2000 或以上版本的 32 位操作系统中，其模拟环境也同样运行在 Windows 95/98/NT4.0/2000 或以上版本的 32 位操作系统中。推荐使用中文 Windows 95/98/NT4.0/2000 或以上版本的操作系统。而嵌入版的运行环境则需要运行在 Windows CE 嵌入式实时多任务操作系统中。

安装 MCGS 嵌入版组态软件之前，必须安装好 Windows 95/98/NT4.0/2000，详细的安装指导请参见相关软件的软件手册。

4.5.1 上位机的安装

MCGS 嵌入版只有一张安装光盘，具体安装步骤如下。

（1）启动 Windows。

（2）在相应的驱动器中插入光盘。

（3）插入光盘后会自动弹出 MCGS 组态软件安装界面（如没有窗口弹出，则从 Windows 的“开始”菜单中，选择“运行”命令，运行光盘中的 Autorun.exe 文件），如图 4-3 所示。

图 4-3　MCGS 组态软件安装界面

（4）选择“安装 MCGS 嵌入版组态软件”，启动安装程序开始安装。

（5）随后，是一个欢迎界面，如图 4-4 所示。

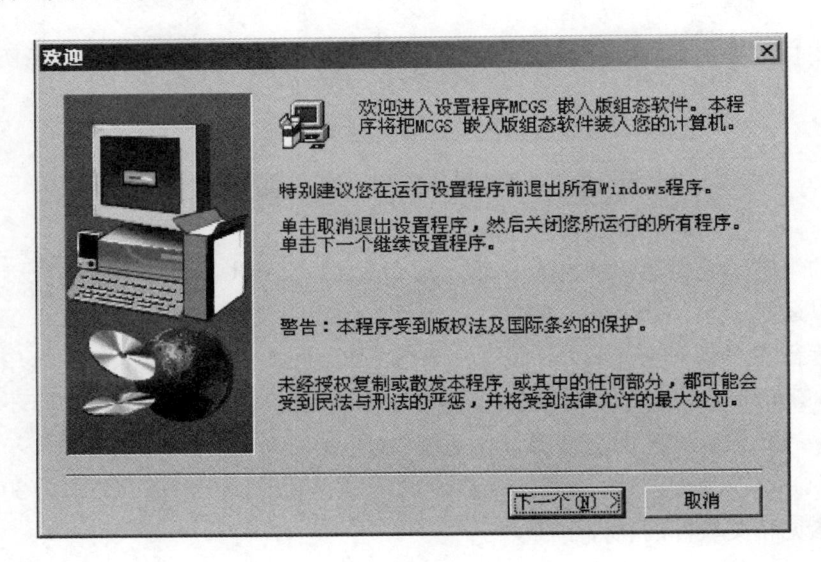

图 4-4　“欢迎”界面

（6）单击“下一个”，安装程序将提示你指定安装的目录，如果用户没有指定，系统默认安装到 D：\ MCGSE 目录下，建议使用默认安装目录，如图 4-5 所示。

（7）安装过程将持续数分钟。

（8）安装过程完成后，系统将弹出“安装完成”对话框，上面有两种选择，重新启动计算机和稍后重新启动计算机，建议重新启动计算机后再运行组态软件。单击“结束”按钮，将结束安装，如图 4-6 所示。

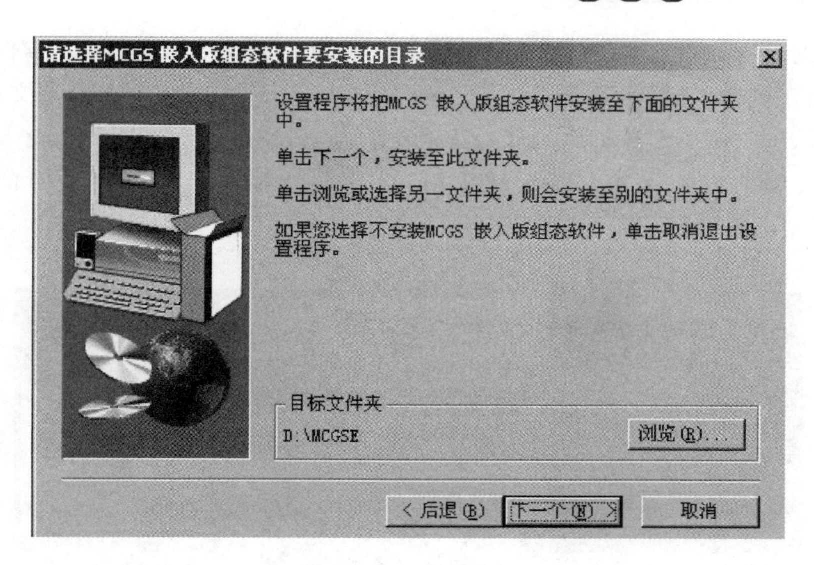

图 4-5 选择 MCGS 嵌入版组态软件安装目录

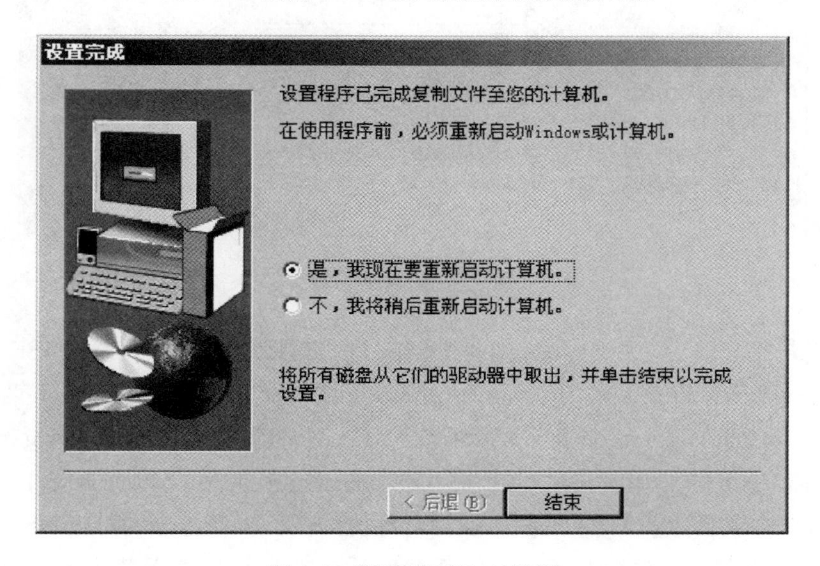

图 4-6 “安装完成”对话框

（9）安装完成后，Windows 操作系统的桌面上添加了如图 4-7 所示的两个图标，分别用于启动 MCGSE 嵌入版组态环境和模拟运行环境。

图 4-7 “MCGSE 组态环境”
“MCGSE 模拟环境”图标

（10）同时，Windows 在开始菜单中也添加了相应的 MCGS 嵌入版组态软件程序组，此程序组包括五项内容：MCGSE 组态环境、MCGSE 模拟环境、MCGSE 自述文件、MCGSE 电子文档以及卸载 MCGS 嵌入版。MCGSE 组态环境，是嵌入版的组态环境；MCGSE 模拟环境，是嵌入版的模拟运行环境；MCGSE 自述文件描述了软件发行时的最后信息；MCGSE 电子文档则包含了有关 MCGS 嵌入版最新的帮助信息，如图 4-8 所示。

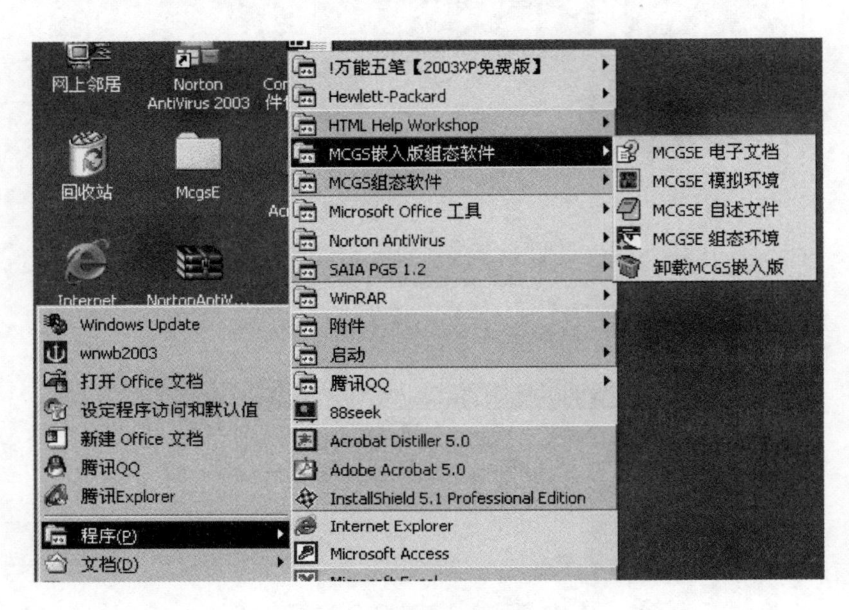

图 4-8　MCGS 界面

在系统安装完成以后，在用户指定的目录下（或者是默认目录 D:\MCGSE），存在三个子文件夹：Program、Samples、Work。Program 子文件夹中，可以看到以下两个应用程序 McgsSetE. exe、CEEMU. exe 以及 MCGSCE. X86、MCGSCE. ARMV4。McgsSetE. exe 是运行嵌入版组态环境的应用程序；CEEMU. exe 是运行模拟运行环境的应用程序；MCGSCE. X86 和 MCGSCE. ARMV4 是嵌入版运行环境的执行程序，分别对应 X86 类型的 CPU 和 ARM 类型的 CPU，通过组态环境中的下载对话框的高级功能下载到下位机中运行，是下位机中实际运行环境的应用程序。样例工程在 Samples 中，用户自己组态的工程将默认保存在 Work 中。

4.5.2　下位机的安装

安装有 Windows CE 操作系统的下位机在出厂时已经配置了 MCGS 嵌入版的运行环境，即下位机的 HardDisk \ MCGSBIN \ McgsCE. exe。

那么怎样把 MCGS 嵌入版下位机的运行环境通过上位机配置到下位机呢？方法如下：

首先，启动上位机上的 MCGSE 组态环境，在组态环境下选择工具菜单中的“下载配置”，将弹出“下载配置”对话框，连接好下位机，如图 4-9 所示。

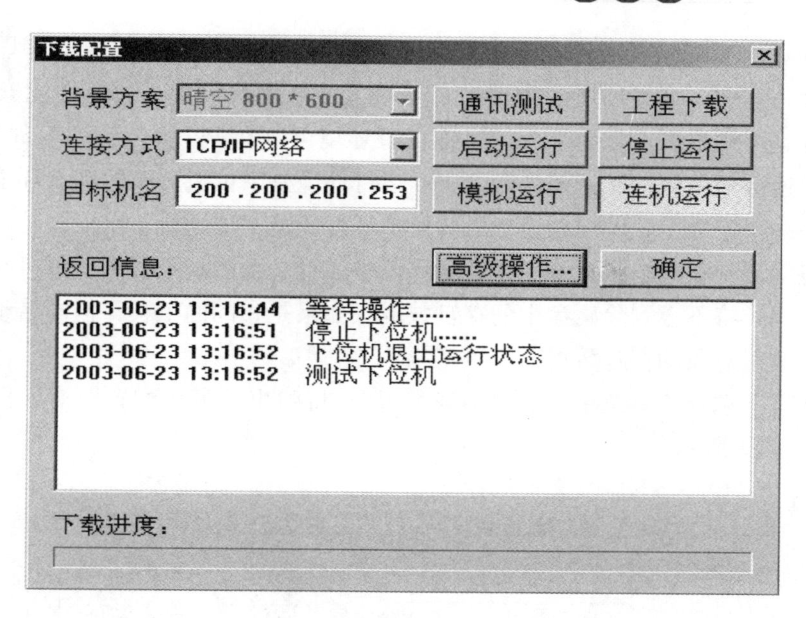

图 4-9 “下载配置”对话框

然后，连接方式选择 TCP/IP 网络，并在目标机名框内写上下位机的 IP 地址，选择“高级操作”，弹出“高级操作”设置页，如图 4-10 所示。

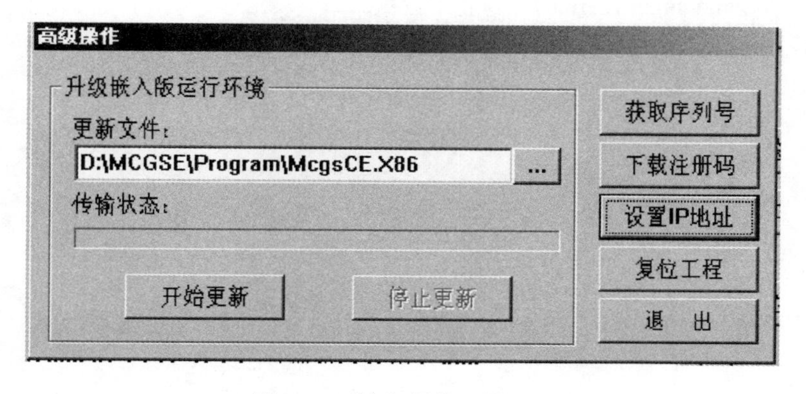

图 4-10 “高级操作”设置页

在“更新文件”框中输入嵌入版运行环境的文件（组态环境会自动判断下位机 CPU 的类型，并自动选择 MCGSCE. X86 或 MCGSCE. ARMV4）所在路径，然后单击“开始更新”按钮，完成更新下位机的运行环境，然后再重新启动下位机即可。

▶ 任务六 认识 MCGS 嵌入版的运行

MCGS 嵌入版组态软件包括组态环境、运行环境、模拟运行环境三部分。文件 Mcgs-

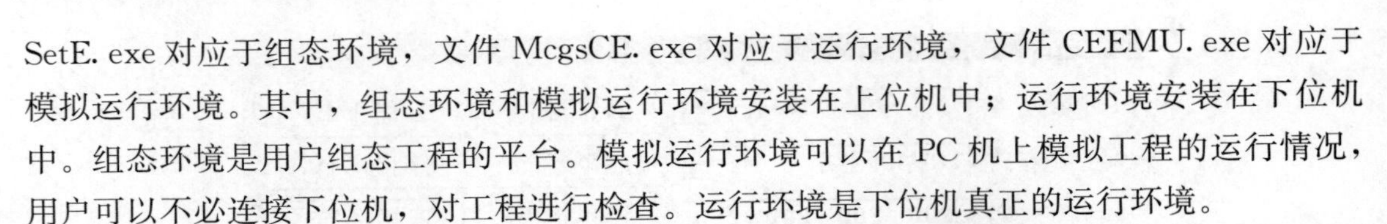

SetE. exe对应于组态环境，文件McgsCE. exe对应于运行环境，文件CEEMU. exe对应于模拟运行环境。其中，组态环境和模拟运行环境安装在上位机中；运行环境安装在下位机中。组态环境是用户组态工程的平台。模拟运行环境可以在PC机上模拟工程的运行情况，用户可以不必连接下位机，对工程进行检查。运行环境是下位机真正的运行环境。

当组态好一个工程后，可以在上位机的模拟运行环境中试运行，以检查是否符合组态要求。也可以将工程下载到下位机中，在实际环境中运行。下载新工程到下位机时，如果新工程与旧工程不同，将不会删除磁盘中的存盘数据；如果是相同的工程，但同名组对象结构不同，则会删除改组对象的存盘数据。

在组态环境下选择工具菜单中的“下载配置”，将弹出“下载配置”对话框，选择好背景方案，如图4-11所示。

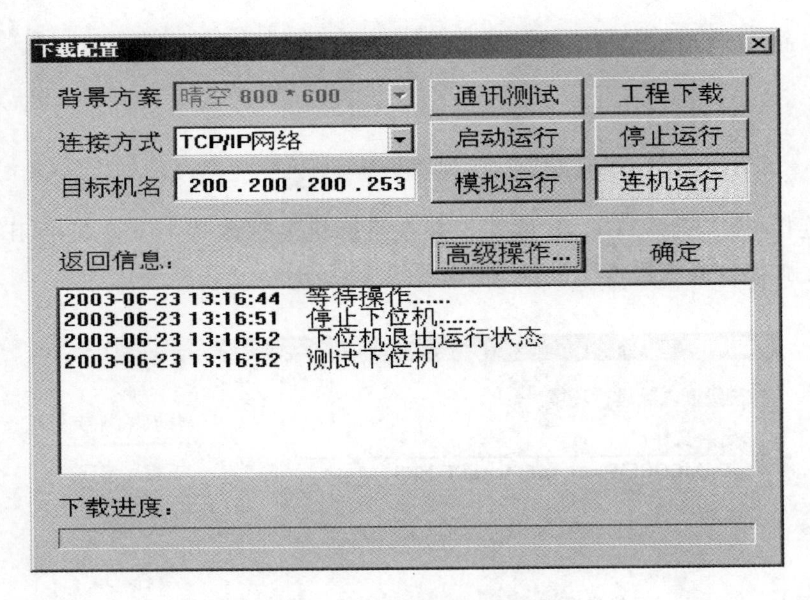

图4-11 “下载配置”对话框

1. 设置域

（1）背景方案：用于设置模拟运行环境屏幕的分辨率。用户可根据需要选择。包含8个选项如下：

1）标准320×240。

2）标准640×480。

3）标准800×600。

4）标准1024×768。

5）晴空320×240。

6）晴空640×480。

7）晴空 800×600。

8）晴空 1024×768。

（2）连接方式：用于设置上位机与下位机的连接方式。包括如下两个选项。

1）TCP/IP 网络：通过 TCP/IP 网络连接。选择此项时，下方显示目标机名输入框，用于指定下位机的 IP 地址。

2）串口通信：通过串口连接。选择此项时，下方显示串口选择输入框，用于指定与下位机连接的串口号。

2. 功能按钮

（1）通信测试。用于测试通信情况。

（2）工程下载。用于将工程下载到模拟运行环境，或下位机的运行环境中。

（3）启动运行。启动嵌入式系统中的工程运行。

（4）停止运行。停止嵌入式系统中的工程运行。

（5）模拟运行。工程在模拟运行环境下运行。

（6）连机运行。工程在实际的下位机中运行。

（7）高级操作。点击“高级操作”按钮弹出如图 4-12 所示对话框。

图 4-12 “高级操作”对话框

1）获取序列号：获取 TPC 的运行序列号，每一台 TPC 都有一个唯一的序列号，以及一个标名运行环境可用点数的注册码文件。

2）下载注册码：将已存在的注册码文件下载到下位机中。

3）设置 IP 地址：用于设置下位机 IP 地址。

4）复位工程：用于将工程恢复到下载时状态。

5）退出：退出高级操作。

3. 操作步骤

（1）打开下载配置窗口，选择“模拟运行”。

（2）单击“通信测试”，查看测试通信是否正常。如果通信成功，在返回信息框中将提示“通信测试正常”。同时弹出模拟运行环境窗口，此窗口打开后，将以最小化形式，在任务栏中显示。如果通信失败将在返回信息框中提示“通信测试失败”。

（3）单击“工程下载”，将工程下载到模拟运行环境中。如果工程正常下载，将提示：“工程下载成功!”

（4）单击“启动运行”，模拟运行环境启动，模拟环境最大化显示，即可看到工程正在运行。如图 4-13 所示。

图 4-13　工程运行界面

（5）单击下载配置中的“停止运行”按钮，或者模拟运行环境窗口中的停止按钮▣，工程停止运行；点击模拟运行环境窗口中的关闭按钮☒，窗口关闭。

4. 手动设置模拟运行环境（CEEMU. exe）

提 示

尽量不要使用手动设置模拟运行环境。

方法一：

（1）点击开始菜单中的“运行”命令。弹出运行对话框。

（2）输入 CEEMU. exe 文件的路径及相应的命令和参数，可以实现不同的启动方式。如“D:\MCGSE \ Program \ CEEMU. exe/I：emulator \ BZMCGS640. INI”。如图 4-14 所示。

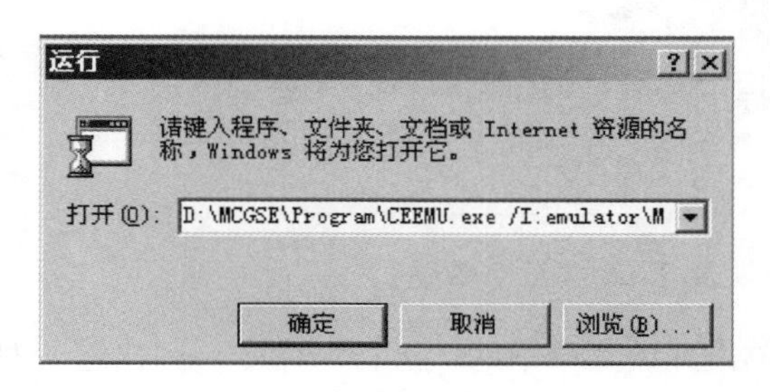

图 4-14 “运行”对话框

(3) 单击“确定”即可运行。

方法二：

(1) 选中桌面或开始菜单中的“MCGSE 模拟环境”，单击右键打开属性设置对话框。

(2) 在 MCGS 模拟环境属性的“快捷方式”项的“目标（T）”中输入“D:\MCGSE\Program\CEEMU.exe/I:emulator\BZMCGS640.INI”，即文件 CEEMU.exe 所在的路径，如图 4-15 所示。

图 4-15 “MCGSE 模拟环境属性”对话框

(3) 单击“确定”。

(4) 双击快捷方式即可按照设置方式启动。

5. 手动设置下位机运行环境（McgsCE. exe）

提 示

尽量不要使用手动设置下位机运行环境。

（1）在下位机中，单击开始菜单中的“运行”命令。弹出运行对话框。

（2）输入 McgsCE. exe 文件的路径及相应的命令和参数，即可实现不同的启动方式。例如：HardDisk \ McgsCE. exe/CN。

（3）单击“确定”即可运行。

6. 命令及参数

/I：[配置文件路径]

含义：使用对应配置文件。

参数：Emulator \ BZMcgs640. INI；Emulator \ BZMcgs800. INI；Emulator \ BZMcgs1024. INI。

适用范围：只对模拟运行环境有效。

实例：/I：Emulator \ BZMcgs640. INI，使用配置文件 Mcgs640. INI。

/CE

含义：使用组态环境与模拟运行环境直通的模式调试。

适用范围：只对模拟运行环境有效。

/CN

含义：使用 TCP/IP 网络方式下载工程。

适用范围：对模拟运行环境和运行环境都有效。

/CS：[串口号，波特率]

含义：使用串口通信方式下载工程。

适用范围：对模拟运行环境和运行环境都有效。

实例：/CS：1，57600，使用串口下载，串口号是 1，波特率是 57600bit/s。

▶ 任务七　认识关于多 CPU 嵌入版组态软件

4.7.1　多 CPU 版本的主要特点

版本号大于或等于 5.5（04.0000）的 MCGS 嵌入版组态软件支持多 CPU 功能，即支持多种 CPU 类型的嵌入式硬件环境，它们共用一个组态环境和模拟环境，但支持不同 CPU 类型的嵌入式硬件环境，5.5（04.0000）版本支持 X86 和 ARM 两种类型，以后的版本还会支持更多的 CPU 种类。

对用户而言，不需要关心太多的 CPU 版本的细节。因为组态环境会自动判断下位机 CPU 的类型，并选择合适的下位机运行程序和驱动程序进行升级或下载工程。但高级用户需要注意一下不同 CPU 类型的处理的不同。

4.7.2 X86 和 ARM 两种 CPU 版本不同之处

（1）CPU 类型不同，组态环境在升级或下载时会与下位机通信，自动确定下位机 CPU 的类型。

（2）下位机 CE. NET 操作系统环境不同，两个 CPU 版本的操作系统环境需要单独配置，生成的 nk 文件不能混用。生成下位机 CE. NET 操作系统环境方面的内容，超出了 MCGS 嵌入版组态软件的范围，请参考 CE. NET 的有关说明，昆仑通态提供的 NTOUCH 硬件已给用户配好了下位机 CE. NET 操作系统环境。

（3）运行程序不同，在安装盘中根据不同的运行环境程序文件的扩展名来区别不同 CPU 版本的运行环境，MCGSCE. X86 是 X86 类型 CPU 环境下的运行程序，MCGSCE. ARMV4 是 ARM 类型 CPU 环境下的运行程序。在升级运行环境时，组态环境会自动判断 CPU 的类型，并选择合适的升级文件。

（4）下位机的升级服务程序（CESVR. EXE）不同，不同的 CPU 型号使用不同的 CESVR 程序，昆仑通态为不同类型的 CPU 提供了不同的升级服务程序（CESVR. EXE），昆仑通态提供的 NTOUCH 硬件已给用户配好了下位机升级服务程序（CESVR. EXE）。

（5）设备驱动程序的名称不同，设备驱动程序是通过名字来区别不同 CPU 的，X86 下的驱动沿用原来的名字，其他类型的 CPU 在驱动名称的后面加上 CPU 类型的后缀：MONIDEVDRVE _ ARMV4. DRV；表示用在 ARM 类型的 CPU 上。

在升级或下载的过程中，组态环境会自动判断运行环境和驱动与下位机的 CPU 类型及操作系统版本是否兼容，不同的 CPU 类型版本、不同的操作系统版本会给出相应的提示。

项目五

认识变频器

变频器是把工频电源（50Hz 或 60Hz）变换成各种频率的交流电源，以实现电机的变速运行的设备。变频技术是一门能够将电信号的频率，按照具体电路的要求，而进行变换的应用型技术。变频器作为变频技术的典型应用，引领了电气传动技术向交流无级化方向发展，使交流传动成为电气传动的主流。在电气传动领域内，由直流电动机占统治地位的局面已经受到了猛烈的冲击。

现在人们所说的交流调速传动，主要是指采用电子式电力变换器对交流电动机的变频调速传动，除变频以外的另外一些简单的调速方案，例如，变极调速、定子调压调速、转差离合器调速等，由于其性能较差，终将会被变频调速所取代。交流调速传动控制技术之所以发展得如此迅速，和如下一些关键性技术的突破性进展有关，电力电子器件（包括半控型和全控型器件）的制造技术、基于电力电子电路的电力变换技术、交流电动机的矢量变换控制技术、直接转矩控制技术、PWM（Pulse Width Modulation）技术以及以微型计算机和大规模集成电路为基础的全数字化控制技术等。有关变频器的部分情况如图 5-1～图 5-5 所示。

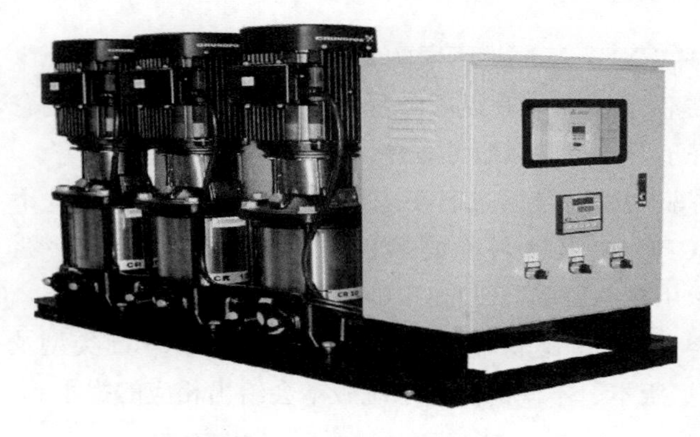

图 5-1　水泵的变频器控制

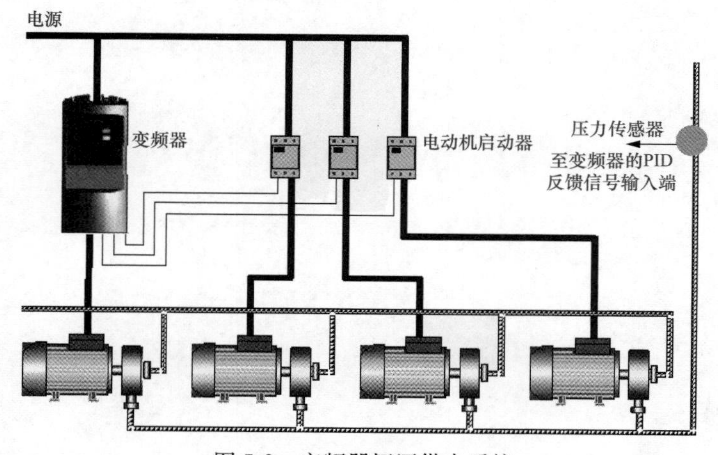

图 5-2　变频器恒压供水系统

图 5-3 空压机的变频控制

图 5-4 变频器的外形

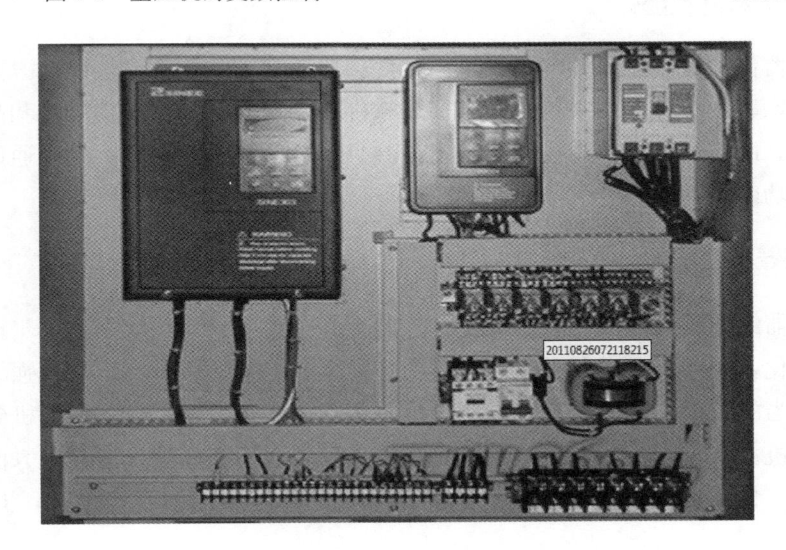

图 5-5 变频器的安装

▶任务一 变 频 器 基 础

近 20 年来，以功率晶体管 GTR 为逆变器功率元件、8 位微处理器为控制核心、按压频比 U/f 控制原理实现异步机调速的变频器，在性能和品种上出现了巨大的技术进步：①是所用的电力电子器件 GTR 以基本上为绝缘栅双极晶体管 IGBT 所替代，进而广泛采用性能更为完善的智能功率模块 IPM，使得变频器的容量和电压等级不断地扩大和提高；②是 8 位微处理器基本上被 16 位微处理器所替代，进而有采用功能更强的 32 位微处理器或双 CPU，使得变频器的功能从单一的变频调速功能发展为含有逻辑和智能控制的综合功能。③是在改善压频比控制性能的同时，推出能实现矢量控制和转矩直接控制的变频器，使得变频器不仅能实现调速，还可进行伺服控制。其发展情况可粗略地由以下几方面来说明。

1. 容量不断扩大

20 世纪 80 年代采用 BJT 的 PWM 变频器实现了通用化。到了 20 世纪 90 年代初 BJT 通用变频器的容量达到 600kVA，400kVA 以下的已经系列化。前几年主开关器件开始采用 IGBT，仅三四年的时间，IGBT 变频器的单机容量已达 1800kVA，随着 IGBT 容量的扩大，通用变频器的容量将随之扩大。

2. 结构的小型化

变频器主电路中功率电路的模块化、控制电路采用大规模集成电路（LSI）和全数字控制技术、结构设计上采用“平面安装技术”等一系列措施，促进了变频电源装置的小型化。

3. 多功能化和高性能化

电力电子器件和控制技术的不断进步，使变频器向多功能化和高性能化方向发展。特别是微机的应用，以其简练的硬件结构和丰富的软件功能，为变频器多功能化和高性能化提供了可靠的保证。由于全数字控制技术的实现，并且运算速度不断提高，使得通用变频器的性能不断提高，功能不断增强。

4. 应用领域不断扩大

通用变频器经历了模拟控制、数模混合控制直到全数字控制的演变，逐步地实现了多功能化和高性能化，进而使之对各类生产机械、各类生产工艺的适应性不断增强。目前其应用领域得到了相当的扩展。如搬运机械，从反抗性负载的搬运车辆、带式运输机到位能负载的起重机、提升机、立体仓库、立体停车场等都已采用了通用变频器；在其他方面，如农用机械、食品机械、各类空调、各类家用电器等，可以说其应用范围相当广阔，并且还将继续扩大。

▶ 任务二　认识变频器的基本结构和分类

变频器是利用交流电动机的同步转速随电动机定子电压频率变化而变化的特性而实现电动机调速运行的装置。变频器最早的形式是用旋转变频发电机组作为可变频率电源，供给交流电动机，主要是异步电动机进行调速。随着电力电子半导体器件的发展，静止式变频电源成为变频器的主要形式。

1. 变频器的基本结构

为交流电动机变频调速提供变频电源的一般都是变频器。按主回路电路结构，变频器有交—交变频器和交—直—交变频器两种结构形式。

（1）交—交变频器。交—交变频器无中间直流环节，直接将工频交流电变换成频率、电压均可控制的交流电，又称直接式变频器。整个系统由两组整流器组成，一组为正组整流器；另一组为反组整流器，控制系统按照负载电流的极性，交替控制两组反向并联的整流器，使之轮流处于整流和逆变状态，从而获得变频变流电压，交—交变频器的电压由整流器的控制角来决定。

交—交变频器由于其控制方式决定了最高输出频率只能达到电源频率的 1/3～1/2，不能高速运行。但由于没有中间直流环节，不需换流，提高了变频效率，并能实现四象限运行。交—交变频器主要用于大容量、低转速、高性能的同步电动机传动。

（2）交—直—交变频器。交—直—交变频器，先把工频交流电通过整流器变成直流电，然后再把直流电变换成频率、电压均可控制的交流电，它又称为间接式变频器。因本课题中所用变频器为交—直—交变频器，故下面主要就交—直—交变频器进行阐述。

交—直—交变频器其基本构成如图 5-6 所示，由主电路（包括整流器、中间直流环节、逆变器）和控制电路组成，各部分作用如下所述。

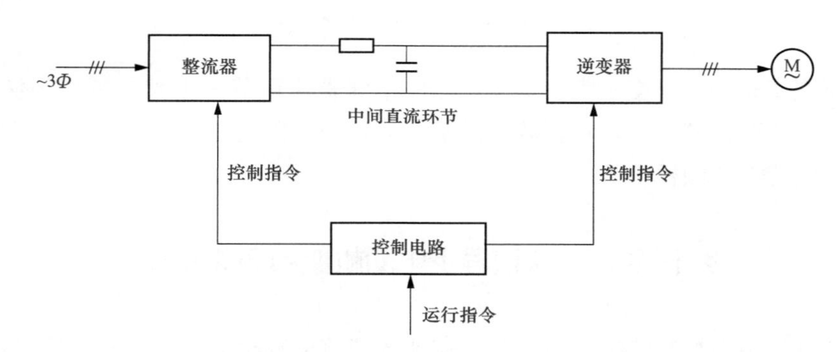

图 5-6 交—直—交变频器的基本构成

1）整流器。电网侧的变流器为整流器，它的作用是把三相（或单相）交流电整流成直流电。

2）逆变器。负载侧的变流器为逆变器。最常见的结构形式是利用六个半导体主开关器件组成的三相桥式逆变电路。有规律地控制逆变器中主开关器件的通与断，可以得到任意频率的三相交流电输出。

3）中间直流环节。由于逆变器的负载属于感性负载，在中间直流环节和电动机之间总会有无功功率的交换。这种无功能量要靠中间直流环节的储能元件（电容器或电抗器）来缓冲。所以中间直流环节又称为中间直流储能环节。

4）控制电路。控制电路由运算电路、检测电路、控制信号的输入、输出电路和驱动电路等构成。其主要任务是完成对逆变器的开关控制、对整流器的电压控制以及完成各种保护功能等。控制方法可以采用模拟控制或数字控制。高性能的变频器目前已经采用微型计算机进行全数字控制，采用尽可能简单的硬件电路，主要靠软件来完成各种功能。

2. 变频器的分类

按缓冲无功功率的中间直流环节的储能元件是电容还是电感，变频器可分为电压型变频器和电流型变频器两大类。

(1) 电压型变频器。对于交—直—交变频器，当中间直流环节主要采用大电容作为储能元件时，主回路直流电压波形比较平直，在理想情况下是一种内阻抗为零的恒压源，输出交流电压是矩形波或阶梯波，称为电压型变频器，如图 5-7 所示。

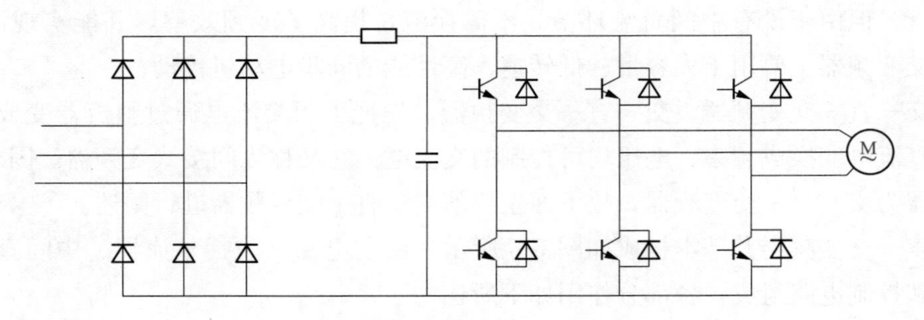

图 5-7　电压变频型器

(2) 电流型变频器。当交—直—交变频器的中间直流环节采用大电感作为储能元件时，直流回路中电流波形比较平直，对负载来说基本上是一个恒流源，输出交流电流是矩形波或阶梯波，称为电流型变频器。

▶ 任务三　认识异步电动机变频调速原理

异步电动机是用来把交流电能转化为机械能的交流电动机的一个品种，通过定子的旋转磁场和转子感应电流的相互作用使转子转动。

1. 异步电动机的机械特性

图 5-8 所示为固定电压下异步电动机的机械特性曲线。因为该特性对变频器的使用关系极大。下面把特性曲线中标出的一些术语作简要说明：

启动转矩：处于停止状态的异步电动机加上电压后，电动机产生的转矩。通常启动转矩为额定转矩的 1.25 倍。

最大转矩：在理想情况下，电动机在最大转差为 S_m 时产生的最大值转矩 T_m。

启动电流：通常启动电流为额定电流的 5～6 倍。

空载电流：电动机在空载时产生的电流，此时电动机的转速接近同步转速。

电动状态：电动机产生转矩，使负载转动。

再生制动状态：由于负载的原因，使电动机实际转速超过同步转速，此时，负载的机械能量转换为电能并反馈给电源，异步电动机作为发电机运行。

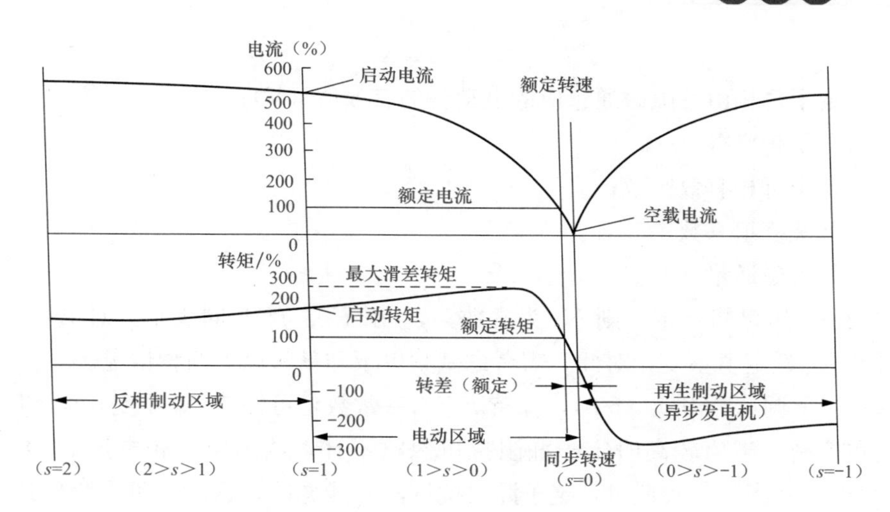

图 5-8 机械特性曲线

反接制动状态：将三相电源中的两相互换后，旋转磁场的方向发生改变，对电动机产生制动作用，负载的机械能将转换为电能，并消耗于转子电阻上。

2. 异步交流电动机变频调速

现代交流调速传动，主要指采用电子式电力变换器对交流电动机的变频调速传动。对于交流异步电动机，调速方法很多，其中以变频调速性能最好。由电动机学知识知道，异步电动机同步转速，即旋转磁场转速为

$$n_1 = \frac{60f_1}{p} \tag{5-1}$$

式中 f_1——供电电源频率（Hz）；

p——电机极对数。

异步电动机轴转速为

$$n = n_1(1-s) = \frac{60f_1}{p}(1-s) \tag{5-2}$$

式中 s——异步电动机的转差率。

$$s = \frac{n_1 - n}{n}$$

改变电动机的供电电源频率 f_1，可以改变其同步转速，从而实现调速运行。

3. U/f 控制

交流电动机通过改变供电电源频率，可实现电动机调速运行。对电动机进行调速速控制时，希望电动机的主磁通保持额定值不变。

由电动机理论知道，三相交流电动机定子每相电动势的有效值为

$$E_1 = 4.44 f_1 N_1 K_{N1} \Phi_m \tag{5-3}$$

式中 E_1——定子每相由气隙磁通感应的电动势的有效值（V）；

f_1——定子频率（Hz）；

N_1——定子每相有效匝数；

K_{N1}——基波绕组系数；

Φ_m——每极磁通量（T）。

由上式知道，电动机选定，则 N_1 为常数，Φ_m 由 E_1、f_1 共同决定，对 E_1、f_1 适当控制，可保持 Φ_m 为额定值不变，对此，需考虑基频以下和基频以上两种情况。

（1）基频以下调速。由式（5-3），保持 E_1/f_1＝常数，可保持 Φ_m 不变，但实际中 E_1 难于直接检测和控制。当值较高时定子漏阻抗可忽略不计，认为定子相电压 $U_1 \approx E_1$，保持 U_1/f_1＝常数即可。当频率较低时，定子漏阻抗压降不能忽略，这时，可人为地适当提高定子电压补偿定子电阻压降，以保持气隙磁通基本不变。

（2）基频以上调速。基频以上调速时，频率可以从 f_{1N} 往上增高，但电压 U_1 不能超过额定电压 U_{1N}，由式（5-3）可知，这将迫使磁通与频率成反比下降，相当于直流电动机弱磁升速的情况。

把基频以下和基频以上两种情况结合起来，可得到图 5-9 所示的电动机 U/f 控制特性

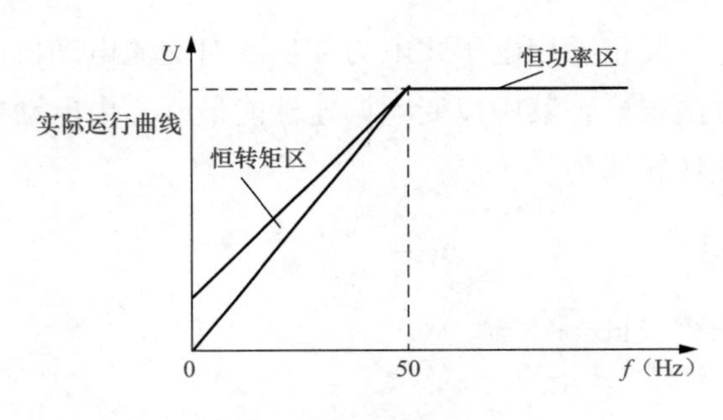

图 5-9 U/f 控制特性

由上面的讨论可知，异步电动机的变频调速必须按照一定的规律同时改变其定子电压和频率，即必须通过变频装置获得电压频率均可调节的供电电源，实现所谓的 VVVF（Variable Voltage Variable Frequency）调速控制。

4. 矢量控制

U/f 控制方式建立于电机的静态数学模型，因此，动态性能指标不高。对于对动态性能要求较高的应用，可以采用矢量控制方式。

矢量控制的基本思想是将异步电动机的定子电流分解为产生磁场的电流分量（励磁电流）和与其相垂直产生转矩的电流分量（转矩电流），并分别加以控制。由于在这种控制方式中必须同时控制异步电动机定子电流的幅值和相位，即控制定子电流矢量，这种控制方式

被称为矢量控制（Vectory Control）。

矢量控制方式使异步电动机的高性能控制成为可能。矢量控制变频器不仅在调速范围上可以与直流电动机相匹敌，而且可以直接控制异步电动机转矩的变化，所以已经在许多需精密或快速控制的领域中得到应用。

项 目 六

变频器选用、维护与维修

▶ 任务一 认识变频器的选用

变频器是把工频电源（50Hz 或 60Hz）变换成各种频率的交流电源，以实现电动机的变速运行的设备。如图 6-1 所示，其中控制电路完成对主电路的控制，整流电路将交流电变换成直流电，直流中间电路对整流电路的输出进行平滑滤波，逆变电路将直流电再逆变成交流电。对于如矢量控制变频器这种需要大量运算的变频器来说，有时还需要一个进行转矩计算的 CPU 以及一些相应的电路。

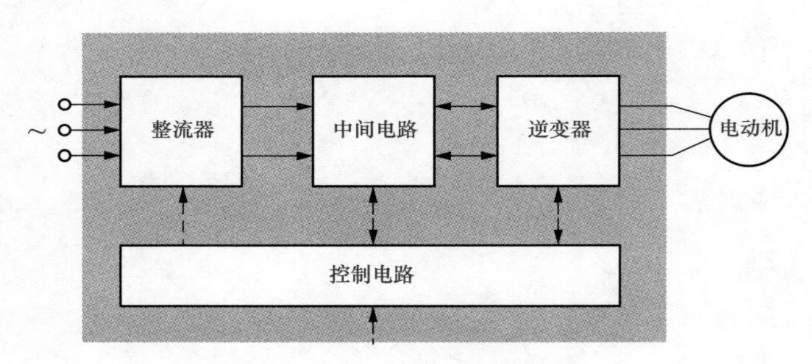

图 6-1 变频器工作原理图

1. 整流器

整流器与单相或三相交流电源相连接，产生脉动的直流电压。

2. 中间电路

中间电路有以下三种作用：

（1）使脉动的直流电压变得稳定或平滑，供逆变器使用。

（2）通过开关电源为各个控制线路供电。

（3）可以配置滤波或制动装置以提高变频器性能。

3. 逆变器

将固定的直流电压变换成可变电压和频率的交流电压。

4. 控制电路

控制电路将信号传送给整流器、中间电路和逆变器，同时它也接收来自这些部分的信号。其主要组成部分是：输出驱动电路、操作控制电路。主要功能是：

（1）利用信号来通断逆变器的半导体器件。

（2）提供操作变频器的各种控制信号。

（3）监视变频器的工作状态，提供保护功能。

6.1.1 变频器选型注意事项

1. 负载类型和变频器的选择

（1）风机和水泵是最普通的负载。对变频器的要求最为简单，只要变频器容量等于电动机容量即可（空压机、深水泵、泥沙泵、快速变化的音乐喷泉需加大容量）。

（2）起重机类负载。这类负载的特点是启动时冲击很大，因此要求变频器有一定余量。同时，在重物下放时，会有能量回馈，因此要使用制动单元或采用共用母线方式。

（3）不均衡负载。有的负载有时轻，有时重，此时应按照重负载的情况来选择变频器容量，如轧钢机机械、粉碎机械、搅拌机等。

（4）大惯性负载。如离心机、冲床、水泥厂的旋转窑，此类负载惯性很大，因此启动时可能会振荡，电动机减速时有能量回馈。应该用容量稍大的变频器来加快启动，避免振荡。配合制动单元消除回馈电能。

2. 不同类型变频器的主要性能、应用场合（见表 6-1）

表 6-1　　不同变频器的比较

控制方式	U/f 开环	U/f 闭环	电压相量	电流相量	直接转矩
速度控制范围	<1：40	1：60	1：100	1：1000	1：100
起动转矩	150%在 3Hz	150%在 3Hz	150%在 3Hz	200%在 3Hz	200%在 0Hz
静态速度精度（%）	±（2～3）	±（0.2～0.3）	±0.2	±0.02	±0.2
反馈装置	不要	PID 调节器	不要	编码器	不要
主要应用场合	一般风机泵类	保持压力、温度、流量、pH 定值	一般工业设备	高精工业设备	起重机械、电梯、轧机等设备

3. 变频器功率的选用

图 6-2 所示为变频器负载率 b 与效率 η 的关系曲线。

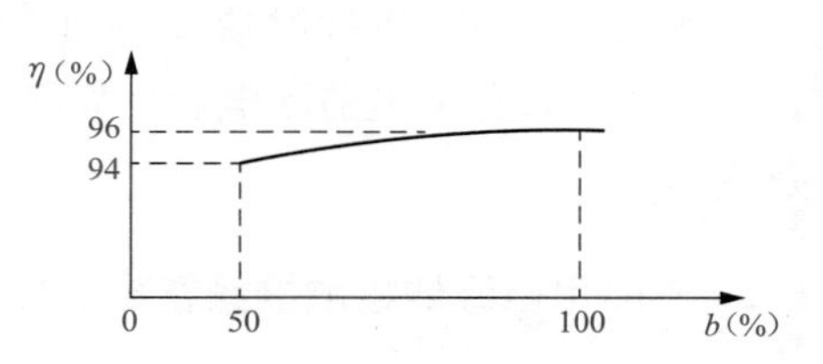

图 6-2　变频器负载率 b 与效率 η 的关系曲线

可见：当 $b=50\%$时，$\eta=94\%$；当 $b=100\%$时，$\eta=96\%$。虽然 b 增一倍，η 变化仅 2%，但

对中大功率为几百千瓦至几千千瓦电动机而言也是可观的。系统效率等于变频器效率与电动机效率的乘积，只有两者都处在较高的效率下工作时，则系统效率才较高。从效率角度出发，在选用变频器功率时，要注意以下几点。

（1）变频器功率值与电动机功率值相当时最合适，以利于变频器在高的效率值下运转。

（2）在变频器的功率分级与电动机功率分级不相同时，则变频器的功率要尽可能接近电动机的功率，但应略大于电动机的功率。

（3）当电动机属频繁起动、制动工作或处于重载起动且较频繁工作时，可选取大一级的变频器，以利于变频器长期、安全地运行。

（4）经测试，电动机实际功率确实有富余，可以考虑选用功率小于电动机功率的变频器，但要注意瞬时峰值电流是否会造成过电流保护动作。

（5）当变频器与电动机功率不相同时，则必须相应调整节能程序的设置，以利于达到较高的节能效果。

4. 变频器安装地点必须符合标准环境的要求，否则易引起故障或缩短使用寿命；变频器与驱动马达之间的距离一般不超过 50m，若需更长的距离则需降低载波频率或增加输出电抗器选件才能正常运转。

6.1.2 变频器实际应用及应对措施

1. 变频器电源开关的设置与控制

变频器用户手册规定，在电源与主电路端子之间，一定要接一个开关，这是为了确保检修安全。对这一点，一般用户能够按手册要求做。但容易忽视的是手册还建议在开关后装设电磁接触器，其目的是在变频器进入故障保护状态时能及时切断电源，防止故障扩散。在实际使用中，有的用户没有安装，有的使用不合理；有的方案中电源接触器仅被用来实现远地停、送电及变频器的过负荷保护；有些方案则仅用于启、停电动机。这都是不恰当的。

由于变频器价格较高，使用时应在电源接触器控制回路中串接变频器故障报警接触器动断触点（如富士 P7/G7 系列的 B30、C30 触点），这对大容量变频器尤为重要。变频器电源进线端一定要装设开关，使用中宜优选刀熔开关，该开关有明显的断点，集电源开关、隔离开关、应急开关和电路保护于一体，性能优于目前采用较多的单一熔断器、刀开关或自动空气开关等方案。对大容量变频器应选配快速熔断器以保护整流模块。变频器电源侧设置接触器应选配快速熔断器以保护整流模块。

变频器电源侧设置接触器并参与故障连锁时，应将控制电源辅助输入端子接于接触器前，以保证变频器主电路断电后，故障显示和集中报警输出信号得以保持，便于实现故障检索及诊断。

2. 不能用电源侧接触器频繁启、停电动机

实际应用中，有许多控制方案设置外围电路控制电源侧接触器实现系统软启动特性，如

图 6-3 所示是一个推荐的日产三垦（SANKEK）变频器的控制方案。由图可知，该方案电动机启动时按 SB2，其触点闭合，KA1 通电，其动合触点分别发出变频器运行和时间继电器 KT 的激励命令，KT 延时断开动合触点提供继电器 KA2 激励命令，KA2 动合触点控制 KM 吸合，变频器得电启动电动机。

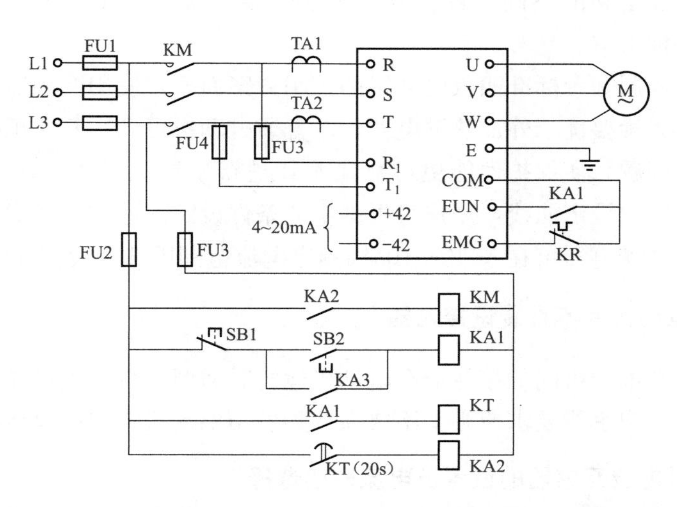

图 6-3 日产三垦（SANKEK）变频器的控制方案电路图

停车时按 SB1 发出停车命令，KA1 断电，其动合触点复位，取消运行命令并使 KT 断电，KT 动合触点延时 20s 复位，电源接触器 KM 断电，实现当 KM 启动时，先闭合 KA1，停止时先断开 KA1 的办法，可达到启动、停止软特性，从而避免电动机反馈电压侵入变频器。

上述方案建议利用电源接触器直接启动变频器来实现电动机启动、停止的软特性是错误的。由图 6-4 可知，当电压型交—直—交变频器通电时，主电路将产生较大充电电流，频繁重复通断电，将产生热积累效应，引起元件的热疲劳，缩短设备寿命。因此上述方案不适用于频繁启动的设备。对不频繁启动的设备也无优越性（某些大容量变频器根本无法启动），因为变频器本身具有优越的控制性能，实现软启动特性应优先考虑利用正、反转命令和通过加、减速时间设定实现，无谓地增加许多外围电路器件，不但浪费资金而且降低了系统的可靠性，大大降低了响应速度，加大维护工作量，增加损耗，是不足取的。

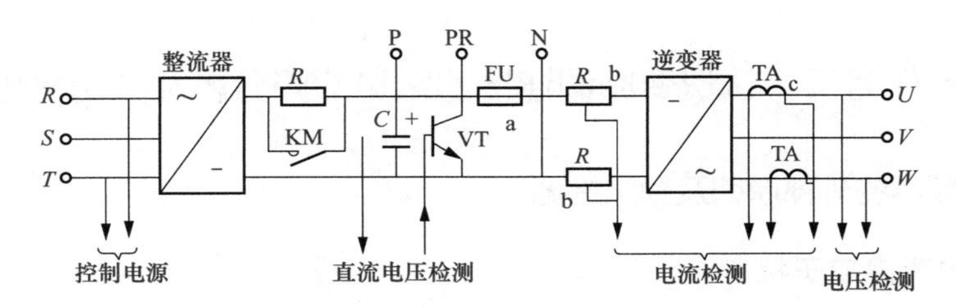

图 6-4 变频器内部电路图

3. 电动机过载保护宜优先选择电子热继电器

一部分专业人员认为，变频器内部的过载保护只是为保护其自身而设，对电动机过载保护不适用，为了保护电动机，必须另设热继电器。在实际应用中，笔者所见各种变频调速控制方案也绝大多数在电路的不同位置设置了热继电器，以完成所控单台电动机的过负荷保护，这显然又是一种误解。

对一台变频器控制一台标准四极电动机的控制方案而言，使用变频器电子热过载继电器保护电动机过载，无疑要优于外加热继电器，对普通电动机可利用其矫正特性解决低速运行时冷却条件恶化的问题，使保护性能更可靠。尤其是新型高机能变频器（如富士 9S 系列）现已在用户手册中给出设定曲线，用户可根据工艺条件设定。通常，考虑到变频器与电动机的匹配，电子热过载继电器可在 50%～105%额定电流范围内选择设定。

4. 变频器与电动机间不宜装设接触器

装设于变频器和电动机间的接触器在电动机运行时通断，将产生操作过电压，对变频器造成损害，因此，用户手册要求原则上不要在变频器与电动机之间装设接触器。

5. 电流检测时电流互感器的设置及电流表的选择

通过实际校验对比可知，当变频器输出频率在 10～50Hz 之间变化时，电磁系电流表指示误差很小，实测误差在 1.27%以下，并与电流频率变化成反比（以变频器输出电流指示为基准），能够满足输出电流监视的要求。此外，尤其是当变频调速系统驱动负载变化不太大的往复运动设备时，由于设备传动力矩的周期性变化，使变频器输出电流产生一定波动，变频器的 LED 数码显示电流值跳字严重，造成观察读数困难，采用模拟电流表可有效地解决这个问题。

应当注意的是，使用指针式电流表测量变频器输出侧电流时，必须选择电磁系仪表（手册通常称作动铁式），使用时应严格按用户手册的规定选择安装，以保证应有的精度。如选用整流系仪表（该错误非常普遍）时，经实测在 19～50Hz 区间，指示误差为 69.7%～16.66%，且为负偏差。

此外，由于变频器的输入电流一般不大于输出电流，因此，输入侧设置电流监视意义不大，一般有信号灯指示电源即可，如电压不稳时可设电压表监视。大容量变频器低频运行时，其输入侧电流表可能无指示。

▶ 任务二　认识变频调速器的常见故障分析和预防措施

6.2.1　变频器的外部原因及预防措施

1. 外部的电磁感应干扰

如果变频器周围存在干扰源，它们将通过辐射或电源线侵入变频器的内部，引起控制回路误动作，造成工作不正常或停机，严重时甚至损坏变频器。提高变频器自身的抗干扰能力固然重要，但由于受装置成本限制，在外部采取噪声抑制措施，消除干扰源显得更合理，更必要。以下几项措施是对噪声干扰实行“三不”原则的具体方法。

(1) 变频器周围所有继电器、接触器的控制线圈上需加装防止冲击电压的吸收装置，如RC吸收器。

(2) 尽量缩短控制回路的配线距离，并使其与主线路分离。

(3) 指定采用屏蔽线的回路，必须按规定进行，若线路较长，应采用合理的中继方式。

(4) 变频器接地端子应按规定进行，不能同电焊、动力接地混用。

(5) 变频器输入端安装噪声滤波器，避免由电源进线引入干扰。

以上即为不输出干扰、不传送干扰、不接受干扰的“三不”原则。

2. 安装环境

变频器属于电子器件装置，在其规格书中有详细安装使用环境的要求。在特殊情况下，若确实无法满足这些要求，必须尽量采用相应抑制措施。

(1) 振动是对电子器件造成机械损伤的主要原因。对于振动冲击较大的场合，应采用橡胶等避振措施。

(2) 潮湿、腐蚀性气体及尘埃等将造成电子器件生锈、接触不良、绝缘降低而形成短路。作为防范措施，应对控制板进行防腐防尘处理，并进量采用封闭式结构。

(3) 温度是影响电子器件寿命及可靠性的重要因素，特别是半导体器件，若结温超过规定值将立刻造成器件损坏，因此应根据装置要求的环境条件安装空调或避免日光直射。

除上述3点外，定期检查变频器的空气滤清器及冷却风扇也是非常必要的。对于特殊的高寒场合，为防止微处理器因温度过低而不能正常工作，应采取设置空间加热器等必要措施。

3. 电源异常

电源异常表现为各种形式，但大致分为3种，即缺相、低电压、停电。有时也出现它们的混合形式。这些异常现象的主要原因多半是输电线路因风、雪、雷击造成的，有时也因为同一供电系统内出现对地短路及相间短路。而雷击因地域和季节有很大差异。除电压波动外，有些电网或自行发电单位，也会出现频率波动，并且这些现象有时在短时间内重复出现，为保证设备的正常运行，对变频器供电电源也提出相应要求。

(1) 如果附近有直接启动电动机和电磁炉等设备，为防止这些设备投入时造成的电压降低，硬使变频器供电系统分离，减小相互影响。

(2) 对于要求瞬时停电后仍能继续运行的场合，除选择合适规格的变频器外，还因预先考虑负载电动机的降速比例。变频器和外部控制回路采用瞬停补偿方式，当电压回复后，通过速度追踪和测速电动机的检测来防止在加速中的过电流。

（3）对于要求必须量需运行的设备，要对变频器加装自动切换的不停电电源装置。

二极管输入及使用单相控制电源的变频器，虽然在缺相状态也能继续工作，但整流器中个别器件电流过大及电容器的脉冲电流过大，若长期运行将对变频器的寿命及可靠性造成不良影响，应及早检查处理。

4. 雷击、感应雷电

雷击或感应雷击形成的冲击电压有时也能造成变频器的损坏。此外，当电源系统一次侧带有真空断路器时，短路器开、闭也能产生较高的冲击电压。如图 6-5 所示。变压器一次侧真空断路器断开时，通过耦合在二次侧形成很高的电压冲击尖峰。

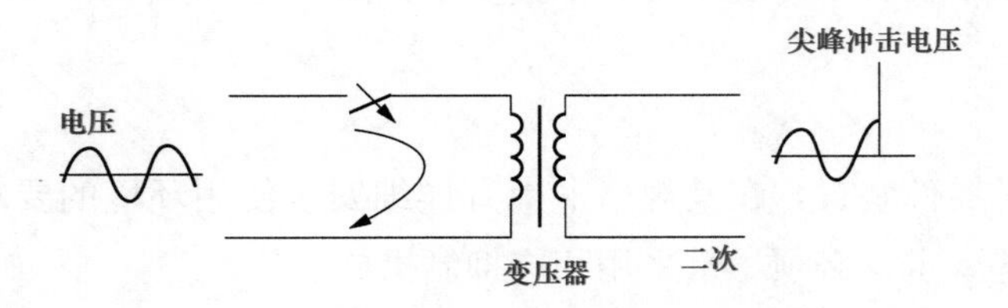

图 6-5　产生尖峰冲击电压电路图

（1）为防止因冲击电压造成过电压损坏，通常需要在变频器的输入端加压敏电阻等吸收器件，保证输入电压不高于变频器主回路期间所允许的最大电压，如图 6-6 所示。

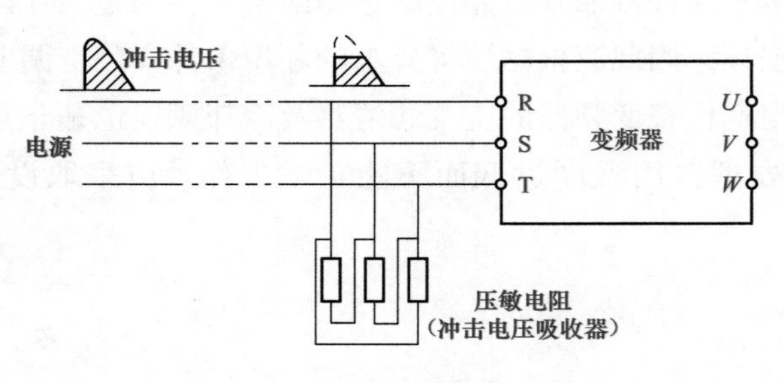

图 6-6　加压敏电阻电路图

（2）当使用真空断路器时，应尽量采用冲击形成追加 RC 浪涌吸收器。

（3）若变压器一次侧有真空断路器，因在控制时序上保证真空断路器动作前先将变频器断开。

6.2.2　变频器本身的故障自诊断及预防功能

过去的晶体管变频器主要有以下缺点：容易跳闸，不容易再启动，过负载能力低。由于 IGBT 及 CPU 的迅速发展，变频器内部增加了完善的自诊断及故障防范功能，大幅度提高了变频器的可靠性。

由图 6-7 变频器故障解析示意图可知，如果使用矢量控制变频器中的“全领域自动转矩补偿功能”，其中“起动转矩不足”“环境条件变化造成出力下降”等故障原因，将得到很好的克服。该功能是利用变频器内部的微型计算机的高速运算，计算出当前时刻所需要的转矩，迅速对输出电压进行修正和补偿，以抵消因外部条件变化而造成的变频器输出转矩变化。

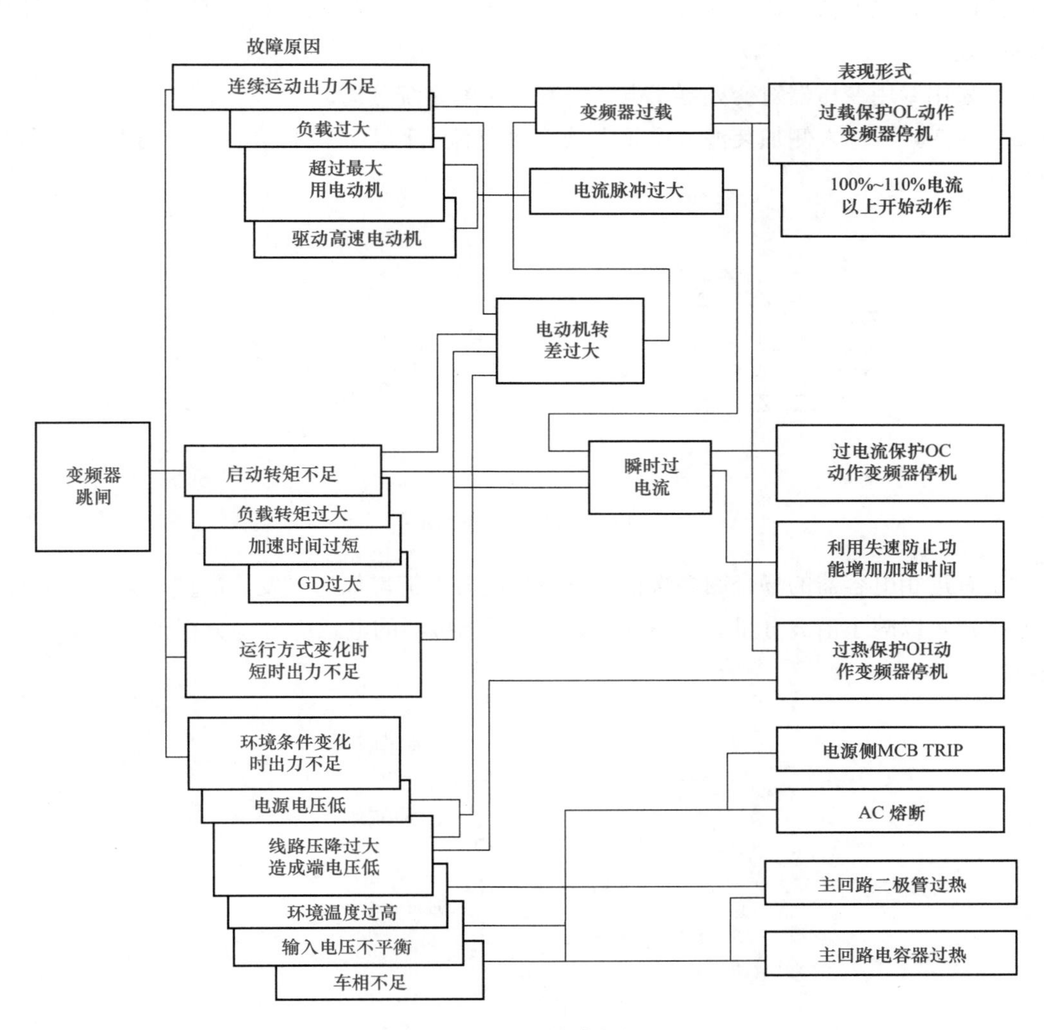

图 6-7 变频器故障解析图

此外，由于变频器的软件开发更加完善，可以预先在变频器的内部设置各种故障防止措施，并使故障化解后仍能保持继续运行，以下列举了部分故障防止措施。

（1）对自由停车过程中的电动机进行再启动。

（2）对内部故障自动复位并保持连续运行。

（3）负载转矩过大时能自动调整运行曲线，避免 Trip。

（4）能够对机械系统的异常转矩进行检测。

6.2.3 变频器对周边设备的影响及故障防范

1. 电源高次谐波

由于目前的变频器几乎都采用 PWM 控制方式，这样的脉冲调制形式使得变频器运行时在电源侧产生高次谐波电流，并造成电压波形畸变，对电源系统产生严重影响，通常采用以下处理措施。

（1）采用专用变压器对变频器供电，与其他供电系统分离。

（2）在变频器输入侧加装滤波电抗器或多种整流桥回路，降低高次谐波分量，如图 6-8 所示。

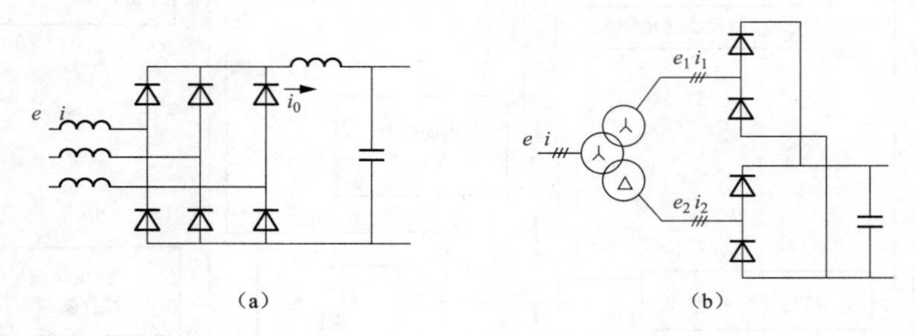

图 6-8 输入侧接线图

对于有进相电容器的场合因高次谐波电流将电容电流增加造成发热严重，必须在电容前串接电抗器，以减小谐波分量。如图 6-9 所示，对电抗器的电感应合理分析计算，避免形成 LC 振荡。

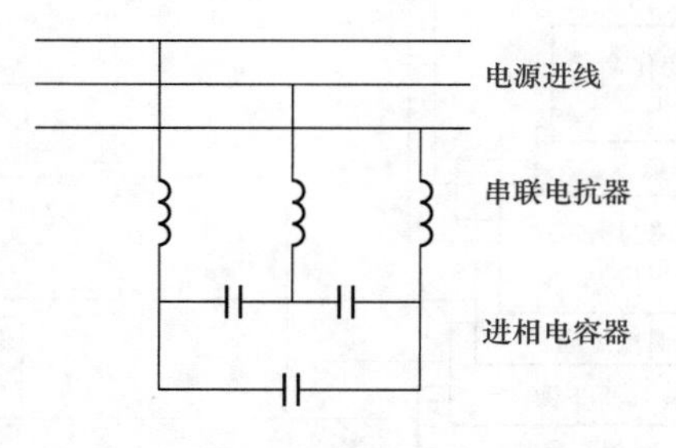

图 6-9 串联电抗器示意图

2. 电动机温度过高及运行范围

对于现有电动机进行变频调速改造时，由于自冷电动机在低速运行时冷却能力下降造成电动机过热。此外，因为变频器输出波形中所含有的高次谐波势必增加电动机的铁损和铜损，因此，在确认电动机的负载状态和运行范围之后，采取以下的相应措施。

（1）对电动机进行强冷通风或提高电动机规格等级。

（2）更换变频专用电动机。

（3）限定运行范围，避开低速区。

3. 振动、噪声

振动通常是由于电动机的脉动转矩及机械系统的共振引起的，特别是当脉动转矩与机械共振点恰好一致时更为严重。噪声通常分为变频装置噪声和电动机噪声，对于不同的安装场所应采取不同的处理措施。

（1）变频器在调试过程中，在保证控制精度的前提下，应尽量减小脉冲转矩成分。

（2）调试确认机械共振点，利用变频器的频率屏蔽功能，使这些共振点排除在运行范围之外。

（3）由于变频器噪声主要有冷却风扇机电抗器产生，因此选用低噪声器件。

（4）在电动机与变频器之间合理设置交流电抗器，减小因 PWM 调制方式造成的高次谐波。

4. 高频开关形成的尖峰电压对电动机绝缘不利

在变频器的输出电压中，含有高频尖峰浪涌电压。这些高次谐波冲击电压将使电动机绕组的绝缘强度降低，应采取以下措施。

（1）尽量缩短变频器到电动机的配线距离。

（2）采用阻断二极管的浪涌电压吸收装置，对变频器输出电压进行处理。

（3）对 PWM 型变频器应尽量在电动机输入侧加装如图 6-10 所示的滤波器。

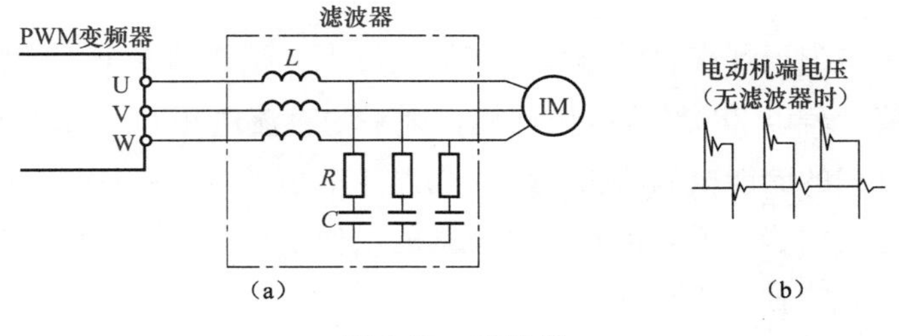

图 6-10　滤波器

图 6-10（b）中无滤波器使输出电压上升沿有明显冲击电压，容易造成电动机绝缘损伤。以上是在变频器使用中的经验总结，希望能给其他用户提供参考，使变频器能在我国更好地推广使用。

▶ 任务三　认识日常使用变频器常见故障及处理

6.3.1　参数设置类故障

1. 参数设置

常用变频器，一般出厂时，厂家对每一个参数都有一个默认值，这些参数叫工厂值。在

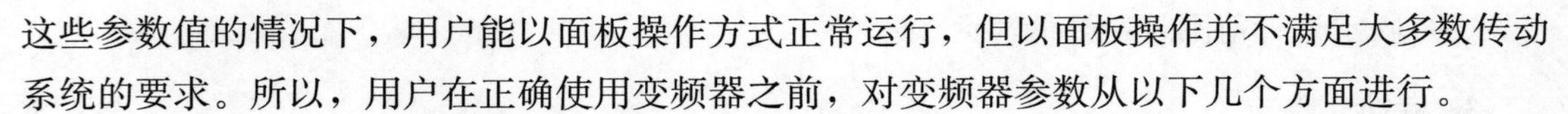

这些参数值的情况下，用户能以面板操作方式正常运行，但以面板操作并不满足大多数传动系统的要求。所以，用户在正确使用变频器之前，对变频器参数从以下几个方面进行。

（1）确认电动机参数，变频器在参数中设定电动机的功率、电流、电压、转速、最大频率，这些参数可以从电动机铭牌中直接得到。

（2）变频器采取的控制方式，即速度控制、转矩控制、PID 控制或其他方式。采取控制方式后，一般要根据控制精度，需要进行静态或动态辨识。

（3）设定变频器的启动方式，一般变频器在出厂时设定从面板启动，用户可以根据实际情况选择启动方式，可以用面板、外部端子、通信方式等几种。

（4）给定信号的选择，一般变频器的频率给定也可以有多种方式：面板给定、外部给定、外部电压或电流给定、通信方式给定，当然对于变频器的频率给定也可以是这几种方式的一种或几种方式之和。正确设置以上参数之后，变频器基本上能正常工作，如要获得更好的控制效果，则只能根据实际情况修改相关参数。

2. 参数设置类故障的处理

一旦发生了参数设置类故障后，变频器都不能正常运行，一般可根据说明书进行修改参数。如果以上不行，最好是能够把所有参数恢复出厂值，然后按上述步骤重新设置，对于每一个公司的变频器其参数恢复方式也不相同。

6.3.2 过电压类故障

变频器的过电压集中表现在直流母线的支流电压上。正常情况下，变频器直流电为三相全波整流后的平均值。若以 380V 线电压计算，则平均直流电压 $U_d = 1.35U_{线} = 513V$。在过电压发生时，直流母线的储能电容将被充电，当电压上至 760V 左右时，产生变频器过电压保护动作。因此，对变频器来说，都有一个正常的工作电压范围，当电压超过这个范围时很可能损坏变频器，常见的过电压有两类。

1. 输入交流电源过电压

这种情况是指输入电压超过正常范围，一般发生在节假日负载较轻，电压升高或降低而线路出现故障，此时最好断开电源，检查、处理。

2. 发电类过电压

这种情况出现的概率较高，主要是电动机的实际转速比同步转速还高，使电动机处于发电状态，而变频器又没有安装制动单元，有两起情况可以引起这一故障。

（1）当变频器拖动大惯性负载时，其减速时间设的比较小，在减速过程中，变频器输出的速度比较快，而负载靠本身阻力减速比较慢，使负载拖动电动机的转速比变频器输出的频率所对应的转速还要高，电动机处于发电状态，而变频器没有能量回馈单元，因而变频器支流直流回路电压升高，超出保护值，出现故障，而纸机中经常发生在干燥部分，处理这种故障可以增加再生制动单元，或者修改变频器参数，把变频器减速时间设得长一些。增加再生制动单元功能包括能量消耗型、并联直流母线吸收型、能量回馈型。能量消耗型在变频器直流回路中并联一个制动电阻，通过检测直流母线电压来控制功率管的通断。并联直流母线吸收型使用在多电动机传动系统，这种系统往往有一台或几台电动机经常工作于发电状态，产生再生能量，这些能量通过并联母线被处于电动状态的电动机吸收。能量回馈型的变频器网侧变流器是可逆的，当有再生能量产生时可逆变流器就将再生能量回馈给电网。

（2）多个电动机施动同一个负载时，也可能出现这一故障，主要是由于没有负荷分配引起的。以两台电动机拖动一个负载为例，当一台电动机的实际转速大于另一台电动机的同步转速时，则转速高的电动机相当于原动机，转速低的处于发电状态，引起故障。在纸机经常发生在榨部及网部，处理时需加负荷分配控制。可以把处于纸机传动速度链分支的变频器特性调节软一些。

6.3.3 过电流故障

过电流故障可分为加速、减速、恒速过电流。其可能是由于变频器的加减速时间太短、负载发生突变、负荷分配不均、输出短路等原因引起的。这时一般可通过延长加减速时间、减少负荷的突变、外加能耗制动元件、进行负荷分配设计、对线路进行检查。如果断开负载变频器还是产生过电流故障，说明变频器逆变电路已坏，需要更换变频器。详细分析如下：

当变频器出现“OVERCURRENT”故障，即变频器过电流故障。分析其产生的原因，从两方面来考虑：一是外部原因；二是变频器本身的原因。

1. 外部原因

（1）电动机负载突变，引起的冲击过大造成过电流。

（2）电动机和电动机电缆相间或每相对地的绝缘破坏，造成匝间或相间对地短路，因而导致过电流。

（3）过电流故障与电动机的漏抗、电动机电缆的耦合电抗有关，所以选择电动机电缆一定按照要求去选。

（4）在变频器输出侧有功率因数矫正电容或浪涌吸收装置。

（5）当装有测速编码器时，速度反馈信号丢失或非正常时，也会引起过电流，检查编码器和其电缆。

2. 变频器本身的原因

（1）参数设定问题。例如，加速时间太短，PID 调节器的比例 P、积分时间 I 参数不合

理，超调过大，造成变频器输出电流振荡。

(2) 变频器硬件问题。

1) 电流互感器损坏，其现象表现为，变频器主回路送电，当变频器未启动时，有电流显示且电流在变化，这样可判断互感器已损坏。

2) 主电路接口板电流、电压检测通道被损坏，也会出现过电流。电路板损坏可能如下。

① 由于环境太差，导电性固体颗粒附着在电路板上，造成静电损坏，或者有腐蚀性气体，使电路被腐蚀。

② 电路板的零电位与机壳连在一起，由于柜体与地角焊接时，强大的电弧会影响电路板的性能。

③ 由于接地不良，电路板的零伏受干扰，也会造成电路板损坏。

3) 由于连接插件不紧、不牢。例如，电流或电压反馈信号线接触不良，会出现过电流故障时有时无的现象。

4) 当负载不稳定时，建议使用DTC模式，因为DTC控制速度非常快，每隔25μs产生一组精确的转矩和磁通的实际值，再经过电动机转矩比较器和磁通比较器的输出，优化脉冲选择器决定逆变器的最佳开关位置，这样有抑制制过电流。另外，速度环的自适应（AUTOTUNE）会自动调整PID参数，从而使变频器输出电动机电流平稳。

6.3.4 过载故障

过载故障包括变频过载和电机热过载。其可能是加速时间太短、直流制动量过大、电网电压太低、负载过重等原因引起的。解决措施一般可通过延长加速时间、延长制动时间、检查电网电压等。负载过重，所选的电动机和变频器不能拖动该负载，也可能是由于机械润滑不好引起。如前者则必须更换大功率的电动机和变频器；如后者则要对生产机械进行检修。

6.3.5 其他故障

(1) 欠电压。说明变频器电源输入部分有问题，需检查后才可以运行。

(2) 温度过高。如电动机有温度检测装置，检查电动机的散热情况；变频器温度过高，检查变频器的通风情况。

(3) 对于其他情况，如硬件故障、通信故障等，可以同供应商联系。

现场对变频器以及周边控制装置的进行操作的人员，如果对一些常见的故障情况能作出判断和处理，就能大大提高工作效率，并且避免一些不必要的损失。为此，我们总结了一些变频器的基本故障，供大家作参考。表6-2为检测过程无须打开变频器机壳，仅仅在外部对一些常见现象进行检测和判断。

以下检测过程无须打开变频器机壳，仅仅在外部对一些常见现象进行检测和判断。

表 6-2　　变频器常见故障现象及检测办法和判断

现　　象	检测办法和判断
1. 上电跳闸或变频器主电源接线端子部分出现火花	断开电源线，检查变频器输入端子是否短路，检查变频器中间电路直流侧端子 P、N 是否短路。可能原因是整流器损坏或中间电路短路
2. 上电无显示	断开电源线，检查电源是否有缺相或断路情况，如果电源正常则再次上电后则检查变频器中间电路直流侧端子 P、N 是否有电压，如果上述检查正常则判断变频器内部开关电源损坏
3. 开机运行无输出（电动机不启动）	断开输出电动机线，再次开机后观察变频器面板显示的输入频率，同时测量交流输出端子。可能原因是变频器启动参数设置或运行端子接线错误、也可能是逆变部损坏或电动机没有正确连接到变频器
4. 运行时“过电压”保护，变频器停止输出	检查电网电压是否过高，或者是电动机负载惯性太大并且加减速时间太短导致的制动问题，请参考第 8 条
	电动机堵转或负载过大。可以检查负载情况或适当调整变频器参数。如无法奏效则说明逆变器部分出现老化或损坏
5. 运行时“过热”保护，变频器停止输出	视各品牌型号的变频器配置不同，可能是环境温度过高超过了变频器允许限额，检查散热风机是否运转或电动机过热导致保护关闭
6. 运行时“接地”保护，变频器停止输出	参考操作手册，检查变频器及电动机是否可靠接地，或者测量电动机的绝缘度是否正常
7. 制动问题（过电压保护）	如果电动机负载确实过大并需要在短时间内停车，则需购买带有制动单元的变频器并配置相当功率的制动电阻。如果已经配置了制动功能，则可能是制动电阻损坏或制动单元检测失效
8. 变频器内部发出腐臭般的异味	切勿开机，很可能是变频器内部主滤波电容有破损漏液现象

项 目 七

西门子420变频器调试

MICROMASTER 420 变频器在标准供货方式时装有状态显示板 SDP，如图 7-1（a）所示，对于很多用户来说，利用 SDP 和制造厂的默认设置值，就可以使变频器成功地投入运行。如果工厂的默认设置值不适合设备情况，可以利用基本操作板（BOP）[见图 7-1（b）]或高级操作板（AOP）[见图 7-1（c）] 修改参数，使之匹配起来。BOP 和 AOP 是作为可选件供货的。也可以用 PC IBN 工具"Drive Monitor"或"STARTER"来调整工厂的设置值。相关的软件在随变频器供货的 CD ROM 中可以找到。

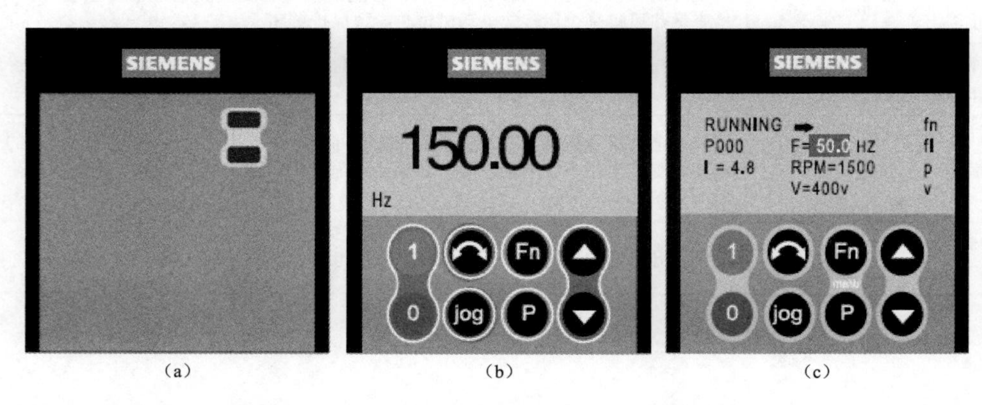

图 7-1　MICROMASTER 420 变频器的操作面板
（a）状态显示板（SDP）；（b）基本操作板；（c）高级操作板

本文只针对基本操作板（BOP）进行讲解。

提 示

默认的电源频率设置值（工厂设置值）可以用 SDP 下的 DIP 开关加以改变。

变频器交货时的设置情况如下：

（1）DIP 开关 2。如图 7-2 所示。

1）Off 位置。欧洲地区默认值（50Hz，功率单位：kW）

2）On 位置。北美地区默认值（60Hz，功率单位：kW）

（2）DIP 开关 1。不供用户使用。用 BOP 进行调试的简要说明。

提 示

前提条件是机械和电气安装已经完成。建议按照图 7-3 所示的操作步骤进行调试。

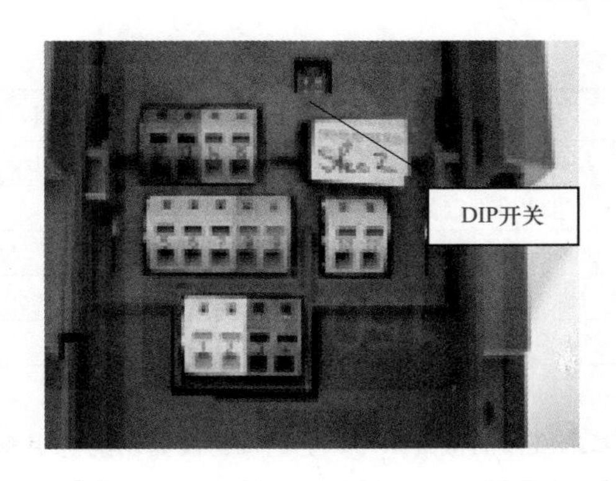

图 7-2 DIP 开关

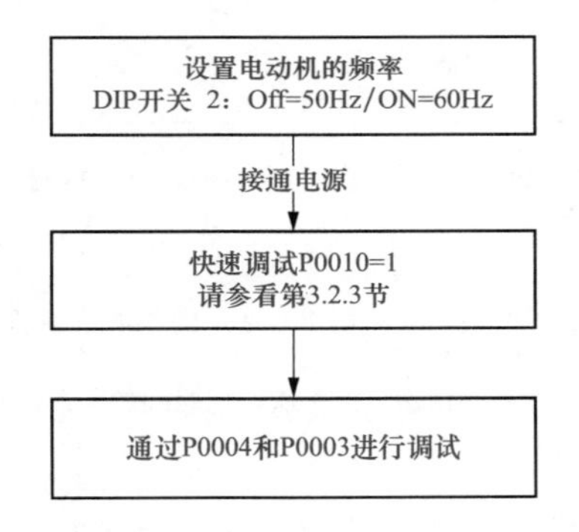

图 7-3 调试步骤

1. 用基本操作板（BOP）进行调试

利用基本操作面板（BOP）可以改变变频器的各个参数，为了利用 BOP 设定参数，必须首先拆下 SDP，并装上 BOP。

BOP 具有 7 段显示的五位数字，可以显示参数的序号和数值、报警和故障信息，以及设定值和实际值。参数的信息不能用 BOP 存储。见表 7-1。

提 示

（1）在默认设置时，用 BOP 控制电动机的功能是被禁止的。如果要用 BOP 进行控制，参数 P0700 应设置为 1，参数 P1000 也应设置为 1。

（2）变频器加上电源时，也可以把 BOP 装到变频器上，或从变频器上将 BOP 拆卸下来。

（3）如果 BOP 已经设置为 I/O 控制（P0700＝1）在拆卸 BOP 时变频器驱动装置将自动停车。

2. 基本操作面板（BOP）上的按钮

基本操作面板（BOP）上的按钮及其功能说明见表 7-2。

表 7-1　　用 BOP 操作时的默认设置值

参数	说明	默认值，欧洲（或北美）地区
P0100	运行方式，欧洲/北美	50Hz，kW（60Hz，kW）
P0307	功率（电动机额定值）	kW（hp）
P0310	电动机的额定功率	50Hz（60Hz）
P0311	电动机的额定速度	1395/1680（r/min）（决定变量）
P1082	最大电动机频率	50Hz（60Hz）

表 7-2　　基本操作面板（BOP）上的按钮及其功能说明表

显示/按钮	功能	功能的说明
r0000	状态显示	LCD 显示变频器当前的设定值
	启动变频器	按此键启动变频器。默认值运行时此键是被封锁的。为了使此键的操作有效，应设定 P0700＝1
	停止变频器	OFF1：按此键，变频器将按选定的斜坡下降速率减速停车，默认值运行时此键被封锁；为了允许此键操作，应设定 P0700＝1 OFF2：按此键两次（或一次，但时间较长）电动机将在惯性作用下自由停车。此功能总是“使能”的
	改变电动机的转动方向	按此键可以改变电动机的转动方向，电动机的反向用负号表示或用闪烁的小数点表示默认值运行时此键是被封锁的，为了使此键的操作有效 应设定 P0700＝1
	电动机点动	在变频器无输出的情况下按此键，将使电动机启动，并按预设定的点动频率运行。释放此键时，变频器停车。如果变频器/电动机正在运行，按此键将不起作用
	功能	此键用于浏览辅助信息。变频器运行过程中，在显示任何一个参数时按下此键并保持不动 2s，将显示以下参数值（在变频器运行中从任何一个参数开始）： 1. 直流回路电压（用 d 表示，单位为 V） 2. 输出电流（A） 3. 输出频率（Hz） 4. 输出电压（用 o 表示，单位为 V） 5. 由 P0005 选定的数值［如果 P0005 选择显示上述参数中的任何一个（3，4 或 5），这里将不再显示］ 连续多次按下此键将轮流显示以上参数 跳转功能： 在显示任何一个参数（rXXXX 或 PXXXX）时短时间按下此键，将立即跳转到 r0000，如果需要的话，您可以接着修改其他的参数。跳转到 r0000 后，按此键将返回原来的显示点
	访问参数	按此键即可访问参数
	增加数值	按此键即可增加面板上显示的参数数值
	减少数值	按此键即可减少面板上显示的参数数值

3. 用基本操作面板（BOP）更改参数的数值

如何改变参数P0004的数值如表7-3所示。修改下标参数数值的步骤见下面列出的P0719例图。按照这个图表中说明的类似方法，可以用“BOP”设定任何一个参数。

表7-3　　改变P0004-参数过滤功能

操作步骤	显示的结果
1 按(P)访问参数	r0000
2 按(▲)直到显示出P0004	P0004
3 按(P)进入参数数值访问级	0
4 按(▲)或(▼)达到所需要的数值	3
5 按(P)确认并存储参数的数值	P0004
6 使用者只能看到命令参数	

修改下标参数P0719见表7-4（这里要注意的是必须把P0003的参数设为≥3，P0004设在0或7才可以访问的到）。

表7-4　　选择命令/设定值源

操作步骤	显示的结果
1 按(P)访问参数	r0000
2 按(▲)直到显示出P0719	P0719
3 按(P)进入参数数值访问级	in000
4 按(P)显示当前设定值	0

续表

操作步骤	显示的结果
5 按▲或▼选择运行所需要的最大频率	12
6 按P确认和存储 P0719 的设定值	P0719
7 按▼直到显示出 r0000	r0000
8 P返回标准的变频器显示（由用户定义）	

说明：忙碌信息。
修改参数的数值时，BOP 有时会显示：P----。
表明变频器正忙于处理优先级更高的任务。

4. 改变参数数值的一个数字

为了快速修改参数的数值，可以一个个地单独修改显示出的每个数字，确信已处于某一参数数值的访问级（参看“用 BOP 修改参数”），操作步骤如下。

（1）按Fn功能键最右边的一个数字闪烁。

（2）按▲/▼修改这位数字的数值。

（3）再按Fn（功能键）相邻的下一位数字闪烁。

（4）执行 2～4 步，直到显示出所要求的数值。

（5）按P退出参数数值的访问级。

功能键也可以用于确认故障的发生。如图 7-4 所示。

提 示

（1）如果 P0003≥2，参数 P0308 或 P0309。是仅供查看的究竟可以看到其中的哪一个参数，决定于 P0100 的设定值。

（2）P0307 所显示的单位是 kW 或 hp，决定于 P0100 的设定值。详细的资料请参看参数表。

（3）除非 P0010＝1，否则是不能更改电动机参数的。

（4）确信变频器已按电动机的铭牌数据正确地进行配置，即在上面的例子中，电动机为△形接线时端子电压应接 230V。

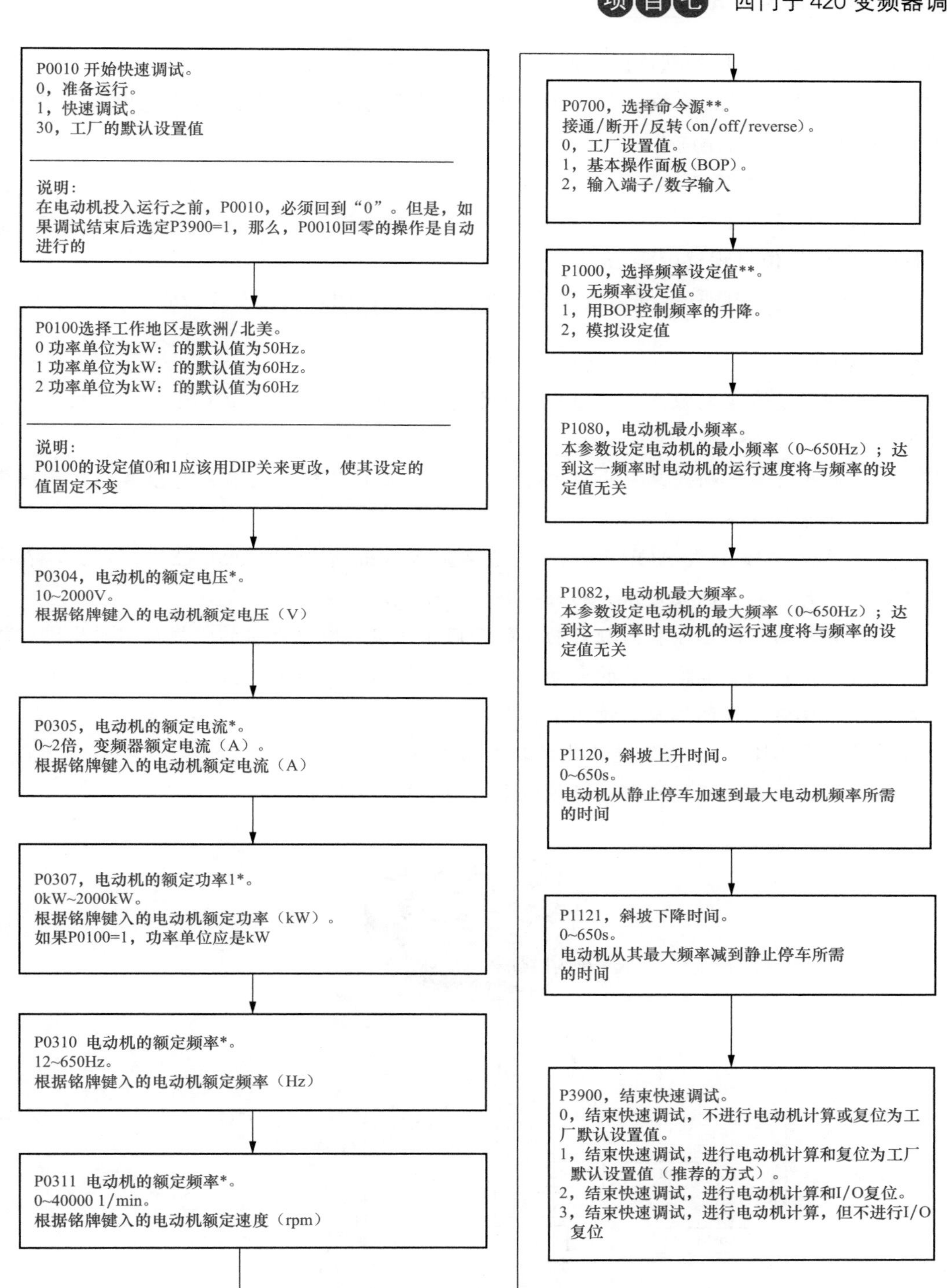

图 7-4 快速调试

* 与电动机有关的参数，请参看电动机的铭牌。

** 表示该参数包含有更详细的设定值表，可用于特定的应用场合。

将变频器复位为工厂的默认设定值。

为了把变频器的全部参数复位为工厂的默认设定值应按照下面的数值设定参数（用BOP、AOP或必要的通信选件）：

（1）设定P0010＝30。

（2）设定P0970＝1。

说明：完成复位过程至少要3min。

常规操作：有关变频器标准参数和扩展参数的全面说明，请参看参数表。

提 示

（1）变频器没有主电源开关，因此，当电源电压接通时变频器就已带电。在按下运行（RUN）

（2）键或者在数字输入端5出现“ON”信号（正向旋转）之前，变频器的输出一直被封锁，处于等待状态。

（3）如果装有BOP或AOP并且已选定要显示输出频率（P0005＝21），那么，在变频器减速停车时，相应的设定值大约每一秒钟显示一次。

（4）变频器出厂时已按相同额定功率的西门子四极标准电动机的常规应用对象进行编程。如果用户采用的是其他型号的电动机，就必须输入电动机铭牌上的规格数据。关于如何读取电动机铭牌数据的细节，请参看图7-5。

（5）除非P0010＝1，否则是不能修改电动机参数的。

（6）为了使电动机开始运行，必须将P0010返回“0”值。

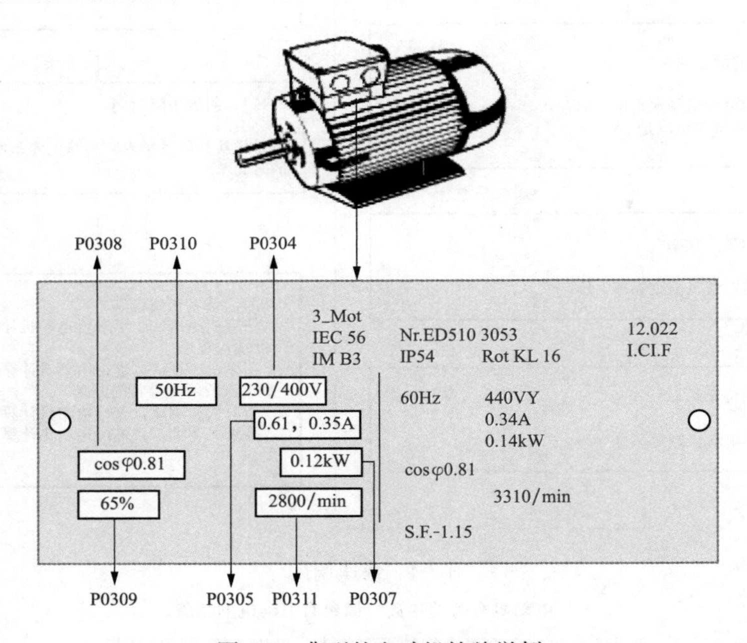

图7-5　典型的电动机铭牌举例

5. 用BOP/AOP进行的基本操作

先决条件：

P0010=0（为了正确地进行运行命令的初始化）。

P0700=1（使能BOP操作板上的启动/停止按钮）。

P1000=1（使能电动电位计的设定值）。

按下绿色按钮，启动电动机。按下“数值增加”按钮，电动机转动速度逐渐增加到50Hz。当变频器的输出频率达到50Hz时，按下“数值降低”按钮，电动机的速度及其显示值逐渐下降，用按钮，可以改变电动机的转动方向。按下红色按钮，电动机停车。

6. 外接的电动机热过载保护

电动机在额定速度以下运行时，安装在电动机轴上的风扇的冷却效果降低。因此，如果要在低频下长时间连续运行，大多数电动机必须降低额定功率使用。为了保护电动机在这种情况下不致过热而损坏，电动机应安装PTC度传感器，并把它的输出信号连接到变频器的相应控制端，同时使能P0601，如图7-6所示。

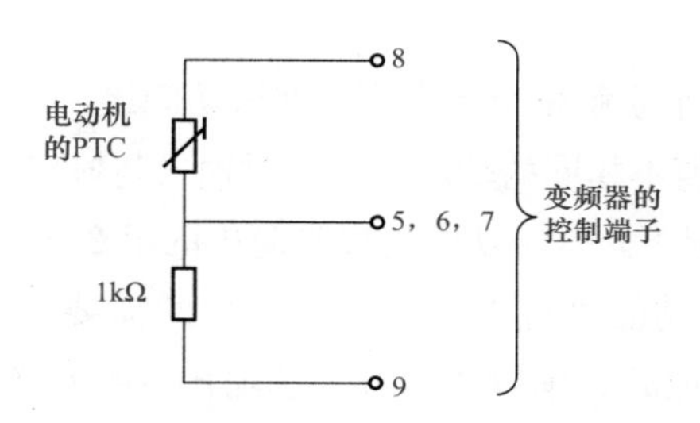

图7-6 电动机过载保护的PTC接线

7. MICROMASTER420变频器的系统参数简介

“参数说明”的编排格式如下：

1参数号	2参数名称				12用户访问等级 2
9最小值：					
	[下标]	3CStat：	5数据类型：	7单位：	
10默认值：					
	4参数组：	6使能有效：	8快速调试：	11最大值	
13说明：					

（1）参数号。

参数号是指该参数的编号。参数号用0000到9999的4位数字表示在参数号的前面冠以一个小写字母“r”时，表示该参数是“只读”的参数，它显示的是特定的参数数值，而且不能用与该参数不同的值来更改它的数值（在有些情况下，“参数说明”的标题栏中在“单位”“最小值”“缺省值”“最大值”的地方插入一个破折号“——”）。其他所有参数号的前面都冠以一个大写字母“P”，参数的设定值可以直接在标题栏的“最小值”和“最大值”范围内进行修改。

［下标］表示该参数是一个带下标的参数，并且指定了下标的有效序号。

（2）参数名称。

参数名称是指该参数的名称。有些参数名称的前面冠以以下缩写字母：BI、BO、CI 和 CO，并且后跟一个冒号“：”。这些缩写字母的意义如下：

BI＝二进制互联输入，即该参数可以选择和定义输入的二进制信号源。

BO＝二进制互联输出，即该参数可以选择输出的二进制功能，或作为用户定义的二进制信号输出。

CI＝模拟量互联输入，即该参数可以选择和定义输入的模拟量信号源。

CO＝模拟量互联输出，即该参数可以选择输出的模拟量功能，或作为用户定义的模拟量信号输出。

CO/BO＝模拟量/二进制互联输出，即该参数可以作为模拟量信号和/或二进制信号输出或由用户定义。

为了利用 BiCo 功能，必须了解整个参数表，在该访问级，可能有许多新的 BiCo 参数设定值。BiCo 功能是与指定设定值不相同的功能，可以对输入与输出的功能进行组合，因此是一种更为灵活的方式。大多数情况下，这一功能可以与简单的第 2 访问级设定值一起使用。

BiCo 系统允许对复杂的功能进行编程。按照用户的需要，布尔代数式和数学表达式可以在各种输入（数字的、模拟的、串行通信等）和输出（变频器电流、频率、模拟输出，继电器输出等）之间配置和组合。

（3）CStat。CStat 是指参数的调试状态可能有三种状态：

1）调试：C。

2）运行：U。

3）准备运行：T。

这是表示该参数在什么时候允许进行修改。对于一个参数可以指定一种、两种或全部三种状态。如果三种状态都指定了，就表示这一参数的设定值在变频器的上述三种状态下都可以进行修改。

（4）参数组。参数组是指具有特定功能的一组参数。

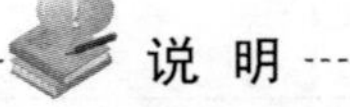
说 明

参数 P0004（参数过滤器）的作用是根据所选定的一组功能，对参数进行过滤（或筛选），并集中对过滤出的一组参数进行访问。

（5）数据类型

有效的数据类型如表7-5所示。

表7-5 有效的数据类型

符号	说明	符号	说明
U16	16-位无符号数	I32	32-位整数
U32	32-位无符号数	Float	浮点数
I16	16-位整数		

（6）使能有效。使能有效表示该参数是否：

1）立即。可以对该参数的数值立即进行修改（在输入新的参数数值以后）。

2）确认。面板（BOP或AOP）上的“P”键被按下以后，才能使新输入的数值有效地修改该参数原来的数值。

（7）单位。单位是指测量该参数数值所采用的单位。

（8）快速调试。快速调试是指该参数是否只能在快速调试时进行修改，即该参数是否只能在P0010（选择不同调试方式的参数组）设定为1（选择快速调试）时进行修改。

（9）最小值。最小值是指该参数可能设置的最小数值。

（10）默认值。默认值是指该参数的默认值，即如果用户不对参数指定数值，变频器就采用制造厂设定的这一数值作为该参数的值。

（11）最大值。最大值是指该参数可能设置的最大数值。

（12）用户访问级。用户访问级是指允许用户访问参数的等级。变频器共有四个访问等级：标准级、扩展级、专家级和维修级。每个功能组中包含的参数号，取决于参数P0003（用户访问等级）设定的访问等级。

（13）说明。参数的说明由若干段落所组成，其内容如下所列。有些段落和内容是有选择的，如果没有用，就将它们省略掉。

1）说明：对参数功能的简要解释。

2）插图：必要的时候用插图和特性曲线来说明参数的作用。

3）设定值：可以指定和采用的设定值列表。这些值包括可能的设定值，最常用的设定值，下标和二进制位的位地址等。

4）举例：选择适当的例子说明某个特定参数设定值的作用。

5）关联：本参数必须满足的条件。就是说，这一参数对另一（些）参数有某种特定的作用，或者其他参数对这一参数有某种特定的作用。

（14）警告/注意/提示/说明。

为了避免造成对人员的伤害或造成设备/特定信息的损坏必须提醒用户注意的重要信息，这些资料对用户解决问题和了解信息可能是有帮助的。

详细资料：关于某个特定参数的更详细的资料来源。

复位为工厂的默认设置值。
为了把所有的参数都复位为工厂的默认设置值应按下列数据对参数进行设置。
设定 P0010＝30。
设定 P0970＝1

说 明

大约需要 10s 才能完成复位的全部过程，将变频器的参数复位为工厂的默认设置值。

参数的说明。

r0000　驱动装置的显示 最小值：— 数据类型：U16　单位：— 默认值：— 参数组：常用 最大值：—	访问级： 1

显示用户选定的由 P0005 定义的输出数据。

说 明

按下“Fn”键并持续 2s，用户就可看到直流回路电压，输出电流和输出频率的数值，以及选定的 r0000 设定值（在 P0005 中定义）。

r0002　驱动装置的状态 最小值：— 数据类型：U16 单位：—　默认值：— 参数组：命令 最大值：—	访问级： 2

显示驱动装置的实际状态。

可能的显示值：

0，调试方式（P0010！＝0）。

1，驱动装置运行准备就绪。

2，驱动装置故障。

3，驱动装置正在启动（直流回路预充电）。

4，驱动装置正在运行。

5，停车（斜坡函数正在下降）。

关联：

状态3只能在直流回路预充电，并且安装了由外部电源供电的通信板时才能看到。

P0003	用户访问级			访问级：1
最小值：0				
	CStat：CUT	数据类型：U16	单位：—	
默认值：1				
	参数组：常用	使能有效：确认	快速调试：否	
最大值：4				

本参数用于定义用户访问参数组的等级。对于大多数简单的应用对象，采用默认设定值（标准模式）就可以满足要求了。

可能的设定值：

0，用户定义的参数表：有关使用方法的详细情况请参看P0013的说明。

1，标准级：可以访问最经常使用的一些参数。

2，扩展级：允许扩展访问参数的范围，例如变频器的I/O功能。

3，专家级：只供专家使用。

4，维修级：只供授权的维修人员使用——具有密码保护。

P0004	参数过滤器			访问级：1
最小值：0				
	CStat：CUT	数据类型：U16	单位：—	
默认值：0				
	参数组：常用	使能有效：确认	快速调试：否	
最大值：22				

按功能的要求筛选（过滤）出与该功能有关的参数，这样，可以更方便地进行调试。

【例】

P0004＝22选定的功能是，只能看到PID参数。

可能的设定值：

1，全部参数。

2，变频器参数。

3，电动机参数。

7，命令，二进制I/O。

8，ADC（模—数转换）和DAC（数—模转换）。

10，设定值通道/RFG斜坡函数发生器。

12，驱动装置的特征。

13，电动机的控制。

20，通信。

21，报警/警告/监控。

22，工艺参量控制器，例如 PID。

关联：

参数的标题栏中标有“快速调试：是”的参数只能在 P0010＝1（快速调试）时进行设定。

P0005	显示选择			
最小值：0				
	CStat：CUT	数据类型：U16	单位：—	访问级：2
默认值：21				
	参数组：功能	使能有效：确认	快速调试：否	
最大值：2294				

选择参数 r0000（驱动装置的显示）要显示的参量。任何一个只读参数都可以显示。

设定值：

21，实际频率。

25，输出电压。

26，直流回路电压。

27，输出电流。

提 示

以上这些设定值（21，25，…）指的是只读参数号（“r0021，r0025，…”）。

详细资料：

请参看相应的“rxxxx”参数的说明。

P0006	显示方式			
最小值：0				
	CStat：CUT	数据类型：U16	单位：—	访问级：3
默认值：2				
	参数组：功能	使能有效：确认	快速调试：否	
最大值：4				

定义 r0000 的显示方式（驱动装置的显示）。

可能的设定值：

0，在“运行准备”状态下，交替显示频率的设定值和输出频率的实际值。在“运行”状态下，只显示输出频率。

1，在“运行准备”状态下，显示频率的设定值。在“运行”状态下，显示输出频率。

2，在“运行准备”状态下，交替显示 P0005 的值和 r0020 的值。在“运行”状态下，只显示 P0005 的值。

3，在“运行准备”状态下，交替显示 r0002 值和 r0020 值。在“运行”状态下，只显示 r0002 的值。

4，在任何情况下都显示 P0005 的值。

P0007 最小值：0 默认值：0 最大值：2000	背光延迟时间 CStat：CUT 参数组：功能	数据类型：U16 使能有效：确认	单位：— 快速调试：否	访问级 3

本参数定义背光延迟时间，即如果没有操作键被按下，经过这一延迟时间以后将断开背光显示。

数值：

P0007＝0：背光长期亮光（默认状态）。

P0007＝1—2000：以秒为单位的延迟时间，经过这一延迟时间以后断开背光显示。

P0010 最小值：0 默认值：2 最大值：30	调试参数过滤器 CStat：CT 参数组：常用	数据类型：U16 使能有效：确认	单位：— 快速调试：否	访问级 1

本设定值对与调试相关的参数进行过滤，只筛选出那些与特定功能组有关的参数。

可能的设定值：

0，准备。

1，快速调试。

2，变频器。

29，下载。

30，工厂的设定值。

关联：

在变频器投入运行之前应将本参数复位为 0。

P0003（用户访问级）与参数的访问也有关系。

r0019 最小值：— 默认值：— 最大值：—	BO/CO：BOP 控制字 数据类型：U16 参数组：命令	单位：—	访问级： 3

显示操作面板命令的状态。

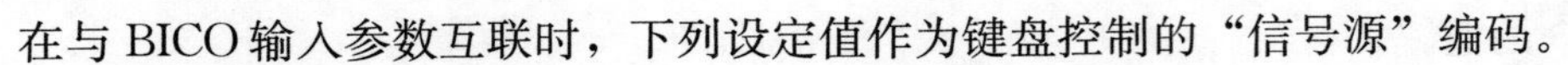

在与BICO输入参数互联时，下列设定值作为键盘控制的“信号源”编码。

二进制位的位地址：

位00，ON/OFF1启动/停车1。　　0，否；1，是。

位01，OFF2按惯性自由停车。　　0，是；1，否。

位02，OFF3快速停车。　　0，是；1，否。

位08，正向点动。　　0，否；1，是。

位09，反向点动。　　0，否；1，是。

位11，反转设定值反向。　　0，否；1，是。

位13，电动电位计MOP升速。　　0，否；1，是。

位14，电动电位计MOP降速。　　0，否；1，是。

说　明

采用BICO技术来分配操作面板按钮的功能时，本参数显示的是相关命令的实际状态。

以下功能可以分别“互联”到各个按钮：

ON/OFF1（启动/停车1）。

OFF2（停车2）。

JOG（点动）。

REVERSE（反向）。

INCREASE（增速）。

DECREASE（减速）。

P0210	直流供电电压				访问级：3
最小值：0					
	CStat：CT	数据类型：U16	单位：V	默认值：230	
	参数组：变频器	使能有效：立即	快速调试：否	最大值：1000	

优化直流电压控制器，如果电动机的再生能量超过限值，将延长斜坡下降的时间，否则可能引起直流回路过电压跳闸。

降低P0210的值时，控制器将更早地削平直流回路过电压的峰值，从而减少产生过电压的危险。

关联：

设定P1254（“自动检测直流电压回路的接通电平”）=0，直流电压控制器削平电压峰值的电平和复合制动的接入电平将直接由P0210（直流供电电压）决定。

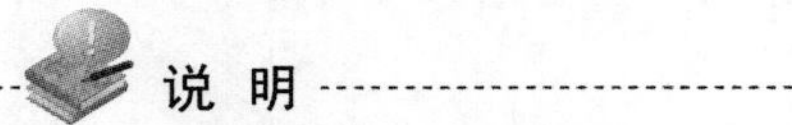

说　明

如果电源电压高于输入值，直流回路电压控制器可能自动退出激活状态，以避免电动机加速。这种情况出现时将发出报警信号（A0910）。

<table>
<tr><td>P0290</td><td colspan="4">变频器过载时的反应措施</td><td rowspan="4">访问级：
3</td></tr>
<tr><td>最小值：0</td><td></td><td></td><td></td><td></td></tr>
<tr><td></td><td>CStat：CT</td><td>数据类型：U16</td><td>单位：—</td><td>默认值：2</td></tr>
<tr><td></td><td>参数组：变频器</td><td>使能有效：确认</td><td>快速调试：否</td><td>最大值：3</td></tr>
</table>

选择变频器对内部过温采取的反应措施。

可能的设定值：

0，降低输出频率（通常只是在变转矩控制方式时有效）。

1，跳闸（F0004）。

2，降低调制脉冲频率和输出频率。

3，降低调制脉冲频率，然后跳闸（F0004）。

提 示

跳闸往往发生在这样的情况下，即采取的反应措施不能起到降低变频器内部温度的效果。

降低调制脉冲频率的措施通常只是在超过2kHz（见P0291-变频器保护的配置时）才能采用。

<table>
<tr><td>P0300</td><td colspan="4">选择电动机的类型</td><td rowspan="4">访问级：
2</td></tr>
<tr><td>最小值：1</td><td></td><td></td><td></td><td></td></tr>
<tr><td></td><td>CStat：C</td><td>数据类型：U16</td><td>单位：—</td><td>默认值：1</td></tr>
<tr><td></td><td>参数组：电动机</td><td>使能有效：确认</td><td>快速调试：是</td><td>最大值：2</td></tr>
</table>

选择电动机的类型。

调试期间，在选择电动机的类型和优化变频器的特性时需要选定这一参数，实际使用的电动机大多是异步电动机；如果不能确定所用的电动机是否是异步电动机，请按以下的公式进行计算。

(电动机的额定频率（P0310）×60)/电动机的额定速度（P0311）

如果计算结果是一个整数，该电动机应是同步电动机。

可能的设定值：

1，同步电动机。

2，异步电动机。

关联：

只能在P0010=1（快速调试）时才可以改变本参数，如果所选的电动机是同步电动机，那么，以下功能是无效的：

功率因数（P0308）。

电动机效率（P0309）。

磁化时间（P0346）（第 3 访问级）。

去磁时间（P0347）（第 3 访问级）。

捕捉再启动［P1200、P1202（第 3 访问级）P1203（第 3 访问级）］。

直流注入制动［P1230（第 3 访问级）、P1232、P1233］。

转差补偿（P1335）。

转差限值（P1336）。

电动机的磁化电流（P0320）（第 3 访问级）。

电动机的额定滑差（P0330）。

额定磁化电流（P0331）。

额定功率因数（P0332）。

转子时间常数（P0384）。

P0305	电动机额定电流				访问级：1
最小值：0.01					
	CStat：C	数据类型：浮点数	单位：一	默认值：3.25	
	参数组：电动机	使能有效：确认	快速调试：是	最大值：10000	

铭牌数据电动机的额定电流［A］。

关联：

本参数只能在 P0010＝1（快速调试）时进行修改。

本参数也与 P0320（电动机的磁化电流）有关。

说 明

对于异步电动机，电动机电流的最大值定义为变频器的最大电流（r0209）。

对于同步电动机，电动机电流的最大值定义为变频器最大电流（r0209）的两倍。

电动机电流的最小值定义为变频器额定电流（r0207）的 1/32。

P0700	选择命令源			访问级：1
最小值：0				
	CStat：CT	数据类型：U16	单位：一	
默认值：2				
	参数组：命令	使能有效：确认	快速调试：是	
最大值：6				

选择数字的命令信号源。

可能的设定值：

0，工厂的默认设置。

1，BOP（键盘）设置。

2，由端子排输入。

4，通过BOP链路的USS设置。

5，通过COM链路的USS设置。

6，通过COM链路的通信板（CB）设置。

说 明

改变这一参数时，同时也使所选项目的全部设置值复位为工厂的默认设置值。例如，把它的设定值由1改为2时，所有的数字输入都将复位为默认的设置值。

P0701	数字输入1的功能			访问级：2
最小值：0	CStat：CT	数据类型：U16	单位：—	
默认值：1	参数组：命令	使能有效：确认	快速调试：否	
最大值：99				

选择数字输入1的功能。

可能的设定值：

0，禁止数字输入。

1，ON/OFF1（接通正转/停车命令1）。

2，ONreverse/OFF1（接通反转/停车命令1）。

3，OFF2（停车命令2）——按惯性自由停车。

4，OFF3（停车命令3）——按斜坡函数曲线快速降速停车。

9，故障确认。

10，正向点动。

11，反向点动。

12，反转。

13，MOP（电动电位计）升速（增加频率）。

14，MOP降速（减少频率）。

15，固定频率设定值（直接选择）。

16，固定频率设定值（直接选择+ON命令）。

17，固定频率设定值（二进制编码选择+ON命令）。

25，直流注入制动。

29，由外部信号触发跳闸。

33，禁止附加频率设定值。

99，使能BICO参数化。

关联：

设定值为99（使能BICO参数化）时，要求P0700（命令信号源）或P3900（结束快速调试）=1，2或P0970（工厂复位）=1才能复位。

提 示

设定值 99（使能 BICO 参数化）仅用于特殊用途。

P0702	数字输入 2 的功能			
最小值：0				
	CStat：CT	数据类型：U16	单位：—	访问级：2
默认值：12				
	参数组：命令	使能有效：确认	快速调试：否	
最大值：99				

选择数字输入 2 的功能。

可能的设定值：

0，禁止数字输入。

1，ON/OFF1（接通正转/停车命令 1）。

2，ONreverse/OFF1（接通反转/停车命令 1）。

3，OFF2（停车命令 2）——按惯性自由停车。

4，OFF3（停车命令 3）——按斜坡函数曲线快速降速停车。

9，故障确认。

10，正向点动。

11，反向点动。

12，反转。

13，MOP（电动电位计）升速（增加频率）。

14，MOP 降速（减少频率）。

15，固定频率设定值（直接选择）。

16，固定频率设定值（直接选择＋ON 命令）。

17，固定频率设定值（二进制编码选择＋ON 命令）。

25，直流注入制动。

29，由外部信号触发跳闸。

33，禁止附加频率设定值。

99，使能 BICO 参数化。

详细资料：

请参看 P0701（数字输入 1 的功能）。

P0703	数字输入 3 的功能			
最小值：0				
	CStat：CT	数据类型：U16	单位：—	访问级：2
默认值：9				
	参数组：命令	使能有效：确认	快速调试：否	
最大值：99				

选择数字输入3的功能。

可能的设定值：

0，禁止数字输入。

1，ON/OFF1（接通正转/停车命令1）。

2，ONreverse/OFF1（接通反转/停车命令1）。

3，OFF2（停车命令2）——按惯性自由停车。

4，OFF3（停车命令3）——按斜坡函数曲线快速降速停车。

9，故障确认。

10，正向点动。

11，反向点动。

12，反转。

13，MOP（电动电位计）升速（增加频率）。

14，MOP降速（减少频率）。

15，固定频率设定值（直接选择）。

16，固定频率设定值（直接选择+ON命令）。

17，固定频率设定值（二进制编码选择+ON命令）。

25，直流注入制动。

29，由外部信号触发跳闸。

33，禁止附加频率设定值。

99，使能BICO参数化。

详细介绍请参看P0701（数字输入1的功能）。

P0704	数字输入4的功能			访问级：2
最小值：0	CStat：CT	数据类型：U16	单位：—	
默认值：0	参数组：命令	使能有效：确认	快速调试：否	
最大值：99				

选择数字输入4的功能。

可能的设定值：

0，禁止数字输入。

1，ON/OFF1（接通正转/停车命令1）。

2，ONreverse/OFF1（接通反转/停车命令1）。

3，OFF2（停车命令2）——按惯性自由停车。

4，OFF3（停车命令3）——按斜坡函数曲线快速降速停车。

9，故障确认。

10，正向点动。

11，反向点动。

12，反转。

13，MOP（电动电位计）升速（增加频率）。

14，MOP 降速（减少频率）。

15，固定频率设定值（直接选择）。

16，固定频率设定值（直接选择＋ON 命令）。

17，固定频率设定值（二进制编码选择＋ON 命令）。

25，直流注入制动。

29，由外部信号触发跳闸。

33，禁止附加频率设定值。

99，使能 BICO 参数化。

详细介绍请参看 P0701（数字输入 1 的功能）。

P0719	命令和频率设定值的选择			访问级：3
最小值：0	CStat：CT	数据类型：U16	单位：—	
默认值：0	参数组：命令	使能有效：确认	快速调试：否	
最大值：66				

这是选择变频器控制命令源的总开关。在可以自由编程的 BICO 参数与固定的命令/设定值模式之间切换命令信号源和设定值信号源命令源和设定值源，可以互不相关地分别切换十位数选择命令源个位数选择设定值源可能的设定值。

0，命令＝BICO 参数，设定值＝BICO 参数。

1，命令＝BICO 参数，设定值＝MOP 设定值。

2，命令＝BICO 参数，设定值＝模拟设定值。

3，命令＝BICO 参数，设定值＝固定频率。

4，命令＝BICO 参数，设定值＝BOP 链路的 USS。

5，命令＝BICO 参数，设定值＝COM 链路的 USS。

6，命令＝BICO 参数，设定值＝COM 链路的 CB。

10，命令＝BOP，设定值＝BICO 参数。

11，命令＝BOP，设定值＝MOP 设定值。

12，命令＝BOP，设定值＝模拟设定值。

13，命令＝BOP，设定值＝固定频率。

14，命令＝BOP，设定值＝BOP 链路的 USS。

15，命令＝BOP，设定值＝COM 链路的 USS。

16，命令=BOP，设定值=COM链路的CB。
40，命令=BOP链路的USS，设定值=BICO参数。
41，命令=BOP链路的USS，设定值=MOP设定值。
42，命令=BOP链路的USS，设定值=模拟设定值。
43，命令=BOP链路的USS，设定值=固定频率。
44，命令=BOP链路的USS，设定值=BOP链路的USS。
45，命令=BOP链路的USS，设定值=COM链路的USS。
46，命令=BOP链路的USS，设定值=COM链路的CB。
50，命令=COM链路的USS，设定值=BICO参数。
51，命令=COM链路的USS，设定值=MOP设定值。
52，命令=COM链路的USS，设定值=模拟设定值。
53，命令=COM链路的USS，设定值=固定频率。
54，命令=COM链路的USS，设定值=BOP链路的USS。
55，命令=COM链路的USS，设定值=COM链路的USS。
56，命令=COM链路的USS，设定值=COM链路的CB。
60，命令=COM链路的CB，设定值=BICO参数。
61，令=COM链路的CB，设定值=MOP设定值。
62，命令=COM链路的CB，设定值=模拟设定值。
63，命令=COM链路的CB，设定值=固定频率。
64，命令=COM链路的CB，设定值=BOP链路的USS。
65，命令=COM链路的CB，设定值=COM路的USS。
66，命令=COM链路的CB，设定值=COM链路的CB。

P0970	工厂复位			访问级：1
最小值：0				
	CStat：C	数据类型：U16	单位：—	
默认值：0				
	参数组：参数复位	使能有效：确认	快速调试：否	
最大值：1				

P0970=1时所有的参数都复位到它们的默认值。

可能的设定值：

0，禁止复位。

1，参数复位。

关联：

工厂复位前，首先要设定P0010=30（工厂设定值），在把参数复位为默认值之前，必须先使变频器停车（即封锁全部脉冲）。

说明：

在工厂复位以后下列参数仍然保持原来的数值：

P0918（CB 地址）。

P2010（USS 波特率和）。

P2011（USS 地址）。

P1000 最小值：0 默认值：2 最大值：66	频率设定值的选择 CStat：CT 参数组：设定值	数据类型：U16 使能有效：确认	单位：一 快速调试：是	访问级： 1

选择频率设定值的信号源。在下面给出的可供选择的设定值表中，主设定值由最低一位数字（个位数）来选择（即 0 到 6）。而附加设定值由最高一位数字（十位数）来选择（即 x_0 到 x_6，其中 $x=1\sim6$）。

【例】 设定值 12 选择的是主设定值，由模拟输入而附加设定值则来自电动电位计。

设定值：

1，电动电位计设定。

2，模拟输入。

3，固定频率设定。

4，通过 BOP 链路的 USS 设定。

5，通过 COM 链路的 USS 设定。

6，通过 COM 链路的通信板（CB）设定。

其他设定值，包括附加设定值，可用下表选择。

可能的设定值：

0，无主设定值。

1，MOP 设定值。

2，模拟设定值。

3，固定频率。

4，通过 BOP 链路的 USS 设定。

5，通过 COM 链路的 USS 设定。

6，通过 COM 链路的 CB 设定。

10，无主设定值，+MOP 设定值。

11，MOP 设定值，+MOP 设定值。

12，模拟设定值，+MOP 设定值。

13，固定频率，+MOP 设定值。

14，通过BOP链路的USS设定，+MOP设定值。
15，通过COM链路的USS设定，+MOP设定值。
16，通过COM链路的CB设定，+MOP设定值。
20，无主设定值，+模拟设定值。
21，MOP设定值，+模拟设定值。
22，模拟设定值，+模拟设定值。
23，固定频率，+模拟设定值。
24，通过BOP链路的USS设定，+模拟设定值。
25，通过COM链路的USS设定，+模拟设定值。
26，通过COM链路的CB设定，+模拟设定值。
30，无主设定值，+固定频率。
31，MOP设定值，+固定频率。
32，模拟设定值，+固定频率。
33，固定频率，+固定频率。
34，通过BOP链路的USS设定，+固定频率。
35，通过COM链路的USS设定，+固定频率。
36，通过COM链路的CB设定，+固定频率。
40，无主设定值，+BOP链路的USS设定值。
41，MOP设定值，+BOP链路的USS设定值。
42，模拟设定值，+BOP链路的USS设定值。
43，固定频率，+BOP链路的USS设定值。
44，通过BOP链路的USS设定，+BOP链路的USS设定值。
45，通过COM链路的USS设定，+BOP链路的USS设定值。
46，通过COM链路的CB设定，+BOP链路的USS设定值。
50，无主设定值，+COM链路的USS设定值。
51，MOP设定值，+COM链路的USS设定值。
52，模拟设定值，+COM链路的USS设定值。
53，固定频率，+COM链路的USS设定值。
54，通过BOP链路的USS设定，+COM链路的USS设定值。
55，通过COM链路的USS设定，+COM链路的USS设定值。
56，通过COM链路的CB设定，+COM链路的USS设定值。
60，无主设定值，+COM链路的CB设定值。
61，MOP设定值，+COM链路的CB设定值。
62，模拟设定值，+COM链路的CB设定值。
63，固定频率，+COM链路的CB设定值。

64，通过 BOP 链路的 USS 设定，+COM 链路的 CB 设定值。

65，通过 COM 链路的 USS 设定，+COM 链路的 CB 设定值。

66，通过 COM 链路的 CB 设定，+COM 链路的 CB 设定值。

P1001	固定频率 1			
最小值：-650.00				
	CStat：CUT	数据类型：浮点数	单位：Hz	访问级：2
默认值：0.00				
	参数组：设定值	使能有效：立即	快速调试：否	
最大值：650.00				

定义固定频率 1 的设定值。P1002～P1007 为固定参数 2～7 的设定值。

1040	MOP 设定值			
最小值：-650.00				
	CStat：CUT	数据类型：浮点数	单位：Hz	访问级：2
默认值：5.00				
	参数组：设定值	使能有效：立即	快速调试：否	
最大值：650.00				

说 明

如果电动电位计的设定值已选作主设定值或附加设定值，那么，将由 P1032 的默认值（禁止 MOP 反向）来防止反向运行。

如果想要使反向重新成为可能，应设定 P1032=0。

P1091	跳转频率 1			
最小值：0.00				
	CStat：CUT	数据类型：浮点数	单位：Hz	访问级：3
默认值：0.00				
	参数组：设定值	使能有效：立即	快速调试：否	
最大值：650.00				

本参数确定第一个跳转频率，用于避开机械共振的影响，被抑制（跳越过去）的频带范围为本设定值+/-P1101（跳转频率的频带宽度）。

提 示

在被抑制的频率范围内，变频器不可能稳定运行；运行时变频器将越过这一频率范围（在斜坡函数曲线上）例如，如果 P1091=10Hz，并且 P1101=2Hz，变频器在 10Hz+/-2Hz（即，8 和 12Hz 之间）范围内不可能连续稳定运行，而是跳越过去。

P1092	跳转频率 2			
最小值：0.00	CStat：CUT	数据类型：浮点数	单位：Hz	访问级：3
默认值：0.00	参数组：设定值	使能有效：立即	快速调试：否	
最大值：650.00				

本参数确定第一个跳转频率，用于避开机械共振的影响，被抑制（跳越过去）的频带范围为本设定值+/-P1101（跳转频率的频带宽度）。

P1093	跳转频率 3			
最小值：0.00	CStat：CUT	数据类型：浮点数	单位：Hz	访问级：3
默认值：0.00	参数组：设定值	使能有效：立即	快速调试：否	
最大值：650.00				

本参数确定第一个跳转频率，用于避开机械共振的影响，被抑制（跳越过去）的频带范围为本设定值+/-P1101（跳转频率的频带宽度）。

P1094	跳转频率 4			
最小值：0.00	CStat：CUT	数据类型：浮点数	单位：Hz	访问级：3
默认值：0.00	参数组：设定值	使能有效：立即	快速调试：否	
最大值：650.00				

本参数确定第一个跳转频率，用于避开机械共振的影响，被抑制（跳越过去）的频带范围为本设定值+/-P1101（跳转频率的频带宽度）

P1101	跳转频率的频带宽度			
最小值：0.00	CStat：CUT	数据类型：浮点数	单位：Hz	访问级：3
默认值：2.00	参数组：设定值	使能有效：立即	快速调试：否	
最大值：10.00				

给出叠加在跳转频率上的频带宽度单位[Hz]。

P1232	直流制动电流			
最小值：0	CStat：CUT	数据类型：U16	单位：%	访问级：2
默认值：100	参数组：功能	使能有效：立即	快速调试：否	
最大值：250				

确定直流制动电流的大小，以电动机额定电流（P0305）的［%］值表示。

P1233	直流制动的持续时间			访问级：2
最小值：0	CStat：CUT	数据类型：U16	单位：s	
默认值：0	参数组：功能	使能有效：立即	快速调试：否	
最大值：250				

在OFF1命令之后，直流注入制动投入的持续时间。在持续时间内，即使发出ON命令，变频器也不能再启动。

数值：

P1233＝0：OFF1之后不投入直流制动。

P1233＝1～250：在规定的持续时间内投入直流制动。

频繁地长期使用直流注入制动可能引起电动机过热。

提 示

直流注入制动是向电动机注入直流制动电流，使电动机快速制动到静止停车（施加的电流还使电动机轴保持不动）。发出直流制动信号时，变频器的输出脉冲被封锁，并且在电动机充分去磁后（去磁时间是根据电动机的数据自动计算出来的）向电动机注入直流制动电流。

项 目 八

三菱通用变频器 FR-A700 的调试

（1）操作面板（FR-DU07）的各部分名称如图 8-1 所示。

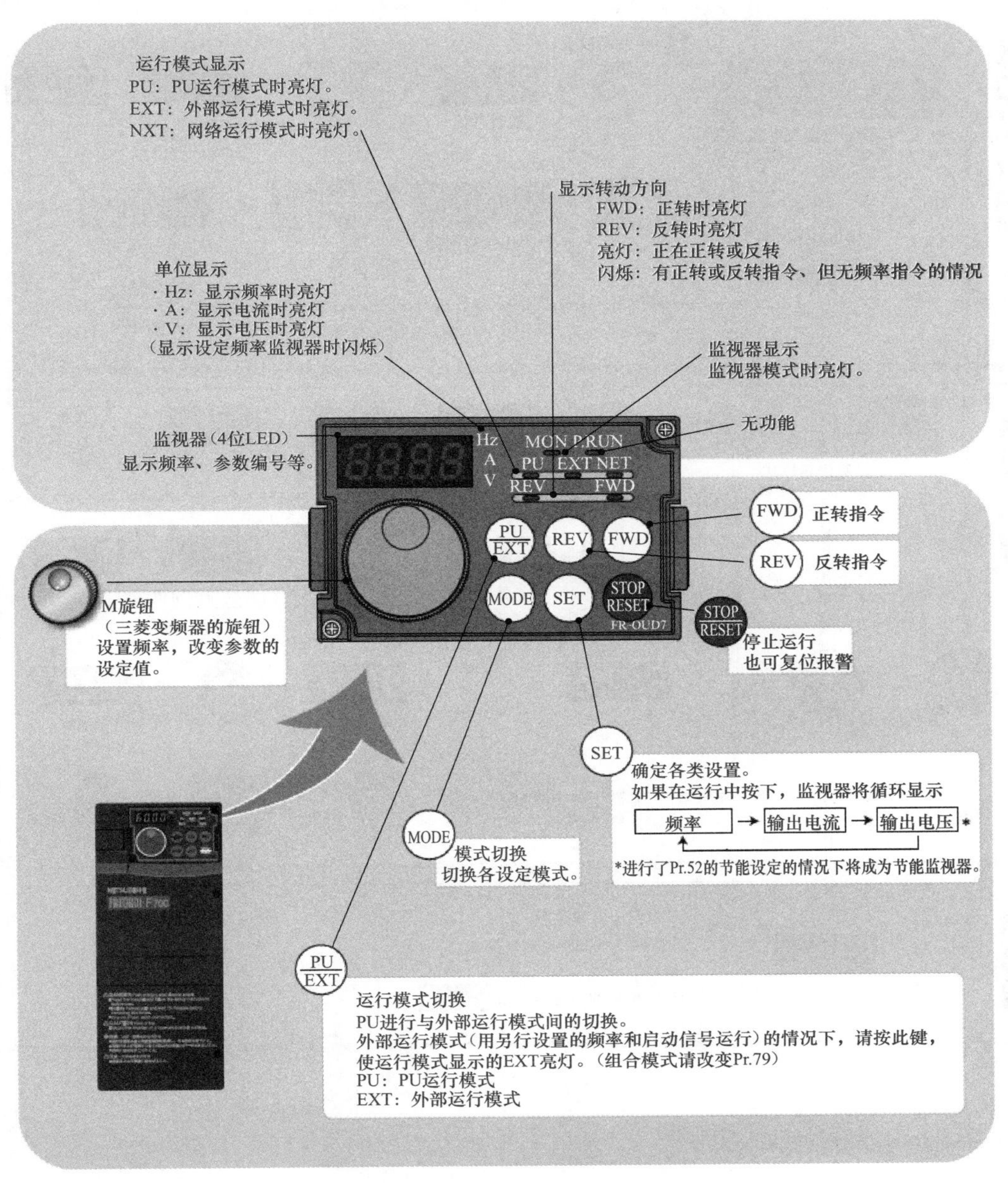

图 8-1　操作面板（FR-DU07）

（2）基本操作（出厂时设定值）如图 8-2 所示。

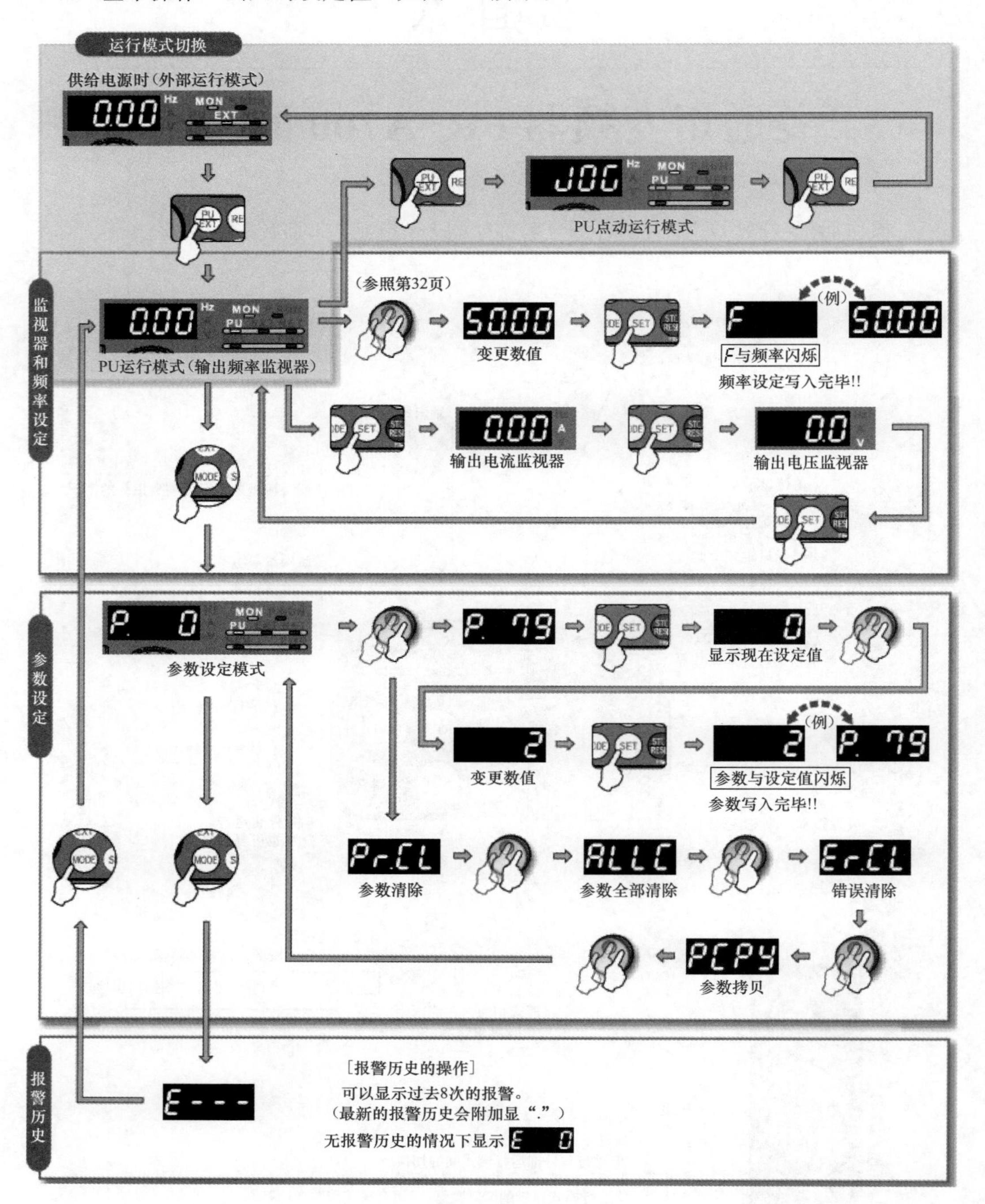

图 8-2　基本操作

（3）端子接线图如图 8-3 所示。

（4）操作实例如图 8-4 所示。

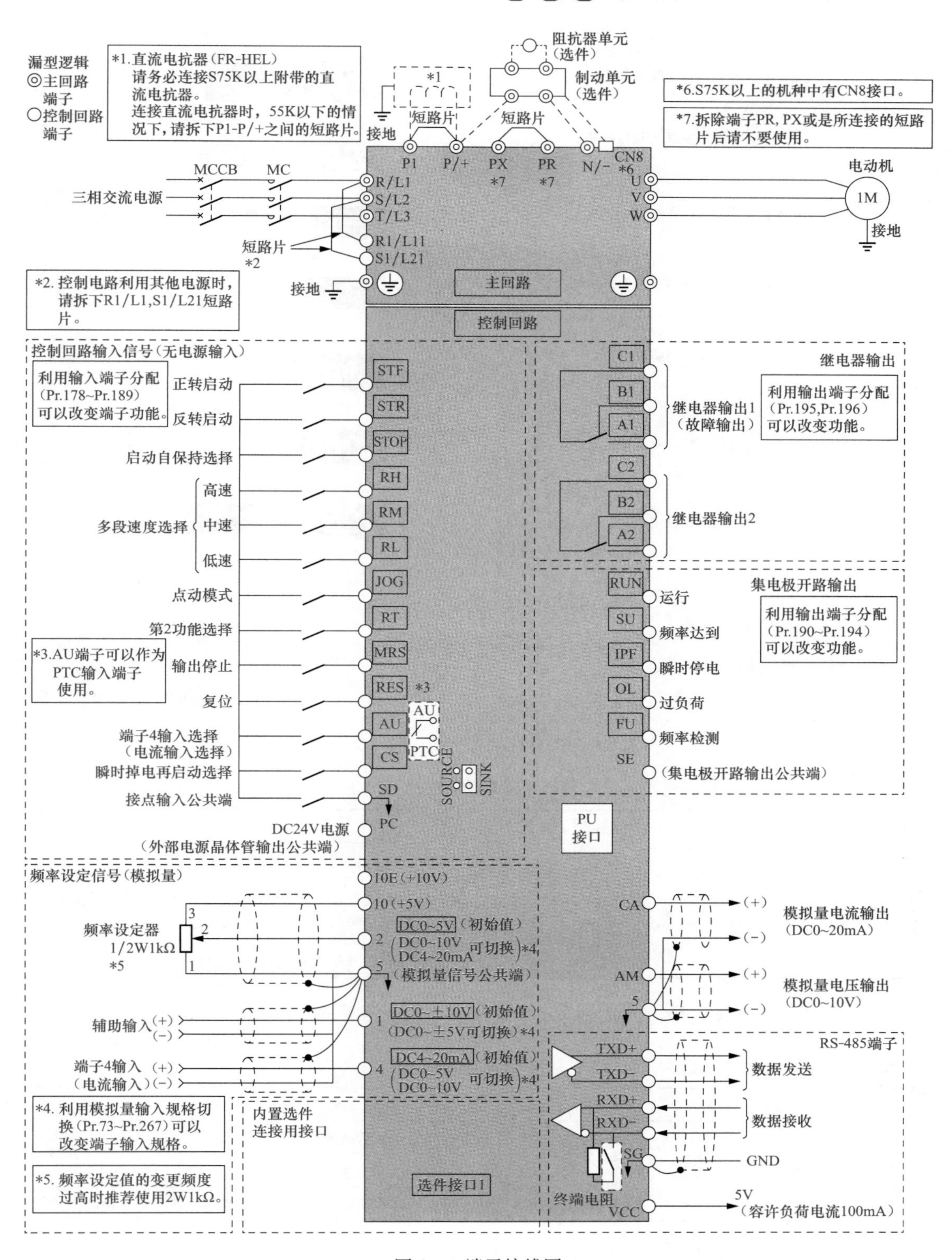

漏型逻辑
◎主回路端子
○控制回路端子
*1.直流电抗器(FR-HEL)
请务必连接S75K以上附带的直流电抗器。
连接直流电抗器时，55K以下的情况下，请拆下P1-P/+之间的短路片。
阻抗器单元(选件)
制动单元(选件)
*6.S75K以上的机种中有CN8接口。
*7.拆除端子PR, PX或是所连接的短路片后请不要使用。
短路片
接地
P1 P/+ PX PR N/- CN8 *6
*7 *7
MCCB MC
三相交流电源
R/L1
S/L2
T/L3
R1/L11
S1/L21
电动机
U V W
1M
*2
*2. 控制电路利用其他电源时，请拆下R1/L1, S1/L21短路片。
主回路
控制回路
控制回路输入信号(无电源输入)
利用输入端子分配(Pr.178~Pr.189)可以改变端子功能。
正转启动
反转启动
启动自保持选择
多段速度选择
高速
中速
低速
点动模式
第2功能选择
*3.AU端子可以作为PTC输入端子使用。
输出停止
复位
端子4输入选择(电流输入选择)
瞬时掉电再启动选择
接点输入公共端
DC24V电源(外部电源晶体管输出公共端)
STF STR STOP RH RM RL JOG RT MRS RES *3 AU CS SD PC
AU PTC
SOURCE SINK
继电器输出
C1 B1 A1
继电器输出1(故障输出)
利用输出端子分配(Pr.195,Pr.196)可以改变功能。
C2 B2 A2
继电器输出2
集电极开路输出
RUN 运行
SU 频率达到
IPF 瞬时停电
OL 过负荷
FU 频率检测
SE (集电极开路输出公共端)
利用输出端子分配(Pr.190~Pr.194)可以改变功能。
PU接口
频率设定信号(模拟量)
10E(+10V)
10(+5V)
频率设定器 1/2W1kΩ *5
DC0~5V(初始值)
DC0~10V DC4~20mA 可切换 *4
5 (模拟量信号公共端)
辅助输入 (+) (-)
DC0~±10V(初始值)
(DC0~±5V可切换)*4
端子4输入 (+) (电流输入)(-)
DC4~20mA(初始值)
DC0~5V DC0~10V 可切换 *4
*4. 利用模拟量输入规格切换(Pr.73~Pr.267)可以改变端子输入规格。
*5. 频率设定值的变更频度过高时推荐使用2W1kΩ。
内置选件连接用接口
选件接口1
CA (+) (-)
模拟量电流输出(DC0~20mA)
AM (+) (-)
模拟量电压输出(DC0~10V)
RS-485端子
TXD+ TXD- 数据发送
RXD+ RXD- 数据接收
SG GND
终端电阻
VCC 5V(容许负荷电流100mA)

图 8-3 端子接线图

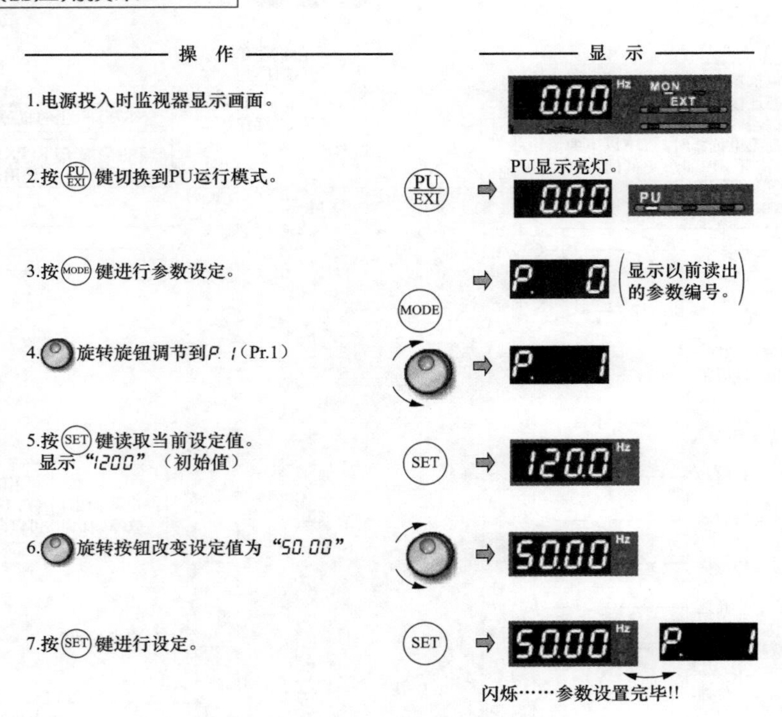

图 8-4 操作实例

(5) 网络通信启动模式选择。

变频器为 DP 总线网络通信，Pr. 79 变更为 0，Pr. 340 变更为 10，请断电重启变频器，变频器切换为 Net 模式，见表 8-1。

表 8-1 网络通信启动模式选择

功能	参数	名称	单位	初始值	范围	内 容
DP 网络运行模式	340	通信启动模式选择	1	0	0	根据 Pr. 79 的设定
					1，2	网络运行模式开始。在设定值为“2”的情况下发生瞬时停电，可以维持瞬时停电前的运行状态
					10，12	网络运行模式开始。可通过操作面板切换 PU 运行模式

(6) 参数写入选择。Pr. 77 变更为 2，变频器运行正常后变更为 1，见表 8-2。

表 8-2 参数写入选择

功能	参数	名称	单位	初始值	范围	内 容
防止参数值被意外改写	77	参数写入选择	1	0	0	仅限于停止时可以写入
					1	不可写入参数
					2	可以在所有运行模式中不受运行状态限制地写入参数

(7) 设置输出频率上下限，见表 8-3 和表 8-4。

表 8-3　　Pr. 1 上限频率变更为 50Hz

功能	参数	名称	单位	初始值	范围	内　容
上限频率	1	上限频率	0.01Hz	120Hz	0～120Hz	设定输出频率的上限。 * 根据变频器容量不同而不同

表 8-4　　Pr. 2 上限频率变更为 0Hz

功能	参数	名称	单位	初始值	范围	内　容
下限频率	2	下限频率	0.01Hz	0Hz	0～120Hz	设定输出频率的下限

（8）运行模式选择，见表 8-5。变频器为网络模式运行时，变更为 0；变频器为外部端子运行时，变更为 2。

表 8-5　　运行模式选择

功能	参数	名称	单位	初始值	范围	内　容
运行模式选择	79	运行模式选择	1	0	0	外部/PU 切换模式
					1	PU 运行模式固定
					2	外部运行模式固定
					3	外部/PU 组合运行模式 1
					4	外部/PU 组合运行模式 2
					6	切换模式
					7	外部运行模式（PU 运行互锁）

（9）模拟量输入选择，如表 8-6 所示。变频器为外部端子运行，Pr. 73 变更为 2（0～10V）。

表 8-6　　模拟量输入选择

功能	参数	名称	单位	初始值	范围	内　容
模拟量输入选择	73	模拟量输入选择	1	1	0～7，10～17	可以对端子 2 的输入规格（0～5V，0～10V，0～20mA）和端子 1 输入规格（0～±5V），（0～±10V）进行选择。端子 2 的输入规格在电压输入为（0～5V/0～10V）时，电压/电流输入输入切换开关设为 OFF（初始状态），在电流输入为（4～20mA）时，设为 ON。也可以进行和过载，可逆运行的选择

（10）电动机容量，电动机极数，如表 8-7 所示。

表 8-7　　电动机容量及电动机极数

功能	参数	名称	单位	初始值	范围	内　容
电动机容量	80	电动机容量	0.01/0.1kW	9999	0.4～55/0～3600kW	设定适用的电动机容量。 * 根据变频器容量不同而不同
					9999	成为 V/F 控制

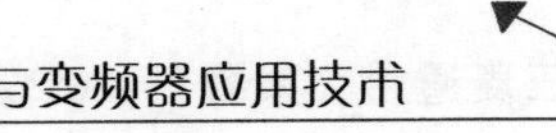

续表

<table>
<tr><th>功能</th><th>参数</th><th>名称</th><th>单位</th><th>初始值</th><th>范围</th><th colspan="2">内 容</th></tr>
<tr><td rowspan="3">电动机极数</td><td rowspan="3">81</td><td rowspan="3">电动机极数</td><td rowspan="3">1</td><td rowspan="3">9999</td><td>2，4，6，8，10，112</td><td colspan="2">请设定电动机极数。（设定值 112 时为 12 极）</td></tr>
<tr><td>12，14，16，18，20，122</td><td>X18 信 ON：V/F 控制</td><td>10＋设定电动机极数（设定值 122 时为 12 极）</td></tr>
<tr><td>9999</td><td colspan="2">成为 V/F 控制</td></tr>
</table>

电动机容量，设置电动机功率。

电动机极数，1500r/min 对应 4 极，3000r/min 对应 2 极。

（11）电动机的选择如表 8-8 所示。Pr. 71 变更为 3。

表 8-8　　电 动 机 的 选 择

<table>
<tr><th>功能</th><th>参数</th><th>名称</th><th>单位</th><th>初始值</th><th>范围</th><th colspan="2">内 容</th></tr>
<tr><td rowspan="2">电动机的选择（适用电动机）</td><td rowspan="2">71</td><td rowspan="2">适用电动机</td><td rowspan="2">1</td><td rowspan="2">0</td><td>0～54</td><td colspan="2">对应电动机热特性</td></tr>
<tr><td>3</td><td>标准电动机</td><td>选择“离线自动调谐设定”</td></tr>
</table>

（12）电动机额定电压如表 8-9 所示。Pr. 83 变更为 380V，Pr. 84 变更为 50Hz。

表 8-9　　电 动 机 额 定 电 压

功能	参数	名称	单位	初始值	范围	内 容
额定电压	83	电动机额定电压	0.1V	400V	0～1000V	设定电动机额定电压（V）
额定频率	84	电动机额定频率	0.01Hz	50Hz	10～120Hz	设定电动机额定频率（V）

（13）加减速时间的设定见表 8-10。

例：Pr. 7 变更为 300，加速时间延时 30s。

表 8-10　　加 速 时 间 的 设 定

功能	参数	名称	单位	初始值	范围	内 容
加减速时间的设定	7	加速时间	0.1/0.01s	5s～15s *	0～3600 /360s	设定电动机的加速时间。 *初始值根据变频器容量不同而不同
	8	减速时间	0.1/0.01s	5s～15s *	0～3600 /360s	设定电动机的减速时间。 *初始值根据变频器容量不同而不同

（14）自动调整设定/状态见表 8-11。参数设置完成，Pr. 96 变更为 1；变频器运行正常后变更为 0。

表 8-11　　自动调整设定/状态

功能	参数	名称	单位	初始值	范围	内 容
离线自动调谐	96	自动调整设定/状态	1	0	0	不实施自动调谐
					1	调谐时电动机不运转
					101	调谐时电动机运转

（15）DP 网络，通信选件的安装，网络通信选件安装于选件接口 3，DP 总线地址，DP 总线接于 D+，D−（总线两端加终端模块，使用上拉电阻可增强抗干扰性）。

（16）外部端子运行，STF—SD（公共端），正转启动信号，2—5（公共端），模拟量信号公共端。

（17）C1—A1（常开），B1（常闭），继电器输出反馈见表 8-12。

表 8-12　　继电器输出反馈

功能	参数	名称	单位	初始值	范围	内　容
输出端子的功能分配	195	ABC1 端子功能选择	1	99	0～199	对应输出端子功能
	196	ABC2 端子功能选择	1	9999	0，100	0，100：变频器运（RUN）

（18）参数清除，运行模式没有切换到 PU 运行模式，请按 PU/EXT 键切换到 PU 运行模式，通过设定 Pr. CL 参数清除，ALLC 参数全部清除＝“1”，使参数将恢复为初始值。(如果设定 Pr. 77 参数写入选择＝“1”，则无法清除。)

（19）参数复制操作如图 8-5 所示。

（20）参数对照操作如图 8-6 所示。

（21）异常显示一览见表 8-13。

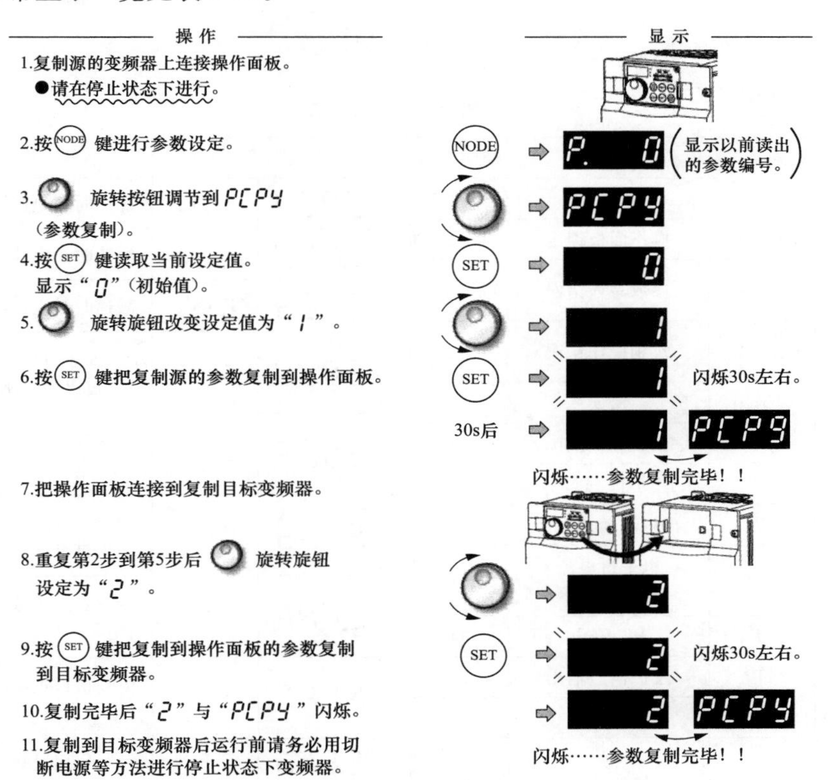

图 8-5　参数复制操作图

操作

1.对照目标变频器上连接操作面板。

●请在停止状态下进行。

2.电源投入时监视器显示画面。

3.按 (MODE) 键进行参数设定。

4. 旋转旋钮调节到PCPY（参数复制）。

5. (SET) 按SET键读取当前设定值。显示“0”（初始值）。

6. 旋转旋钮改变设定值为“3”。（参数复制对照模式）。

7.按 (SET) 键读取目标变频器的参数到操作面板。

●有不一致的参数值时，参数编号与rE3闪烁。

●持续按 (SET) 键进行对照。

8.如果一致，PCPY与3闪烁，对照完毕。

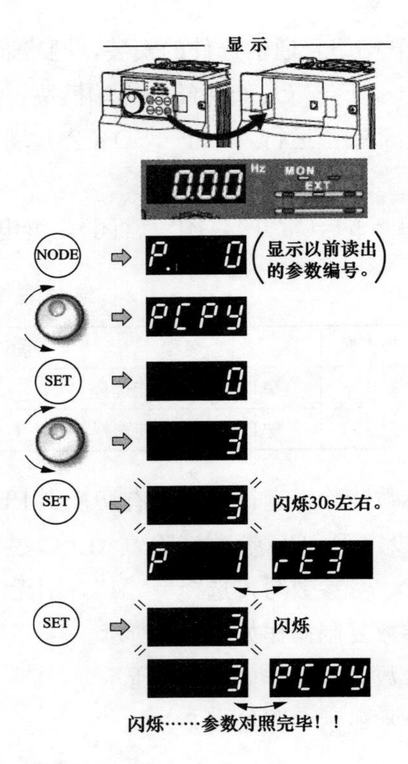

图 8-6　参数对照操作

表 8-13　　异常显示一览表

	操作面板显示		名　称	规格概略
—	E---	E---	报警历史	72
错误信息	HOLd	HOLD*	操作面板锁定	62
	Er1 to Er4	Er1～4*	参数写入错误	62
	rE1 to rE4	rE1～4*	复制操作错误	62
	Err.	Err.	错误	63
报警	OL	OL	失速防止（过电流）	63
	oL	oL	失速防止（过电压）	64
	rb	RB	再生制动预报警	64
	TH	TH	电子过电流保护预报警	64
	PS	PS	PU 停止	64
	MT	MT*	维护信号输出	64
	CP	CP	参数复制	64
轻故障	Fn	FN	风扇故障	64

	操作面板显示		名　称	规格概略
重故障	E.OC1	E. OC1	加速时过电流跳闸	65
	E.OC2	E. OC2	恒速时过电流跳闸	65
	E.OC3	E. OC3	减速时过电流跳闸	65
	E.Ov1	E. OV1	加速时再生过电压跳闸	65
	E.Ov2	E. OV2	定速时再生过电压跳闸	65
	E.Ov3	E. OV3	减速，停止时再生过电压跳闸	65
	E.THT	E. THT	变频器过负载跳闸（电子过电流保护）	66
	E.THM	E. THM	电动机过负载跳闸（电子过电流保护）	66
	E.FIn	E. FIN	风扇过热	66
	E.IPF	E. IPF	瞬时停电保护	66

续表

	操作面板显示		名　称	规格概略
重故障	E.UVT	E. UVT	欠足电压保护	66
	E.ILF	E. ILF*	输入缺相	67
	E.OLT	E. OLT	失速防止	67
	E. GF	E. GF	输出侧接地故障过电流保护	67
	E. LF	E. LF	输出缺相保护	67
	E.OHT	E. OHT	外部热继电器动作	67
	E.PTC	E. PTC*	PTC 热敏电阻动作	67
	E.OPT	E. OPT	选件异常	67
	E.OP1	E. OP1	通信选件异常	68
	E. 1	E. 1	选件异常	68
	E. PE	E. PE	变频器参数储存器元件异常	68
	E.PUE	E. PUE	PU 脱离	68
	E.rET	E. RET	再试次数溢出	68
	E.PE2	E. PE2*	变频器参数存储元件异常	68
重故障	E. 6/ E. 7/ E.CPU	E. 6/ E. 7/ E. CPU	CPU 错误	68
	E.CTE	E. CTE	操作面板电源短路 RS-485 端子用电源短路	69
	E.P24	E. P24	KC24V 电源输出短路	69
	E.CdO	E. CDO*	输出电流超过检测值	69
	E.IOH	E. LOH*	浪涌电流抑制电路电阻过热	69
	E.SEr	E. SER*	通信异常（主机）	69
	E.AIE	E. AIE*	模拟量输入异常	69
	E. bE	E. BE	制动晶体管异常/内部电路异常	66
	E. 13	E. 13	内部电路异常	69

* 使用 FR-PUO4-CH 时如果产生错误，在 FR-PUO4-CH 将显示“Fault 14”。

项 目 九

触摸屏与 PLC 的应用

▶ 任务一 认识 TPC 7062KX 系列触摸屏与 MCGS 软件

9.1.1 TPC 7062KX 系列触摸屏的认识

MCGS 系列触摸屏是专门面向 PLC 应用的一种新型的人机界面，用户可以自由地组合文字、按钮、图形、数字等来处理或监控管理及应付随时可能变化的信息多功能显示屏。主要提供以下功能：

（1）指示灯（PLC I/O 显示、内部结点显示、多段指示灯等）。

（2）开关（位状态型开关、多段开关、切换窗口开关等）。

（3）各种动态图表（棒图、仪表、移动元件、趋势图等）。

（4）数据显示（数值显示、ASCII 显示、文字显示等）。

（5）数据输入（数值输入、ASCII 输入、文字输入等）。

（6）静态显示（直线、圆、文字等）。

9.1.2 系统连接

系统连接如图 9-1 所示。

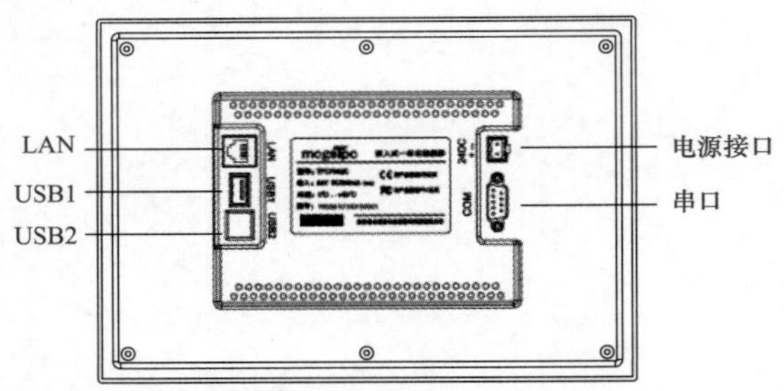

项目	TPC7062KS	TPC7062K	TPC1062KS	TPC1062K
LAN(RJ45)	无	有	无	有
串口(DB9)	1×RS232,1×RS485			
USB1	主口，兼容USB1.1标准			
USB2	从口，用于下载工程			
电源接口	24（±20%）VDC			

图 9-1 系统连接图

TPC 7062KX 触摸屏具有 1 个串行通信口，其中 PC［RS-232］口一般连接到计算机。MCGS 上的 PLC［RS-232］口可以连接到 PLC。同时要确保指拨开关全拨到 OFF 位置。(这是触摸屏的默认设置)。如图 9-2 所示。

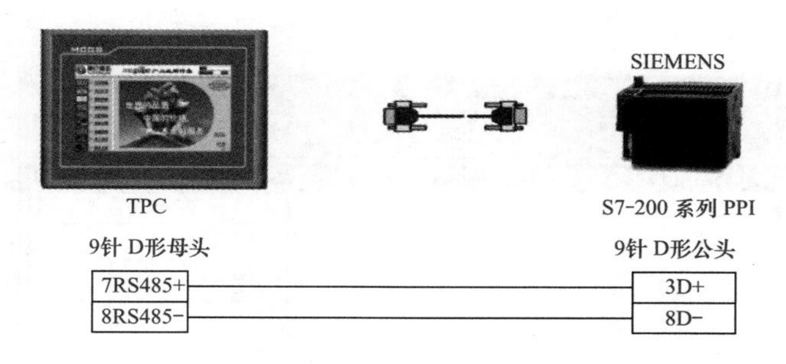

图 9-2　TPC 与 PLC 的连接图

9.1.3　使用 MCGS 软件制作简单工程

通过实例介绍 MCGS 嵌入版组态软件中建立同西门子 S7-200 通信的步骤，实际操作地址是西门子 Q0.0、Q0.1、Q0.2、VW0 和 VW2。

1. 建立工程

鼠标双击 Windows 操作系统的桌面上的组态环境快捷方式，可打开嵌入版组态软件，然后按如下步骤建立通信工程。

(1) 单击文件菜单中“新建工程”选项，弹出“新建工程设置”对话框，TPC 类型选择为“TPC7062K”，单击确定，如图 9-3 所示。

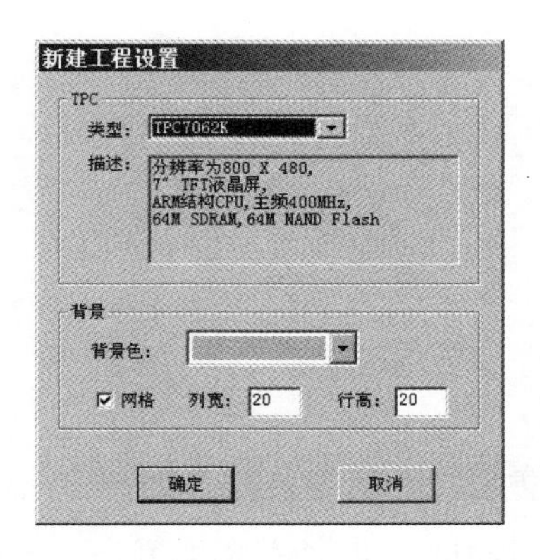

图 9-3　“新建工程设置”对话框

(2) 选择文件菜单中的“工程另存为”菜单项，弹出文件保存窗口。

(3) 在文件名一栏内输入“TPC 通讯控制工程”，单击“保存”按钮，工程创建完毕。

2. 设备组态

(1) 在工作台中激活设备窗口，鼠标双击进入设备组态画面，单击工具条中的打开“设备工具箱”，如图 9-4 所示。

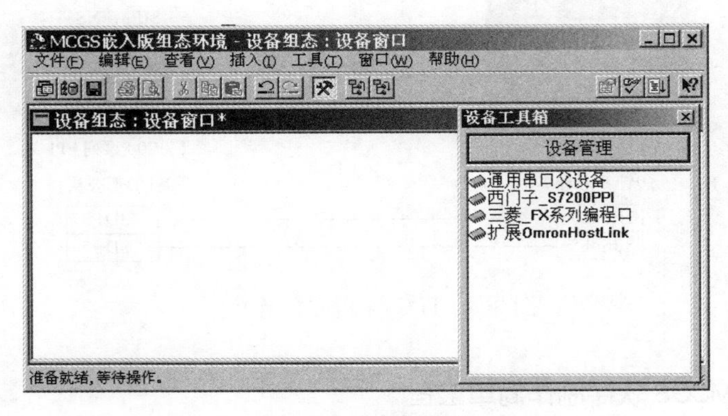

图 9-4 设备工具箱

(2) 在设备工具箱中，鼠标按顺序先后双击“通用串口父设备”和“西门子 _ S7200PPI”添加至组态画面窗口，如图 9-5 所示。提示是否使用西门子默认通信参数设置父设备，选择“是”。

图 9-5 添加通用串口父设备和西门子 _ S7200PPI

3. 窗口组态

(1) 在工作台中激活用户窗口，鼠标单击“新建窗口”按钮，建立新画面“窗口 0”。

如图 9-6 所示。

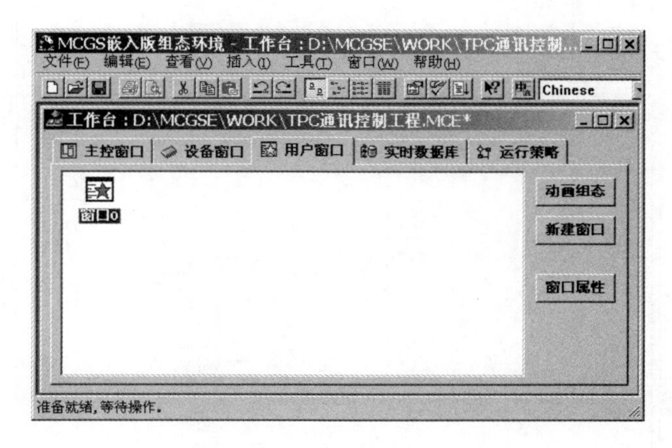

图 9-6　建立新画面“窗口 0”

(2) 接下来单击“窗口属性”按钮，弹出“用户窗口属性设置”对话框，在基本属性页，将“窗口名称”修改为“西门子 200 控制画面”，单击“确认”进行保存。如图 9-7 所示。

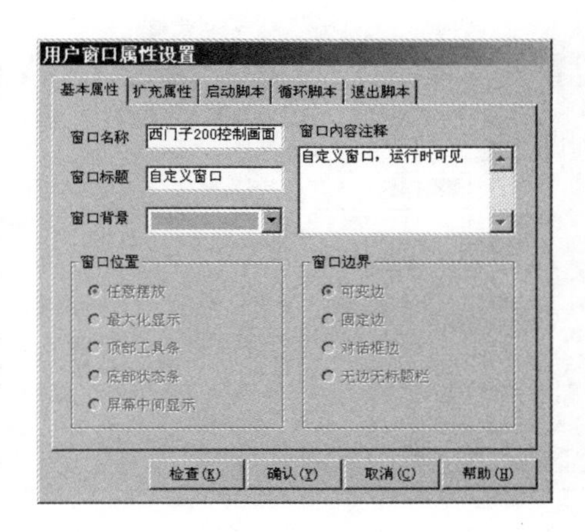

图 9-7　窗口属性设置

(3) 在用户窗口双击 西门子200控制画面 进入“动画组态西门子 200 控制画面”，单击 打开“工具箱”。

(4) 建立基本元件。

1) 按钮。从工具箱中单击“标准按钮”构件，在窗口编辑位置按住鼠标左键拖放出一定大小后，松开鼠标左键，这样一个按钮构件就绘制在窗口中，如图 9-8 所示。

接下来双击该按钮打开“标准按钮构件属性设置”对话框，在基本属性页中将“文本”修改为 Q0.0，单击“确认”按钮保存，如图 9-9所示。

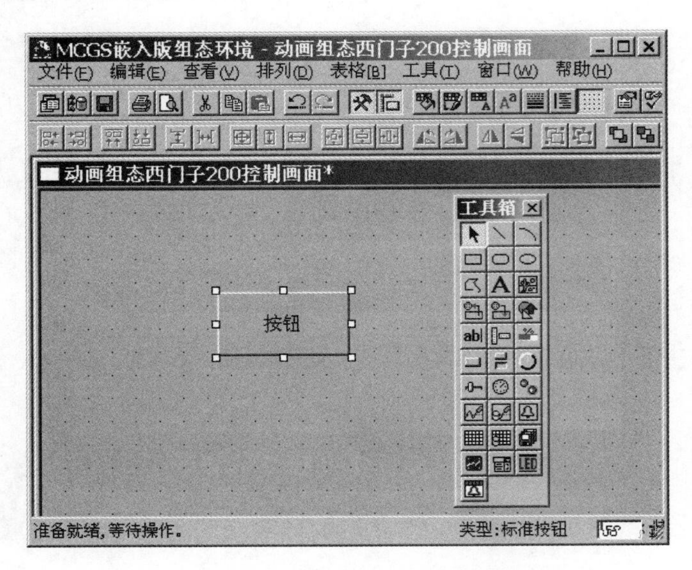

图 9-8 动画组态西门子 200 控制画面

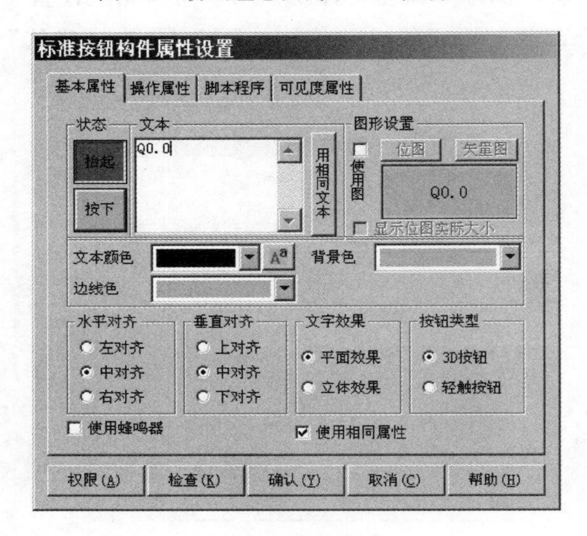

图 9-9 修改文本

按照同样的操作分别绘制另外两个按钮，文本修改为 Q0.1 和 Q0.2，完成后如图 9-10 所示。按住键盘的 Ctrl 键，然后单击鼠标左键，同时选中三个按钮，使用工具栏中的等高宽、左（右）对齐和纵向等间距对三个按钮进行排列对齐，如图 9-11 所示。

2）指示灯。单击工具箱中的“插入元件”按钮，打开“对象元件库管理”对话框，选中图形对象库指示灯中的一款，单击确认添加到窗口画面中。并调整到合适大小，同样的方法再添加两个指示灯，摆放在窗口中按钮旁边的位置，如图 9-12 所示。

3）标签。单击选中工具箱中的“标签”构件，在窗口按住鼠标左键，拖放出一定大小“标签”，如图 9-13 所示。然后双击该标签，弹出“标签动画组态属性设置”对话框，在扩展属性页，在“文本内容输入”中输入 VW0，单击确认，如图 9-14 所示。

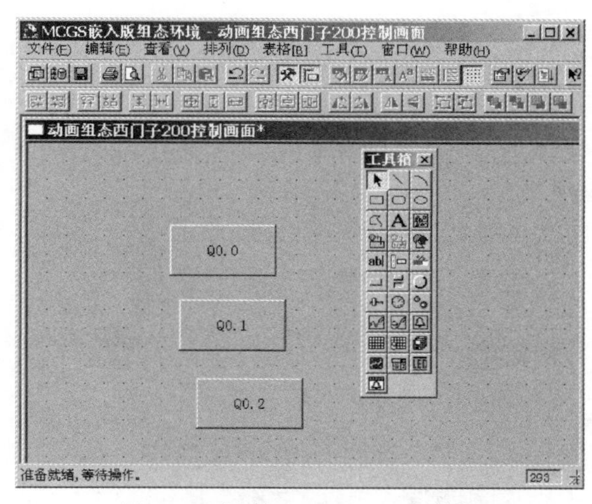

图 9-10　绘制 Q0.1 和 Q0.2 按钮

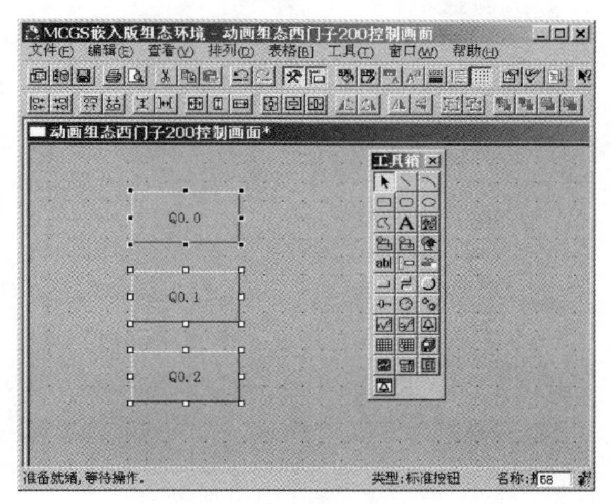

图 9-11　排列对齐按钮

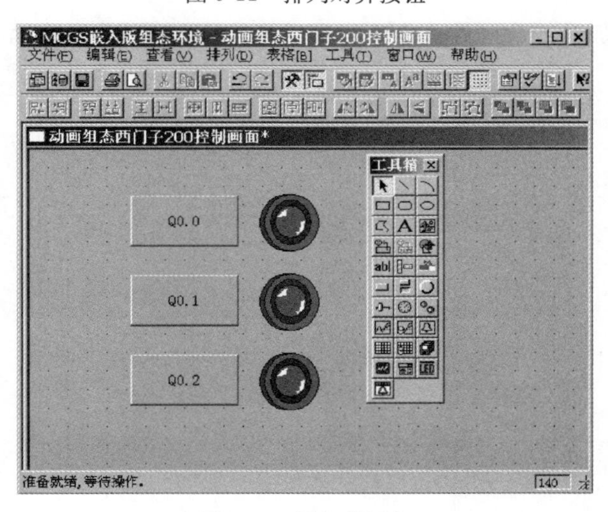

图 9-12　添加指示灯

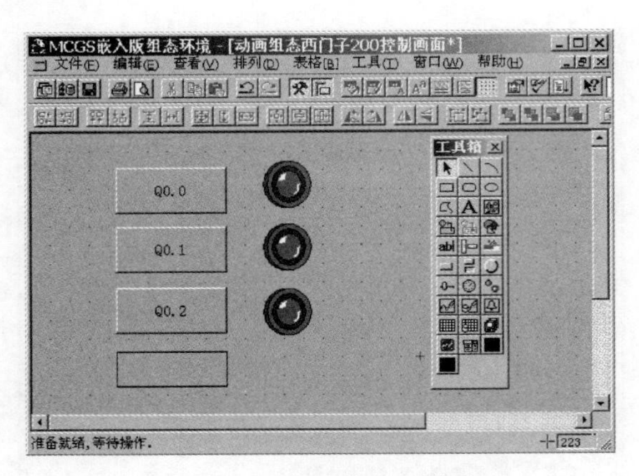

图 9-13　添加“标签”构件

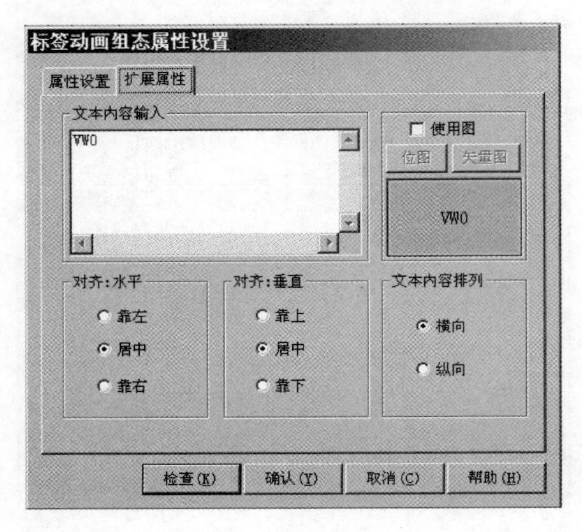

图 9-14　添加 VW0 标签

同样的方法，添加另一个标签，文本内容输入 VW2，如图 9-15 所示。

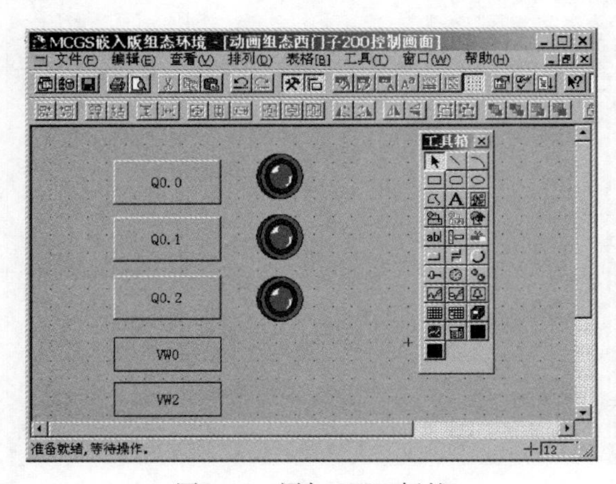

图 9-15　添加 VW2 标签

4）输入框。单击工具箱中的“输入框”构件，在窗口按住鼠标左键，拖放出两个一定大小的“输入框”，分别摆放在 VW0、VW2 标签的旁边位置，如图 9-16 所示。

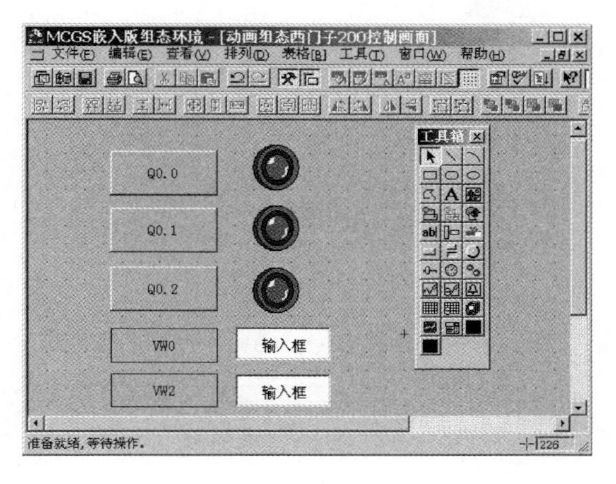

图 9-16　添加输入框

（5）建立数据链接。

1）按钮。双击 Q0.0 按钮，弹出“标准按钮构件属性设置”对话框，如图 9-17 所示，在操作属性页，默认“抬起功能”按钮为按下状态，勾选“数据对象值操作”，选择“清 0”，单击?弹出“变量选择”对话框，选择“根据采集信息生成”，通道类型选择“Q 寄存器”，通道地址为“0”，数据类型选择“通道第 00 位”，读写类型选择“读写”。如图 9-18 所示，设置完成后单击确认。即在 Q0.0 按钮抬起时，对西门子 200 的 Q0.0 地址“清 0”，如图 9-19 所示。

图 9-17　“标准按钮构件属性设置”对话框

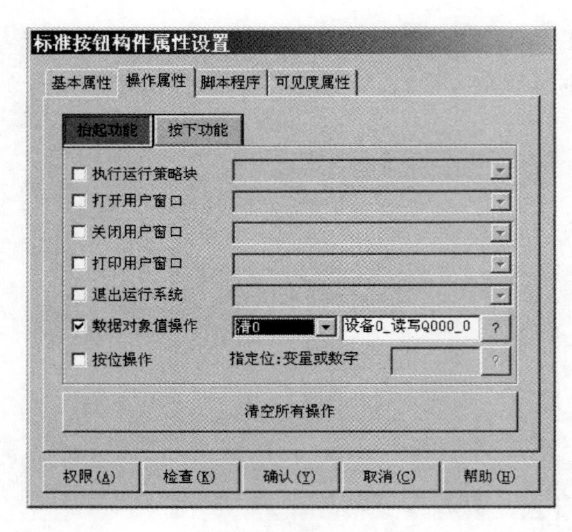

图 9-18　读写类型选择

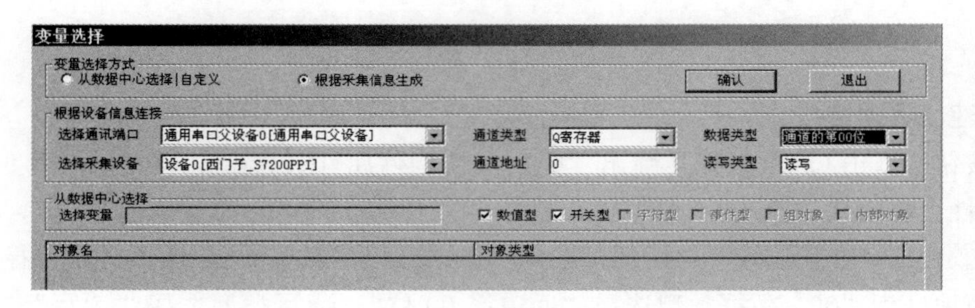

图 9-19　“变量选择”对话框

同样的方法，单击“按下功能”按钮，进行设置，“数据对象值操作”→置 1→设备 0 _ 读写 Q000 _ 0，如图 9-20 所示。

图 9-20　“操作属性”设置

同样的方法，分别对 Q0.1 和 Q0.2 的按钮进行设置。Q0.1 按钮→“抬起功能”时“清0”；“按下功能”时“置 1”→变量选择→Q 寄存器，通道地址为 0，数据类型为通道第 01 位。Q0.2 按钮→“抬起功能”时“清 0”；“按下功能”时“置 1”→变量选择→Q 寄存器，通道地址为 0，数据类型为通道第 02 位。

2）指示灯。双击 Q0.0 旁边的指示灯构件，弹出“单元属性设置”对话框，在数据对象页，点击选择数据对象“设备 0 _ 读写 Q000 _ 0”，如图 9-21 所示。同样的方法，将 Q0.1 按钮和 Q0.2 按钮旁边的指示灯分别连接变量“设备 0 _ 读写 Q000 _ 1”和“设备 0 _ 读写 Q000 _ 2”。

图 9-21 “单元属性设置”对话框

3）输入框。双击 VW0 标签旁边的输入框构件，弹出“输入框构件属性设置”对话框，在操作属性页，单击进入“变量选择”对话框，选择“根据采集信息生成”，通道类型选择“V 寄存器”；通道地址为“0”；数据类型选择“16 位无符号二进制”；读写类型选择“读写”。如图 9-22 所示，设置完成后单击“确认”。

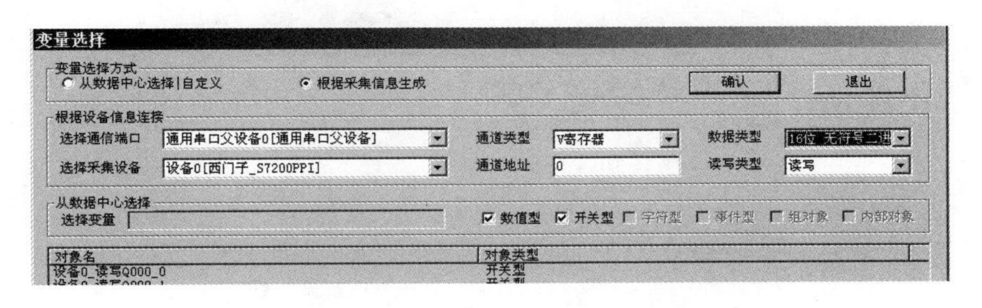

图 9-22 VW0 变量选择设置

同样的方法，双击 VW2 标签旁边的输入框进行设置，在操作属性页，选择对应的数据对象：通道类型选择“V 寄存器”；通道地址为“2”；数据类型选择“16 位无符号二进制”；

读写类型选择“读写”。

9.1.4 工程下载

1. 连接 TPC7062K 和 PC 机

将普通的 USB 线，一端为扁平接口，插到电脑的 USB 口，一端为微型接口，插到 TPC 端的 USB2 口，如图 9-23 所示。

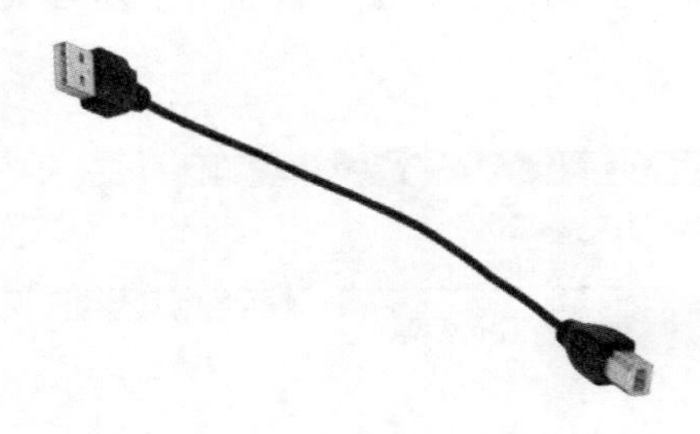

图 9-23 USB 线

2. 工程下载

单击工具条中的下载按钮，进行下载配置。选择“连机运行”，连接方式选择“USB 通信”，然后单击“通信测试”按钮，通信测试正常后，单击“工程下载”如图 9-24、图 9-25 所示。

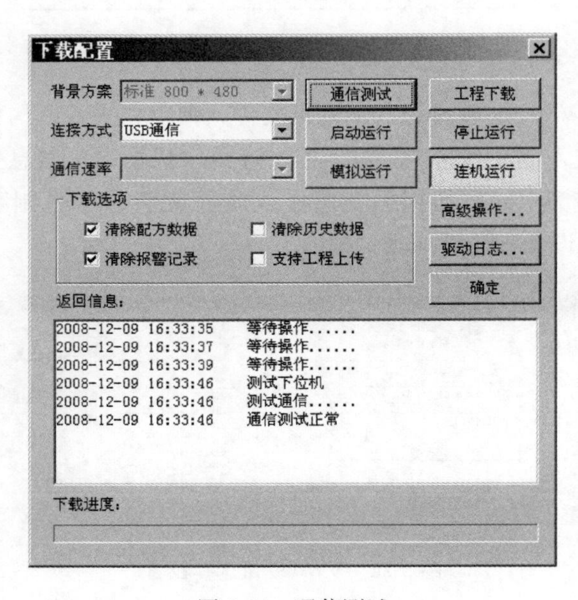

图 9-24 通信测试

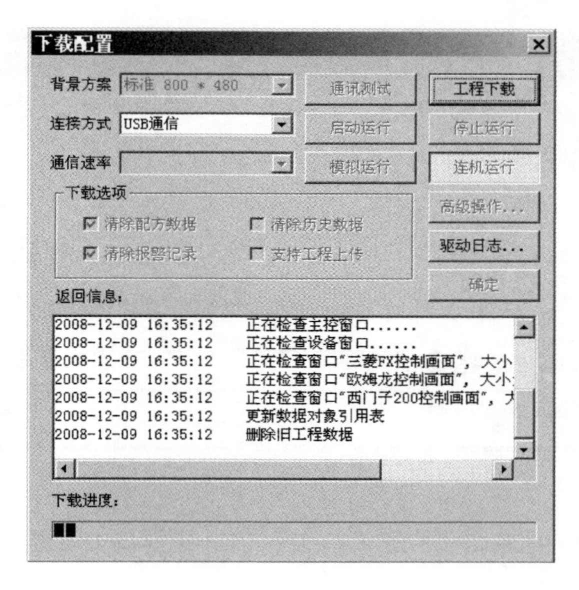

图 9-25　工程下载

▶ 任务二　窗　口　切　换

9.2.1　项目与任务

在 TPC 7062KX 触摸屏上实现两个窗口间的切换。

9.2.2　任务实施

(1) 新建一个工程并保存，如图 9-26 和图 9-27 所示。

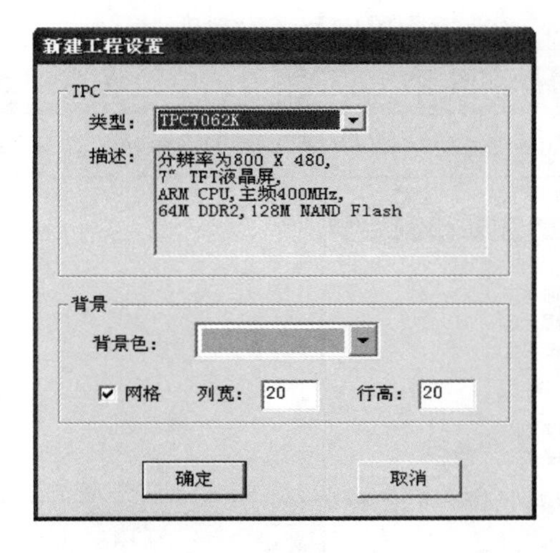

图 9-26　新建工程设置

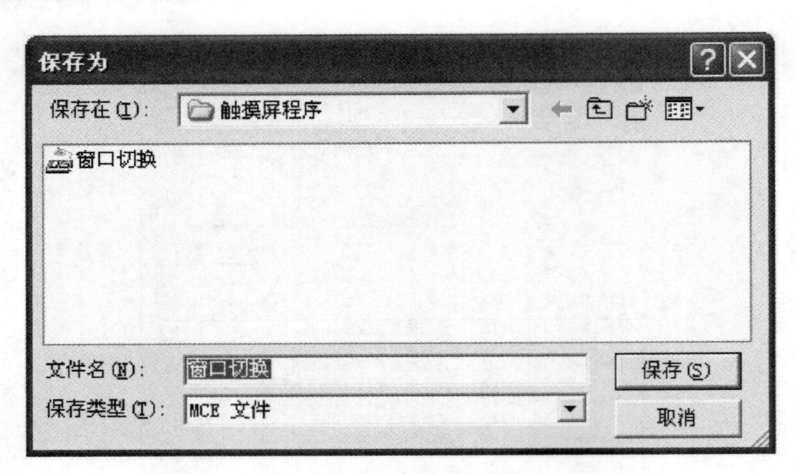

图 9-27 保存设置

(2) 分别在用户中创建窗口 1、窗口 2 和窗口 3；把窗口 1 设置为启动窗口，如图 9-28、图 9-29 所示。

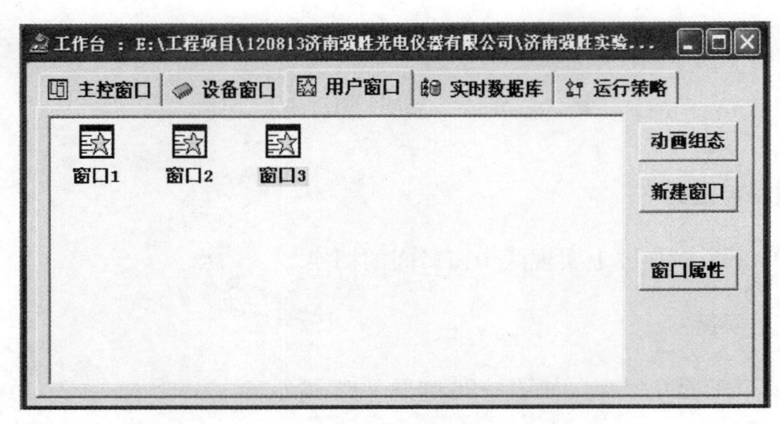

图 9-28 创建窗口

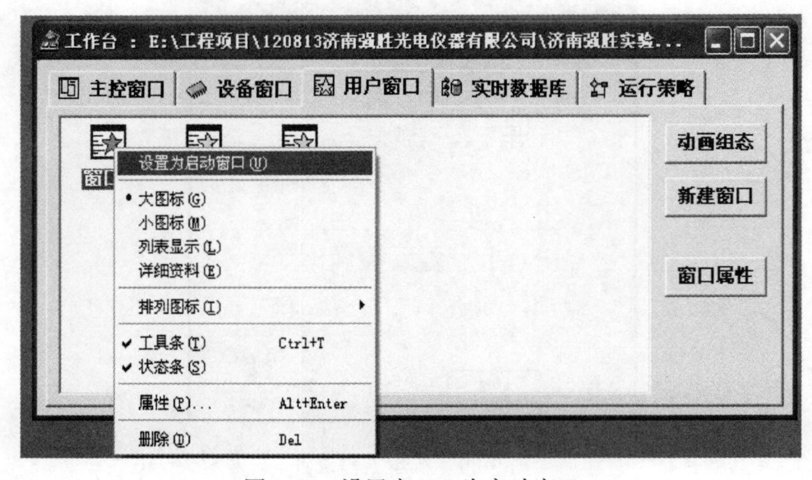

图 9-29 设置窗口 1 为启动窗口

（3）窗口1上放置三个功能键的属性设置，如图9-30和图9-31所示。

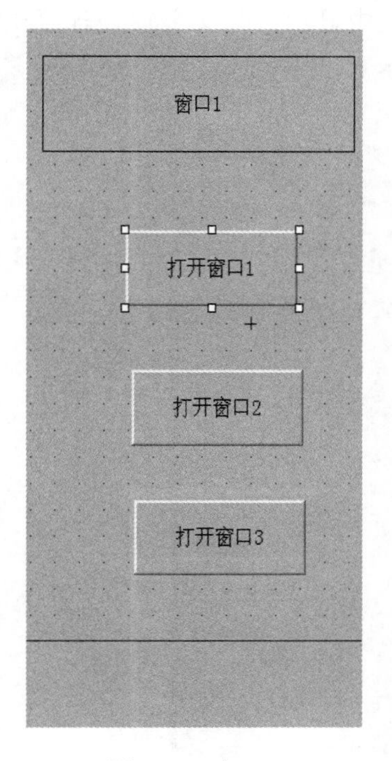

图9-30 窗口1

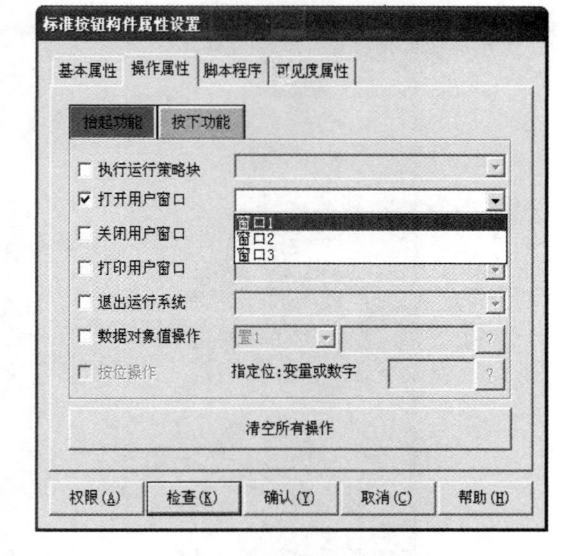

图9-31 设置窗口1的属性

同样设置按钮打开窗口2和打开窗口3。

（4）工程离线模拟首先下载工程，如图9-32所示。

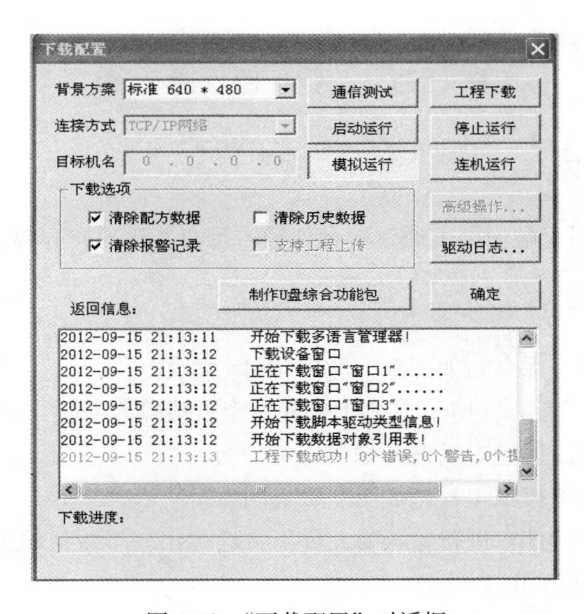

图9-32 “下载配置”对话框

按下启动运行按钮即可。

（5）窗口 2 和基本窗口 3。（比如用文本元件要在窗口中显示一些文字）。编辑完之后我们对工程进行保存然后编译，进行离线模拟如图 9-33 所示。

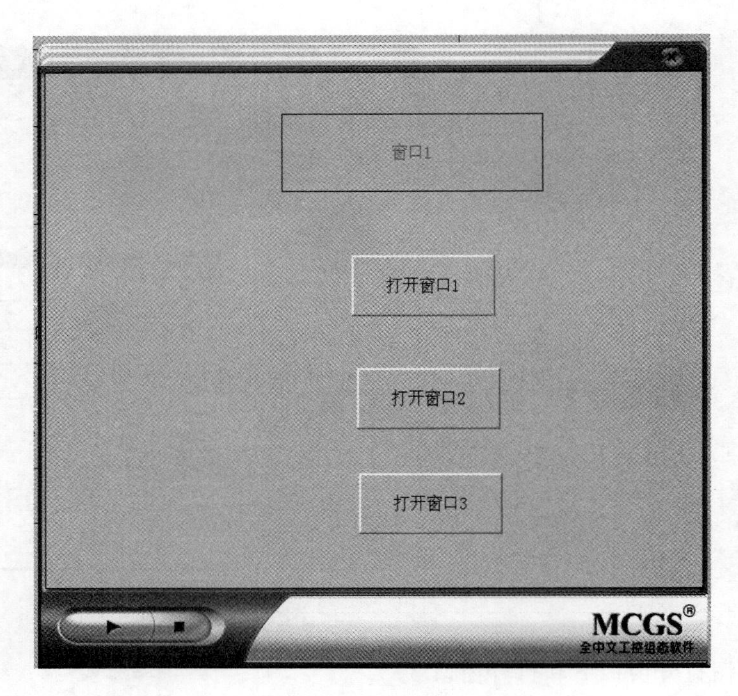

图 9-33　离线模拟

▶任务三　数　值　输　入

9.3.1　项目与任务

学习在 TPC 7062KX 触摸屏上通过一数值输入键盘实现对寄存器的写入操作。

9.3.2　任务实施

（1）新建一个工程并保存，如图 9-34 和图 9-35 所示。

（2）在用户窗口上创建窗口 0，在其上创建一个数值输入元件，如图 9-36 所示。

（3）双击输入框弹出属性对话框，如图 9-37 所示。

（4）存盘编译并离线模拟工程，如图 9-38 所示。

（5）单击数值输入元件，进行输入时元件下方会弹出一个数值输入键盘，输入完成后键盘自动消失，如图 9-39 所示。

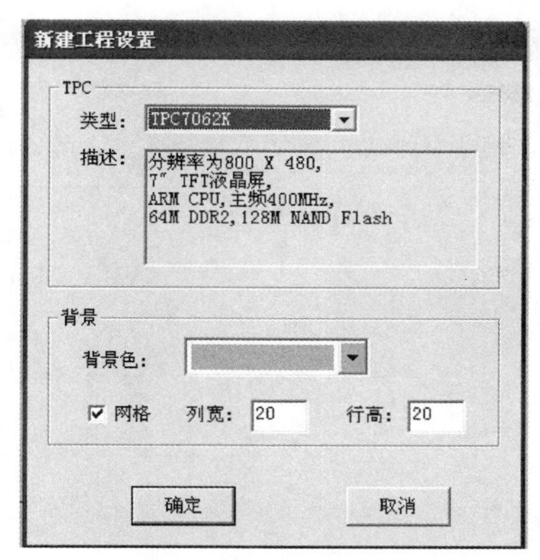

图 9-34 新建工程

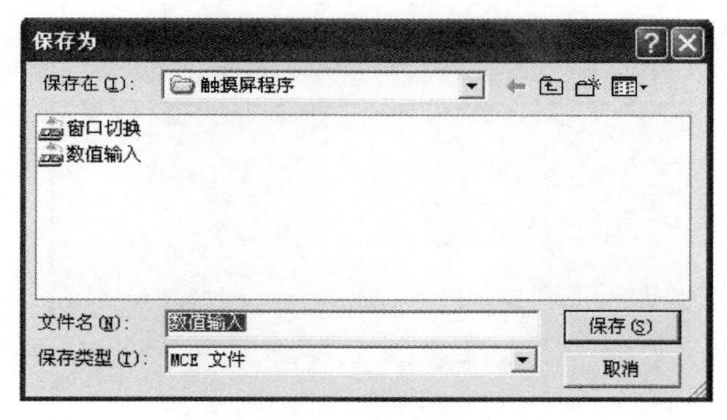

图 9-35 保存相关设置

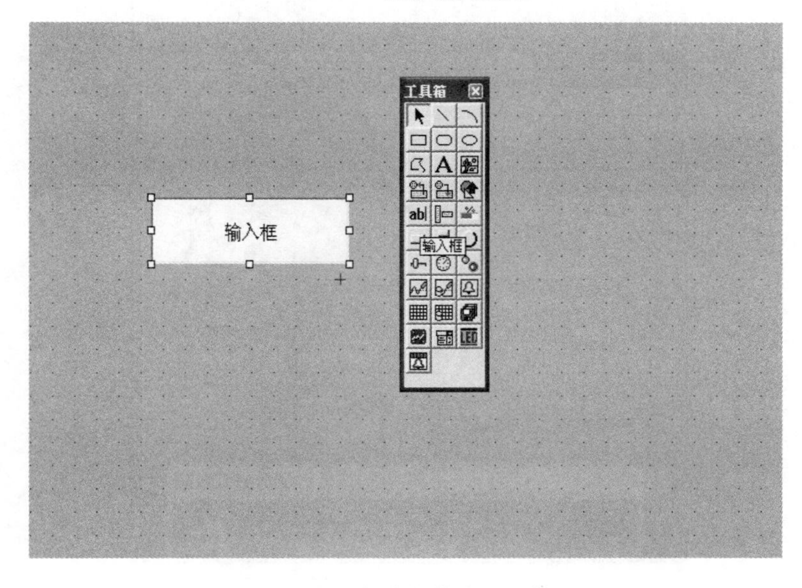

图 9-36 创建数值输入 π 件

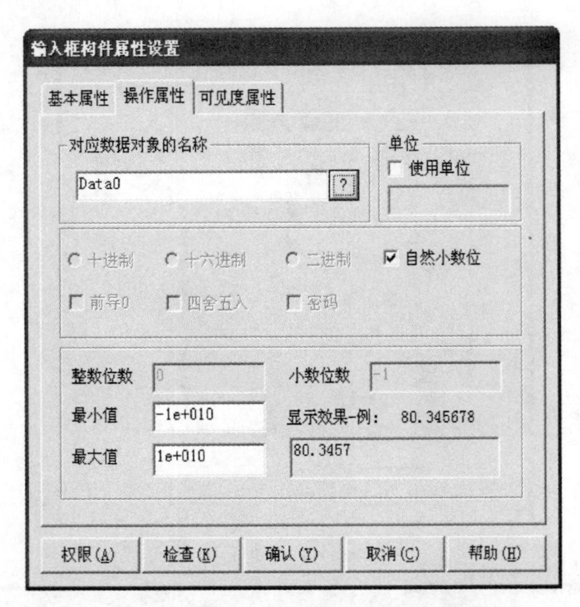

图 9-37　弹出属性对话框

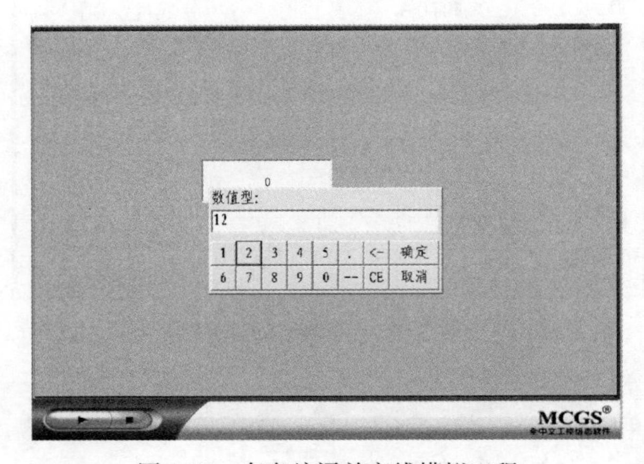

图 9-38　存盘编译并离线模拟工程

图 9-39　输入数值

▶ 任务四 画面制作及与 PLC 寄存器间的数据连接

9.4.1 项目与任务

在 TPC 7062KX 触摸屏上画面的制作和触摸屏与 PLC 寄存器间的数据连接。

9.4.2 任务实施

(1) 新建一个工程并保存，如图 9-40 和图 9-41 所示。

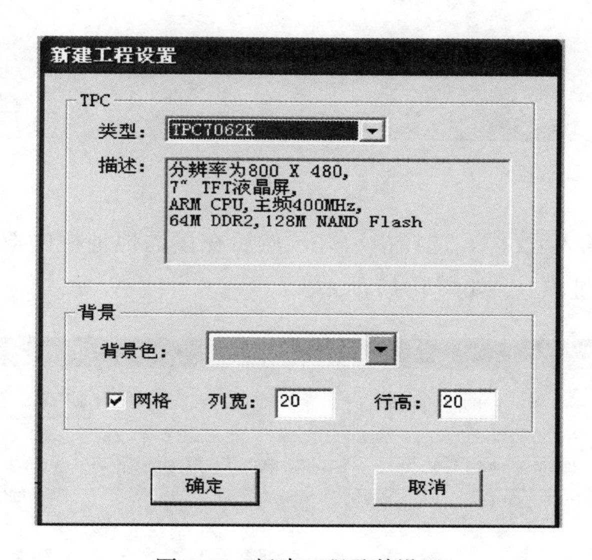

图 9-40 新建工程及其设置

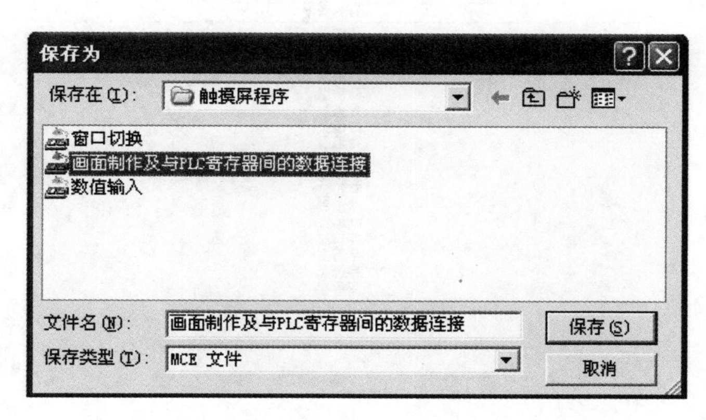

图 9-41 保存及其设置

(2) 创建用户窗口 0，在其上面创建文本元件的方法如图 9-42 所示，创建画面中所需的文本。

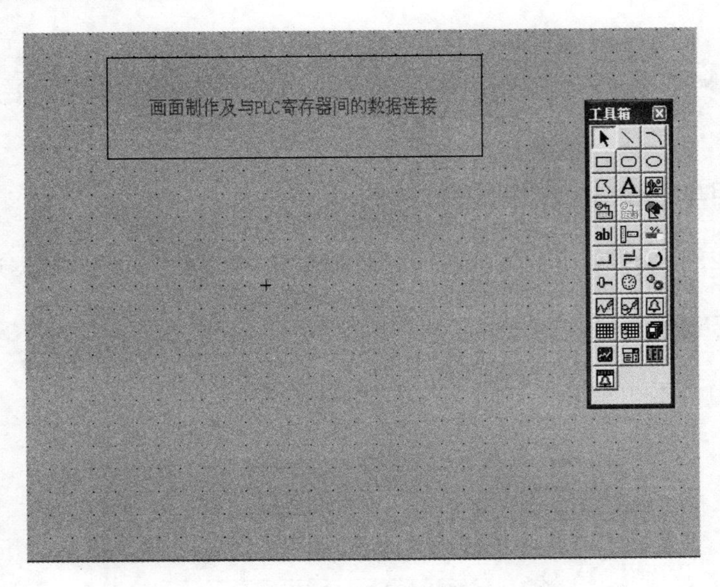

图 9-42　创建文本

（3）右键单击“插入元件”，选择指示灯，然后在读取地址栏中双击元件，设备类型选取 M 寄存器，设备地址填 0。如图 9-43 所示。

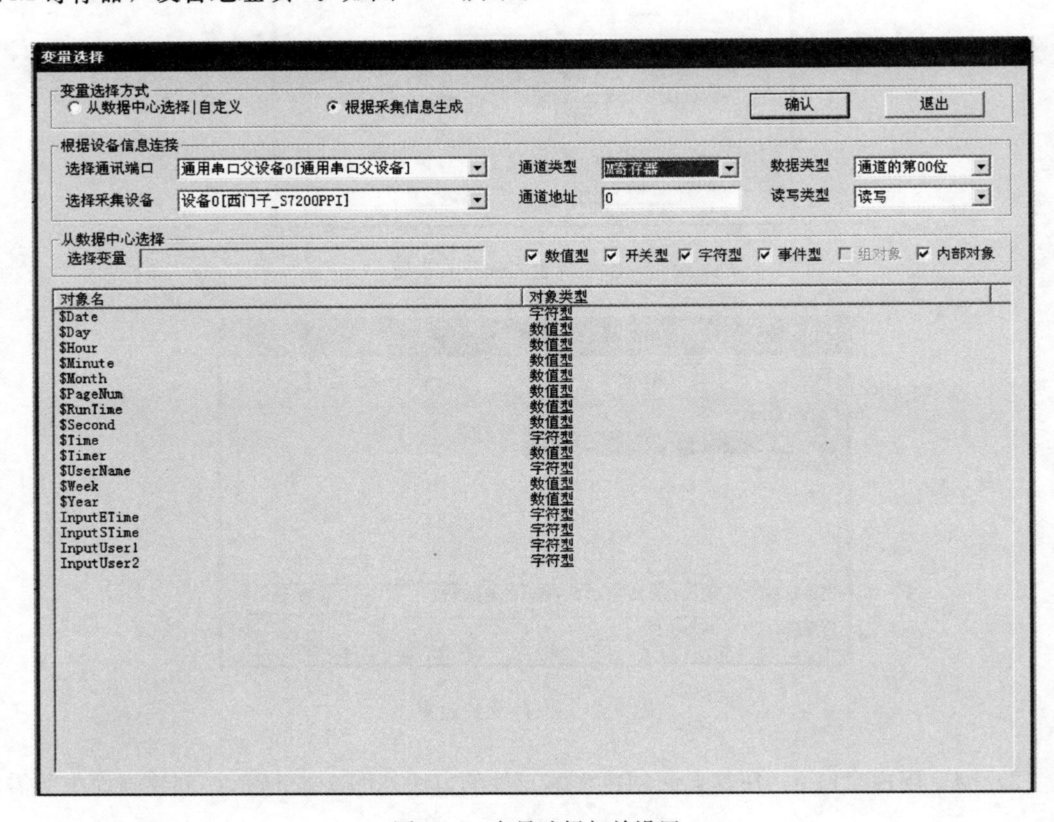

图 9-43　变量选择相关设置

（4）创建数值按钮元件，在读取地址栏设备类型选取 M 寄存器，设备地址填 0，如图 9-44 所示。

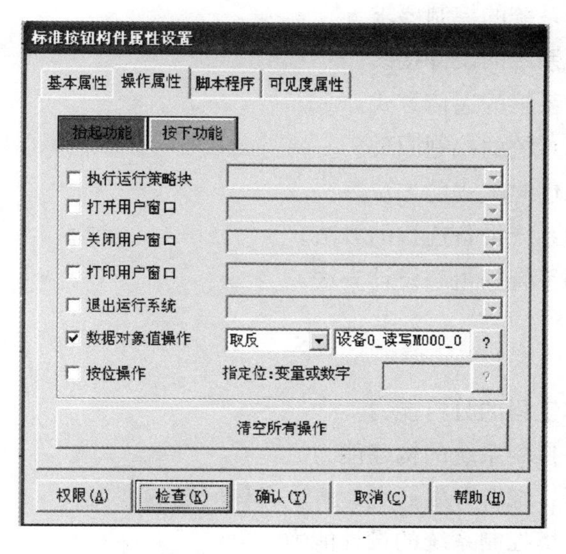

图 9-44 “标准按钮构件属性设置”对话框

（5）最终画面如图 9-45 所示。

图 9-45 最终画面

（6）对工程进行保存和编译，然后进行离线模拟。

▶ 任务五 基于西门子 S7-200 PLC 的灯塔控制系统

9.5.1 项目与任务

在 TPC 7062KX 触摸屏上画面的制作基于西门子 S7-200 PLC 的灯塔控制系统。

1. 知识目标

（1）掌握灯塔控制系统的控制要求。
（2）掌握灯塔控制系统的硬件接线。
（3）掌握灯塔控制系统的通信方式。
（4）掌握灯塔控制系统的控制原理。
（5）掌握使用组态创建工程的方法。
（6）掌握灯塔控制系统设备连接的方法。
（7）掌握灯塔控制系统的组态设计方法。

2. 能力目标

（1）初步具备简单工程的分析能力。
（2）初步具备灯塔控制系统的构建能力。
（3）增强独立分析、综合开发研究、解决具体问题的能力。
（4）初步具备对灯塔控制系统的设计能力。
（5）初步具备灯塔控制系统的分析能力。
（6）初步具备灯塔控制系统的组态能力。
（7）初步具备灯塔控制系统的统调能力。

9.5.2 任务实施

1. 分析灯塔控制系统的控制要求

在某一灯塔上有九盏灯，其布局如图 9-46 所示，灯塔进行发射型闪烁，按下启动按钮后，灯 L1 亮 2s 后灭，接着灯 L2、L3、L4、L5 亮 2s 后灭，接着灯 L6、L7、L8、L9 亮 2s 后灭，接着 L1 又亮 2s 后灭，如此循环。按下“停止”按钮时，灯塔的灯全部熄灭。

使用组态软件完成灯塔的监控系统设计，灯塔控制系统设置有模式选择开关 SA，当选择开关“关闭”时，灯塔为 PLC 手动操作方式；当选择开关“打开”时，灯塔为组态王自动操作方式。

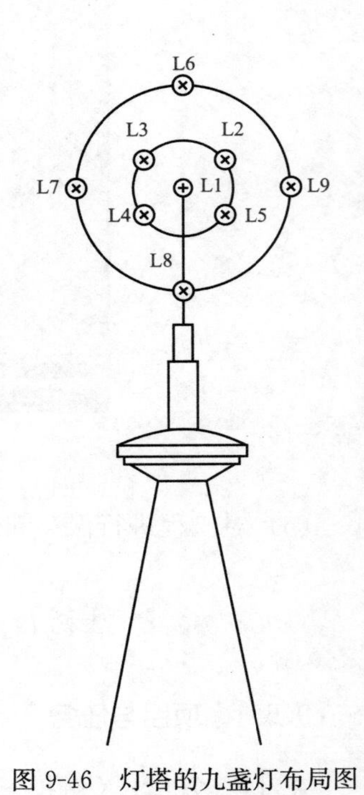

图 9-46 灯塔的九盏灯布局图

2. 灯塔控制系统接线图

灯塔控制系统接线时，L、N 接 220V 交流电，PLC 的输入及输出使用直流 24V 电源供电，灯 L2、L3、L4、L5 并联接在直流电源 24V 的负极和 PLC 输出点 Q0.1 之间，灯 L6、

L7、L8、L9 并联接在直流电源 24V 的负极和 PLC 输出点 Q0.2 之间，灯塔控制系统接线如图 9-47 所示。

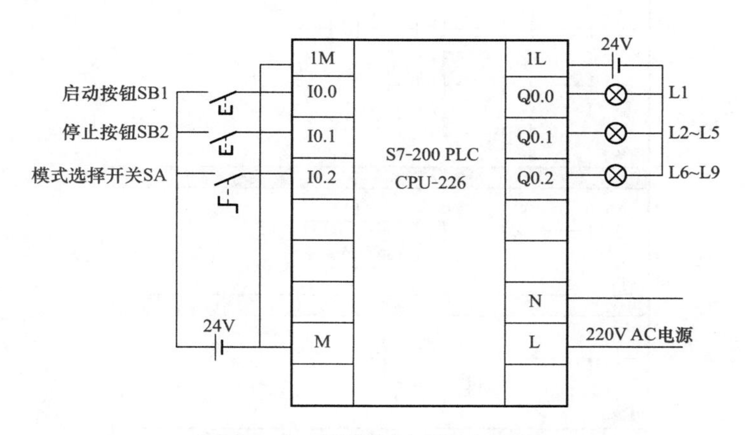

图 9-47 灯塔控制系统连接图

3. 灯塔控制系统的控制原理

根据灯塔控制系统的控制要求，该系统设置了 PLC 手动操作和组态王自动操作两种模式。

当模式选择开关“SA”对应的端口 I0.2 断开时，实现 PLC 手动操作；当 I0.0 接通时，系统启动运行；当 I0.1 接通时，系统停止运行。

当模式选择开关“SA”对应的端口 I0.2 接通时，实现组态王自动操作；当在组态王画面上单击启动按钮“SB1”，M1.0 接通时，系统启动运行；当单击停止按钮“SB2”，M1.1 接通时，系统停止运行。

每一组灯亮的时间分别由定时器 T37、T38、T39 控制，时间设置为 2s。

4. 灯塔控制系统的 PLC 控制程序

灯塔控制系统的 PLC 控制程序梯形图设计如图 9-48 所示。

5. 灯塔控制系统的组态

灯塔控制系统的组态图如图 9-49 所示。

6. 系统调试

（1）按照灯塔控制系统外部接线图接好线，将程序输入 PLC 中并运行。

（2）断开模式选择开关“SA”，按下启动按钮“SB1”，观察 PLC 的运行情况。将看到灯塔中的灯 L1 亮 2s 后灭，然后灯 L2、L3、L4、L5 亮 2s 后灭，灯 L6、L7、L8、L9 亮 2s 后灭，灯 L1 又亮 2s 后灭，如此循环运行。

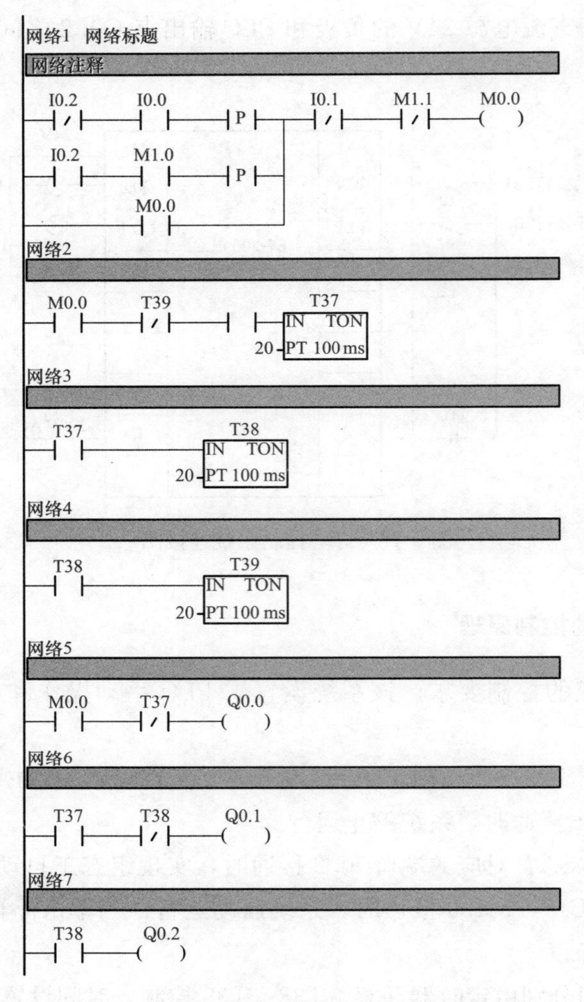

图 9-48　灯塔控制系统的 PLC 控制程序梯形图

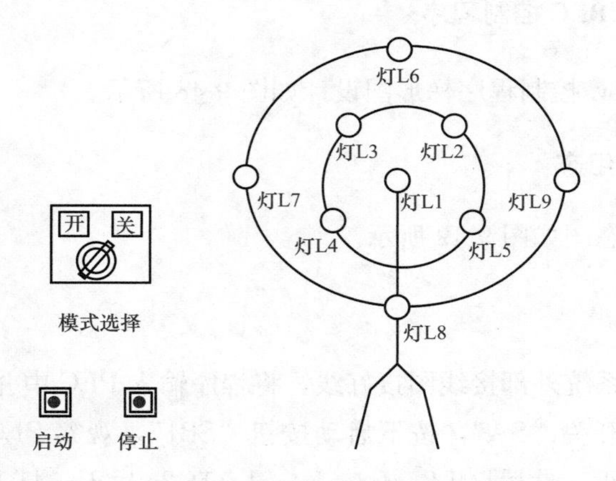

图 9-49　灯塔控制系统的组态图

(3) 将模式选择开关“SA”打开，在画面中点击启动按钮“SB1”，观察组态画面的运行情况。将看到灯塔中的灯L1亮2s后灭，然后灯L2、L3、L4、L5亮2s后灭，灯L6、L7、L8、L9亮2s后灭，L1又亮2s后灭，如此循环运行，当按下停止按钮“SB2”时，系统将停止运行。

▶ 任务六　基于西门子S7-200 PLC的抢答器控制系统

9.6.1　项目与任务

在TPC 7062KX触摸屏上画面的制作基于西门子S7-200 PLC的抢答器控制系统。

1. 知识目标

(1) 掌握抢答器控制系统的控制要求。
(2) 掌握抢答器控制系统的硬件接线。
(3) 掌握抢答器控制系统的通信方式。
(4) 掌握抢答器控制系统的控制原理。
(5) 掌握使用组态创建工程的方法。
(6) 掌握抢答器控制系统设备的连接方法。
(7) 掌握抢答器控制系统的组态设计方法。

2. 能力目标

(1) 初步具备简单工程的分析能力。
(2) 初步具备抢答器控制系统的构建能力。
(3) 增强独立分析、综合开发研究、解决具体问题的能力。
(4) 初步具备对抢答器控制系统的设计能力。
(5) 初步具备抢答器控制系统的分析能力。
(6) 初步具备抢答器控制系统的组态能力。
(7) 初步具备抢答器控制系统的统调能力。

9.6.2　任务实施

1. 抢答器控制系统的控制要求

设计四组抢答器控制及监控系统，具体要求如下：一个四组抢答器，任一组抢先按下按钮后，显示器（七段数码管）能及时显示该组的编号并使蜂鸣器发出响声，同时锁住抢答器，使其他组按下按钮无效。

2. 抢答器控制系统接线图

抢答器控制系统接线时，L、N 接 220V 交流电，PLC 的输入及输出使用直流 24V 电源供电。在 PLC 输出的 Q0.0 端接了一个直流 24V 的蜂鸣器，七段数码管采用共阴极接法，即直流 24V 电源负极接数码管的公共端，数码管字段 a 至字段 g 通过电阻分别接在 PLC 输出的 Q0.1 至 Q0.7 端，PLC 输出的公共端 1M、2M 并接在直流 24V 的电源负极。如图 9-50 所示。

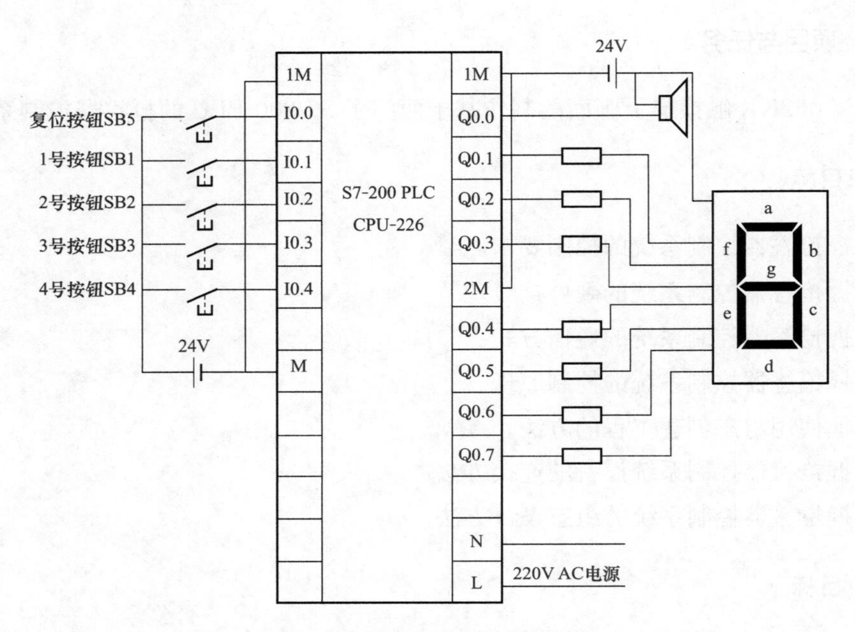

图 9-50　抢答器控制系统接线图

3. 抢答器控制系统的控制原理

在设计抢答器控制系统的梯形图时，注意每个按钮的“自锁”及“互锁”关系，对于“1 号按钮 SB1”，中间继电器 M0.1 实现“自锁”，M0.2、M0.3、M0.4 实现“互锁”，该系统显示器采用七段数码管，按下各按钮时，通过分别点亮七段数码管相应的字段，从而组合出需要的数字。例如，当按下 1 号按钮“SB1”时，接通 PLC 的输出端 Q0.2 和 Q0.3，即点亮字段 b 和字段 c，组合出数字 1。

4. 抢答器控制系统的 PLC 控制程序

抢答器控制系统的 PLC 控制程序如图 9-51 所示。

5. 抢答器控制系统的组态

抢答器控制系统的组态如图 9-52 所示。

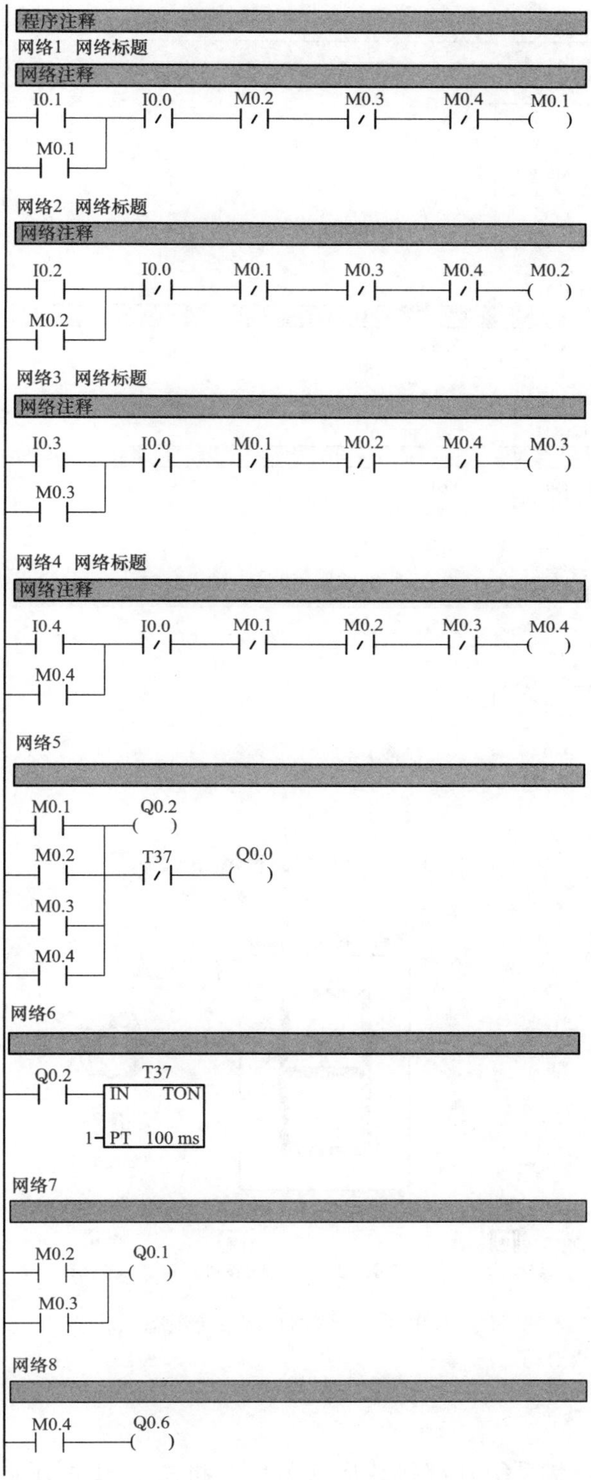

程序注释

网络1 网络标题

网络注释

I0.1 I0.0 M0.2 M0.3 M0.4 M0.1

M0.1

网络2 网络标题

网络注释

I0.2 I0.0 M0.1 M0.3 M0.4 M0.2

M0.2

网络3 网络标题

网络注释

I0.3 I0.0 M0.1 M0.2 M0.4 M0.3

M0.3

网络4 网络标题

网络注释

I0.4 I0.0 M0.1 M0.2 M0.3 M0.4

M0.4

网络5

M0.1 Q0.2

M0.2 T37 Q0.0

M0.3

M0.4

网络6

Q0.2 T37

IN TON

1 PT 100 ms

网络7

M0.2 Q0.1

M0.3

网络8

M0.4 Q0.6

图 9-51 PLC 控制程序图（一）

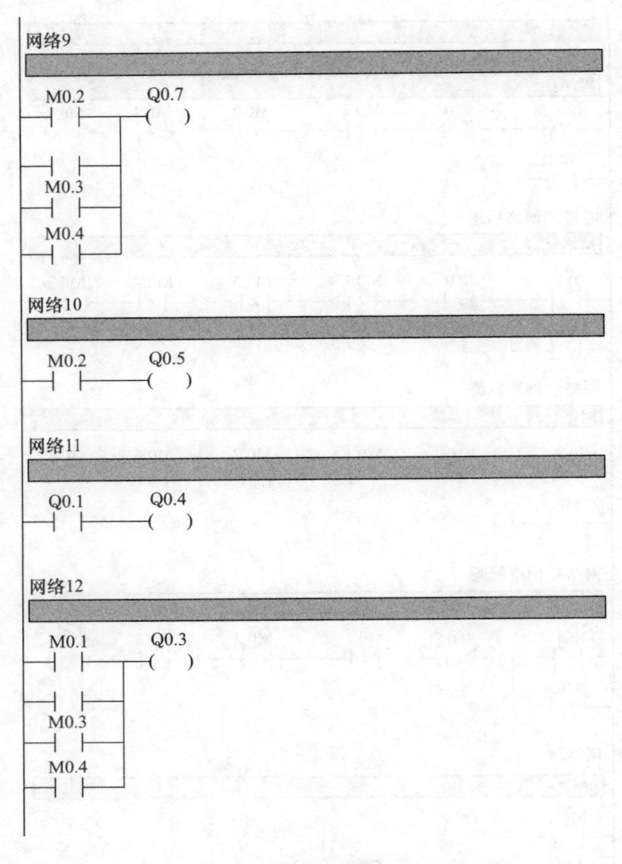

图 9-51　PLC 控制程序图（二）

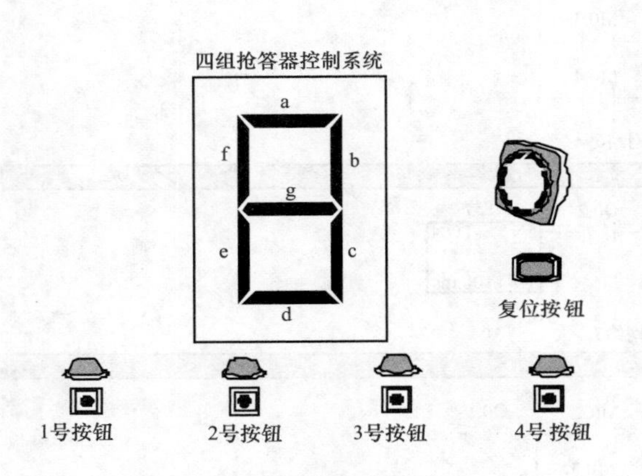

图 9-52　抢答器控制系统组态

6. 系统调试

(1) 按照抢答器控制系统外部接线图接好线，将图 9-51 所示的程序输入 PLC 中并运行。

(2) 按下 1 号按钮 "SB1"，观察 PLC 的运行情况，七段数码管应显示数字 "1"，即字段 b、字段 c 点亮，按下 2 号按钮 "SB2"、3 号按钮 "SB3"、4 号按钮 "SB4"，观察 PLC 的运行情况，七段数码管应显示数字 "1" 不变；若按下复位按钮 "SB5"，系统将停止运行。

(3) 分别按下抢答器系统硬件 1 号按钮 "SB1"、2 号按钮 "SB2"、3 号按钮 "SB3"、4 号按钮 "SB4"，观察组态画面中对应的 1 号按钮、2 号按钮、3 号按钮、4 号按钮的颜色是否呈绿色。

(4) 抢答器系统在运行过程中，观察组态画面中七段数码管运行是否正常，是否与实际的数码管运行一致。

▶ 任务七　基于西门子 S7-200 PLC 的电动门控制系统

本实训介绍电动门控制系统的组态过程，详细讲解如何应用 MCGS 组态软件完成一个工程。本样例工程中涉及到动画制作、控制流程的编写、变量设计、定时器构件的使用等多项组态操作。结合工程实例，对 MCGS 组态软件的组态过程、操作方法和实现功能等环节进行全面的讲解，使学生对 MCGS 组态软件的内容、工作方法和操作步骤在短时间内有一个总体的认识。

工程最终效果图如图 9-53 所示。

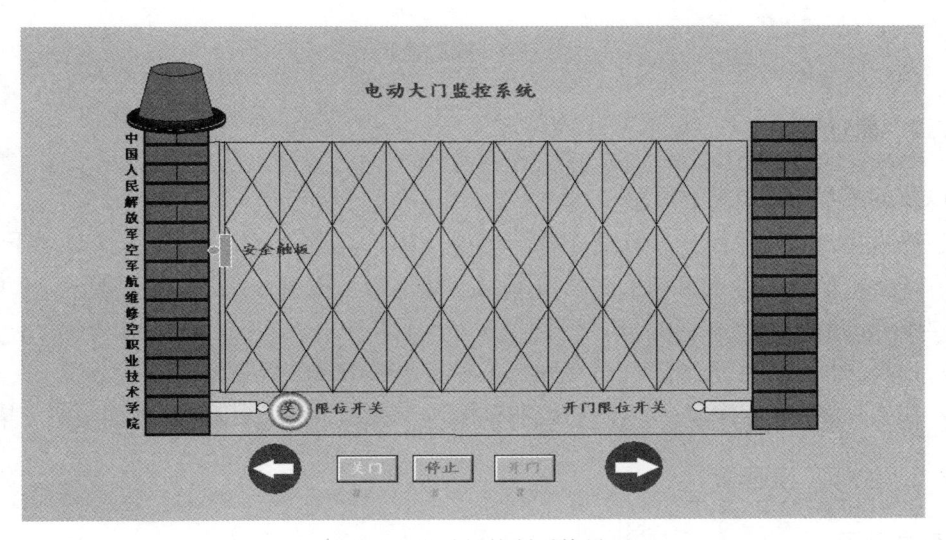

图 9-53　电动门控制系统界面

9.7.1　工程分析

在开始组态工程之前，先对该工程进行剖析，以便从整体上把握工程的结构、流程、需实现的功能及如何实现这些功能。

工程框架：

（1）1 个用户窗口：电动门控制系统。

（2）定时器构件的使用。

（3）3 个策略：启动策略、退出策略、循环策略。

数据对象如图 9-54 所示。

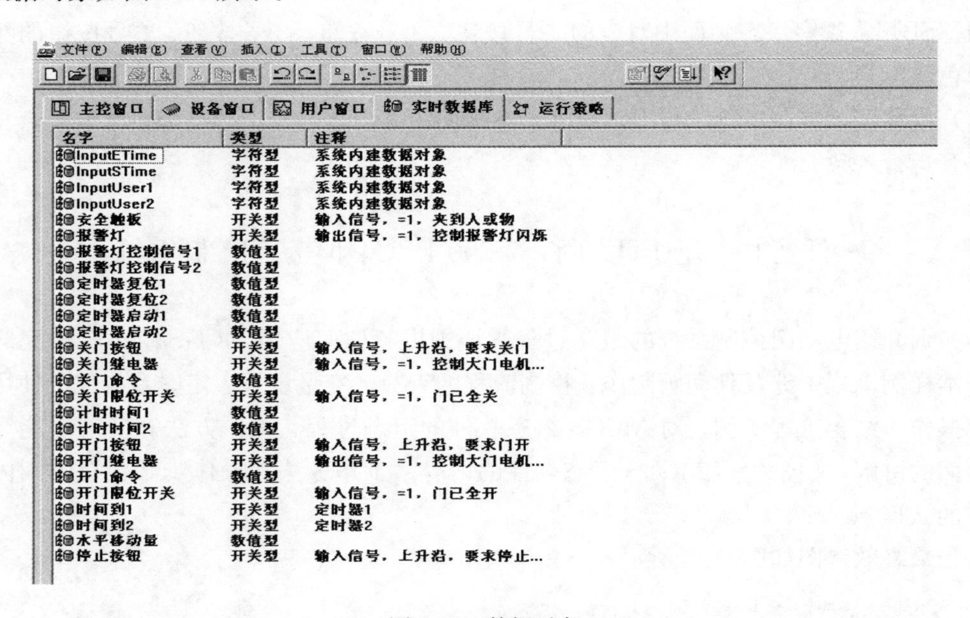

名字	类型	注释
InputETime	字符型	系统内建数据对象
InputSTime	字符型	系统内建数据对象
InputUser1	字符型	系统内建数据对象
InputUser2	字符型	系统内建数据对象
安全触板	开关型	输入信号，=1，夹到人或物
报警灯	开关型	输出信号，=1，控制报警灯闪烁
报警灯控制信号1	数值型	
报警灯控制信号2	数值型	
定时器复位1	数值型	
定时器复位2	数值型	
定时器启动1	数值型	
定时器启动2	数值型	
关门按钮	开关型	输入信号，上升沿，要求关门
关门继电器	开关型	输入信号，=1，控制大门电机...
关门命令	数值型	
关门限位开关	开关型	输入信号，=1，门已全关
计时时间1	数值型	
计时时间2	数值型	
开门按钮	开关型	输入信号，上升沿，要求门开
开门继电器	开关型	输出信号，=1，控制大门电机...
开门命令	数值型	
开门限位开关	开关型	输入信号，=1，门已全开
时间到1	开关型	定时器1
时间到2	开关型	定时器2
水平移动量	数值型	
停止按钮	开关型	输入信号，上升沿，要求停止...

图 9-54 数据对象

9.7.2 建立工程

可以按如下步骤建立样例工程：

（1）鼠标单击文件菜单中“新建工程”选项，如果 MCGS 安装在 D 盘根目录下，则会在 D:\MCGS\WORK\下自动生成新建工程，默认的工程名为：“新建工程 X.MCG”（X 表示新建工程的顺序号，如：0、1、2 等）

（2）选择文件菜单中的“工程另存为”菜单项，弹出文件保存窗口。

（3）在文件名一栏内输入“电动门控制系统”，单击“保存”按钮，工程创建完毕。

9.7.3 制作工程画面

1. 建立画面

（1）在“用户窗口”中单击“新建窗口”按钮，建立“窗口 0”。

（2）选中“窗口 0”，单击“窗口属性”，进入“用户窗口属性设置”对话框。

（3）将窗口名称改为：电动门控制；窗口标题改为：电动门控制；窗口位置选中“最大化显示”，其他不变，单击“确认”。

（4）在“用户窗口”中，选中“电动门控制”，点击右键，选择下拉菜单中的“设置为启动窗口”选项，将该窗口设置为运行时自动加载的窗口。

2. 编辑画面

选中“电动门控制”窗口图标，单击“动画组态”，进入动画组态窗口，开始编辑画面。

3. 制作文字框图

（1）单击工具条中的“工具箱”按钮，打开绘图工具箱。

（2）选择“工具箱”内的“标签”按钮A，鼠标的光标呈“十字”形，在窗口顶端中心位置拖拽鼠标，根据需要拉出一个一定大小的矩形。

（3）在光标闪烁位置输入文字“电动门控制系统”，按回车键或在窗口任意位置用鼠标单击一下，文字输入完毕。

（4）如果需要修改输入文字，则单击已输入的文字，然后敲回车键就可以进行编辑，也可以单击鼠标右键，弹出下拉菜单，选择“改字符”。

（5）选中文字框，作如下设置：

1）单击（填充色）按钮，设定文字框的背景颜色为：没有填充。

2）单击（线色）按钮，设置文字框的边线颜色为：没有边线。

3）单击（字符字体）按钮，设置文字字体为：宋体；字型为：粗体；大小为：26。

4）单击（字符颜色）按钮，将文字颜色设为：蓝色。

4. 图形的绘制

（1）画地平线。单击绘图工具箱中“画线”工具按钮，挪动鼠标光标，此时呈“十字”形，在窗口适当位置按住鼠标左键并拖曳出一条一定长度的直线。单击“线色”按钮选择：黑色。单击“线型”按钮，选择合适的线型。调整线的位置（按键或按住鼠标拖动↑↓←→）。调整线的长短（按Shift和←→↑↓键，或光标移到一个手柄处，待光标呈“十字”形，沿线长度方向拖动）。调整线的角度（按Shift键，或↑↓←→光标移到一个手柄处，待光标呈“十字”形，向需要的方向拖动）。线的删除与文字删除相同。单击“保存”按钮。

（2）画矩形。单击绘图工具箱中的“矩形”工具按钮，挪动鼠标光标，此时呈“十字”形。在窗口适当位置按住鼠标左键并拖曳出一个一定大小的矩形。单击窗口上方工具栏中的“填充色”按钮，选择：蓝色。单击“线色”按钮，选择：没有边线。调整位置（按键盘的↑↓←→键，或按住鼠标左键拖曳）。调整大小（同时按键盘的Shift键和↑↓←→键中的一个；或移动鼠标，待光标呈横向或纵向或纵向或斜向“双箭头”形，按住左键拖曳）。单击窗口其他任何一个空白地方，结束第1个矩形的编辑。依次画出机械手画面9个矩形部分（7个蓝色，2个红色）。单击“保存”按钮。

（3）画墙体。

1）单击绘图工具箱中的“矩形”工具按钮，挪动鼠标光标，此时呈“十字”形。在窗口适当位置按住鼠标左键并拖出一个砖块大小的矩形。

2）单击窗口上方的工具栏中的“填充色”按钮，选择“红色”。

3）单击“线色”按钮，选择“黑色”。

4）在选中矩形情况下，按 Ctrl＋C 进行复制操作，再按 Ctrl＋V 进行粘贴操作，则出现另一个矩形。

5）在其中一个矩形中画竖线，如图 9-55 所示。

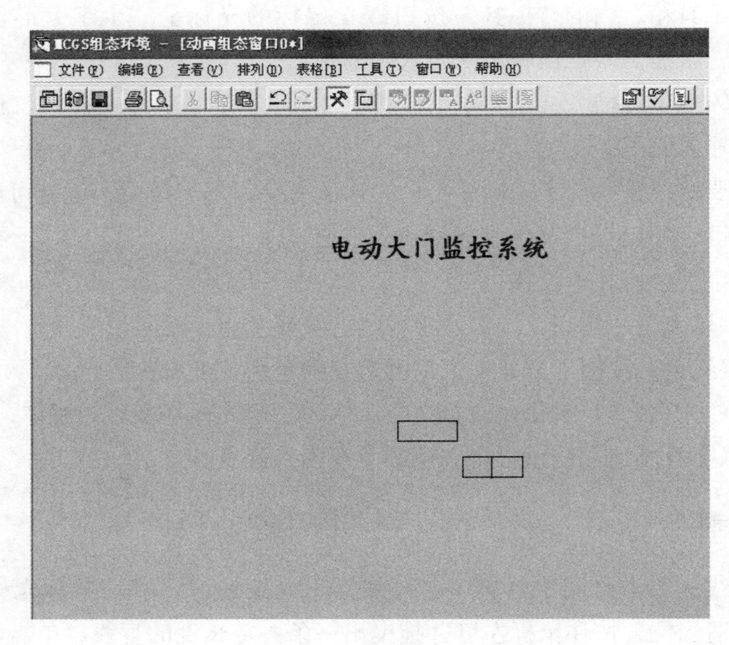

图 9-55　两个砖块

6）将竖线和矩形一起选中，单击“排列”菜单，出现图 9-56 所示下拉菜单，单击“构成图符”，则矩形和其内部的竖线变成了一个整体。选中后矩形和竖线将一起移动。

7）调整两个矩形的位置，使其呈上下排放。为确保砖块整齐，可使用排列菜单的“横向对中”工具，如图 9-57 所示。

8）调整两个砖块垂直方向的距离。使其整齐码放。

9）反复使用复制、粘贴、横向对中等工具，制作出图 9-58 所示砖墙。

10）选中所有砖块，单击排列菜单中的“构成图符”，讲整个砖墙变成一个整体，便于移动。

11）利用复制、粘贴、底边对齐的等工具制作另一面砖墙如图 9-59 所示。

12）单击工具栏“保存”按钮。

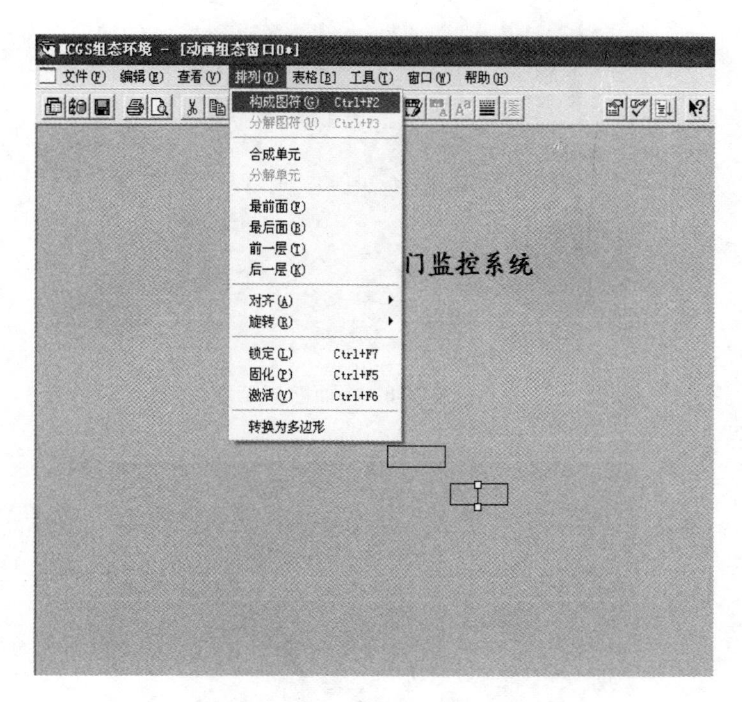

图 9-56　将矩形和竖线构成图符

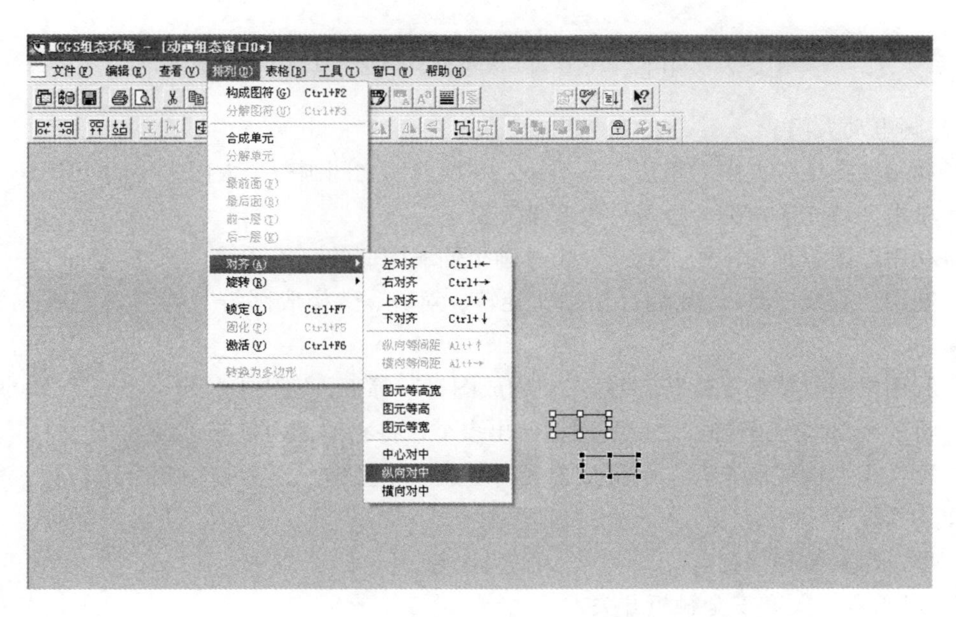

图 9-57　用“横向对中”工具调整砖块位置

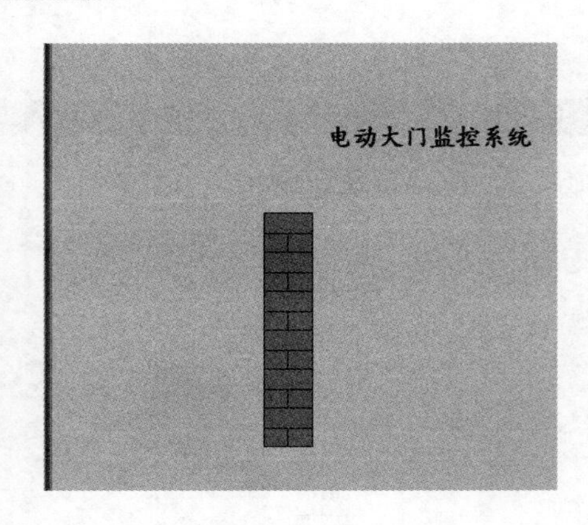

图 9-58　一面墙

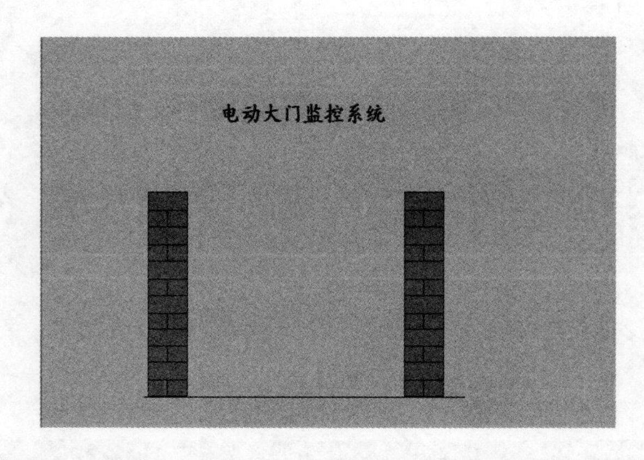

图 9-59　利用“构成图符”和复制、粘贴工具制作另一面墙

（4）画电动大门。

1）利用绘图工具栏中的矩形工具按钮，在两面墙之间画一个大门大小的矩形。

2）单击“填充”按钮，选择“没有填充”。

3）利用绘图工具箱中的“直线”工具画出伸缩门似的一条竖线。

4）利用“直线工具”、复制、粘贴、旋转、对齐、“构成图符”等工具完成一个 X 的制作。

5）利用复制、粘贴、旋转、对齐、“构成图符”等工具完成上、中、下三个 X 的制作。

6）将三个 X 构成图符，之后复制粘贴出多个，将它们排列整齐。

7）再次用“构成图符”工具将整个大门变成一个整体，之后拖动到合适位置，如图 9-60 所示。

8）单击保存按钮保存。

（5）画行程开关和安全触板开关。

打开绘图工具箱中的图库，找不到合适样式的行程开关。只能自己制作。

1）利用矩形和圆形制作一个行程开关，如图 9-61 所示。

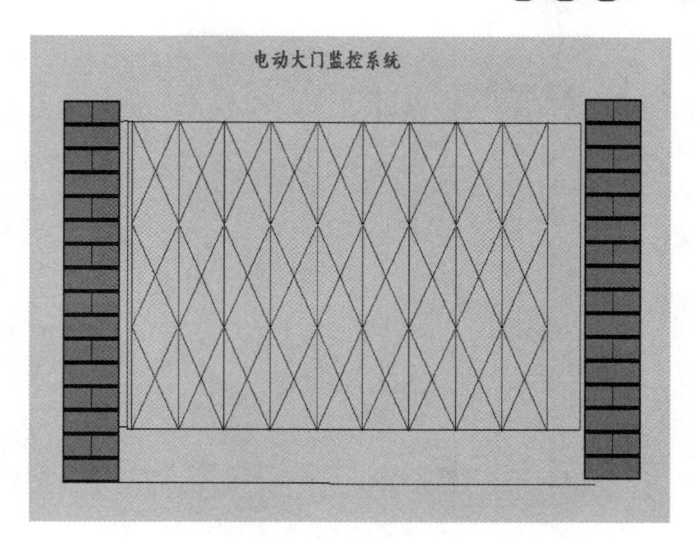

图 9-60 制作完成的大门

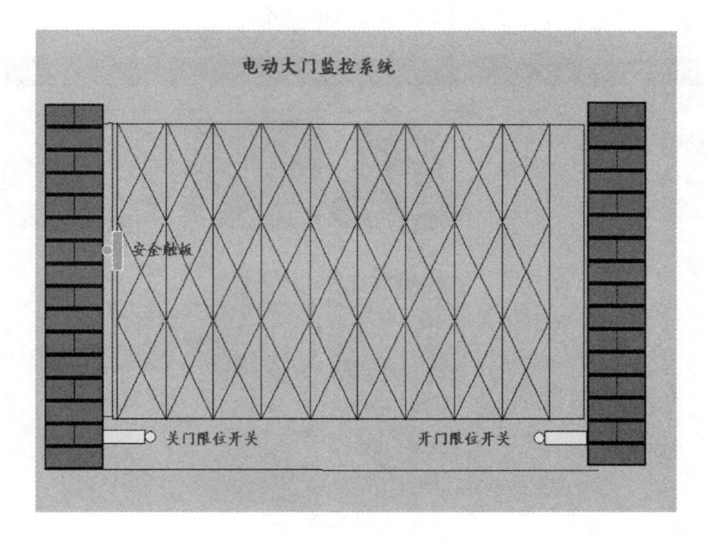

图 9-61 制作完成的行程开关

2）利用“构成图符”工具将矩形和圆形变成一个整体。

3）利用复制、粘贴和其他方法制作其他两个传感器，并将它们拖到合适的位置。

4）在每个行程开关旁边写注释文字，并将行程开关和对应的注释构成图符。

（6）画轮子和报警灯。

1）利用绘图工具箱中的“常用符号”工具中的“三维圆环”制作轮子，如图 9-62 所示。

2）调整轮子的大小和位置。

3）利用绘图工具箱中的插入元件插入指示灯，将指示灯 1 插入画面中，如图 9-63 所示。

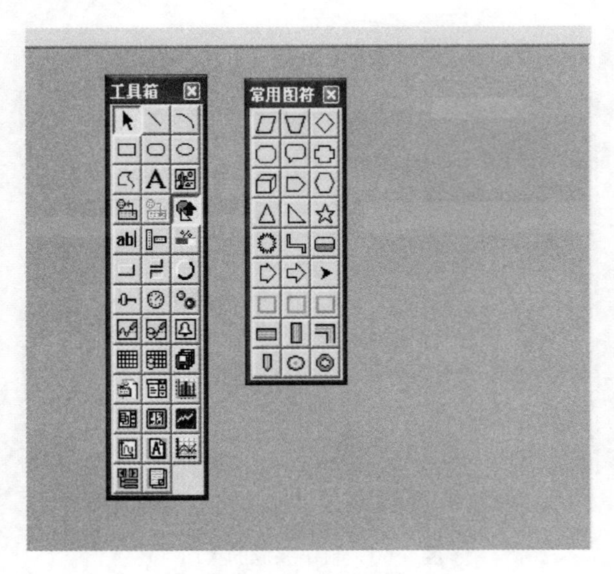

图 9-62　三维圆环

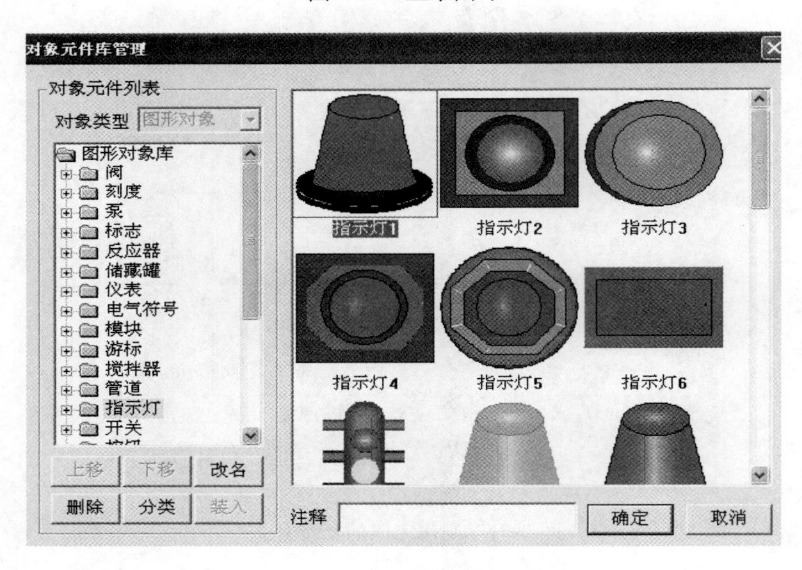

图 9-63　指示灯 1

4）对指示灯进行缩放，并将它们拖到合适的位置，如图 9-64 所示。

（7）画按钮。

1）单击工具栏中的“标准按钮”工具，在画面中画出一定大小的按钮。

2）调整其大小和位置。

3）鼠标双击该按钮，弹出“标准按钮构件属性设置”窗口，将“按钮标题”改为“开门”，如图 9-65 所示。

4）在“基本属性”页面进行其他设置：“标题颜色”为黑色，“标题字体为隶书、规则、四号，”水平对齐为中对齐，垂直对齐为中对齐，“按钮类型”为标准 3D 按钮。

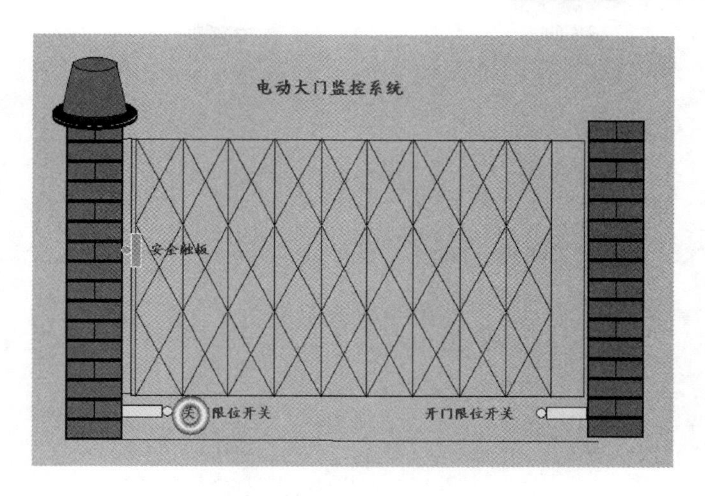

图 9-64 缩放指示灯并移到合适的位置

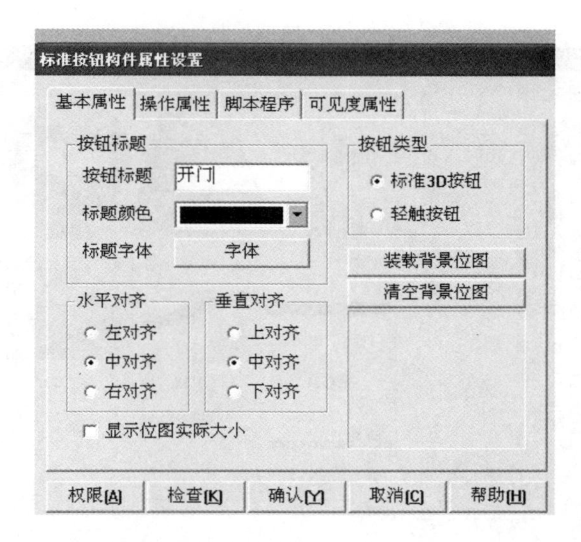

图 9-65 “标准按钮构件属性设置”窗口

5）单击“确认”按钮。

6）对画好的按钮进行两次复制、粘贴，调整新按钮的位置。

7）将另外两个按钮的“按钮标题”分别改为“关门”和“停止”。

8）调整位置后的画面如图 9-66 所示。

9）单击工具栏中的“保存”按钮。

（8）画状态指示灯。

1）利用绘图工具箱中的“插入元件”，选择标志 30，如图 9-67 所示，在画面中添加右箭头。

2）调整其大小和位置。

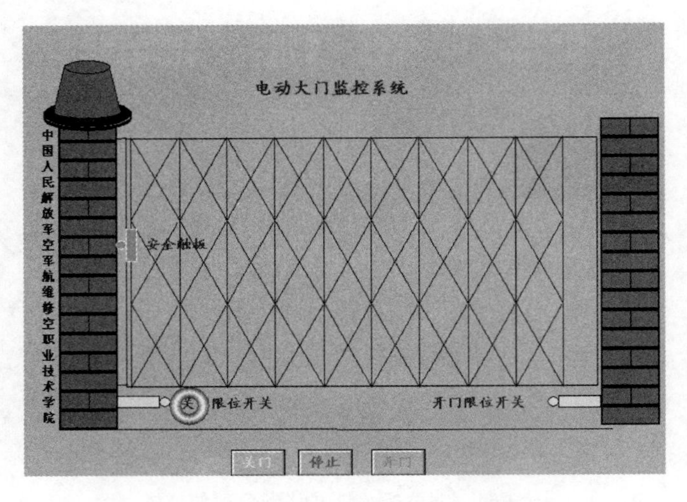

图 9-66　添加按钮后的电动大门画面

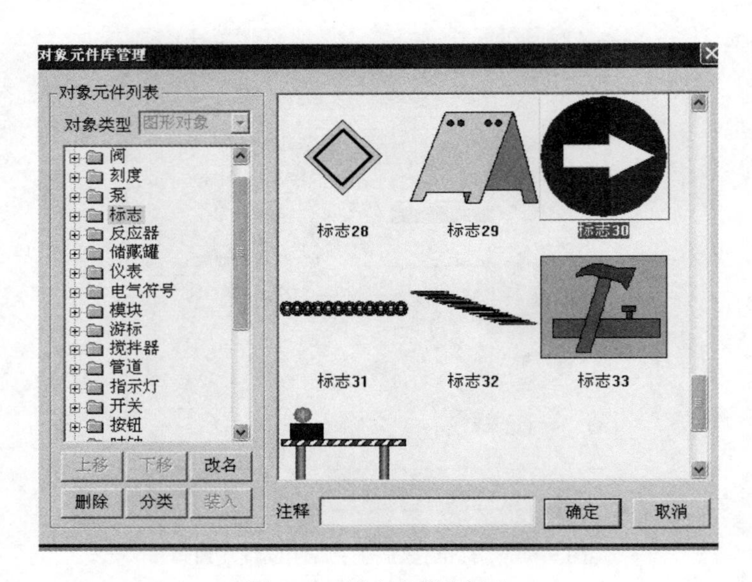

图 9-67　插入右箭头标志

3）利用复制、粘贴工具，复制一个右箭头。

4）利用旋转左右镜像工具，将右箭头变为左箭头。

5）调整左箭头的位置，利用对齐工具对齐左右箭头和三个按钮，制作好的画面如图 9-68 所示。

9.7.4　定义数据对象

前面我们已经讲过，实时数据库是 MCGS 工程的数据交换和数据处理中心。数据对象是构成实时数据库的基本单元，建立实时数据库的过程也就是定义数据对象的过程。

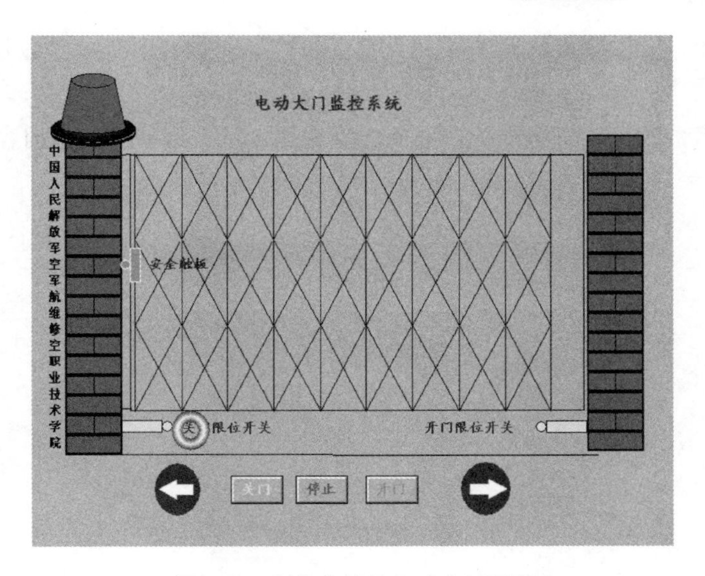

图 9-68 制作完成的电动大门画面

定义数据对象的内容主要包括：

(1) 指定数据变量的名称、类型、初始值和数值范围。

(2) 确定与数据变量存盘相关的参数，如存盘的周期、存盘的时间范围和保存期限等。

在开始定义之前，我们先对所有数据对象进行分析。在本样例工程中需要用到以下数据对象，如图 9-69 所示。

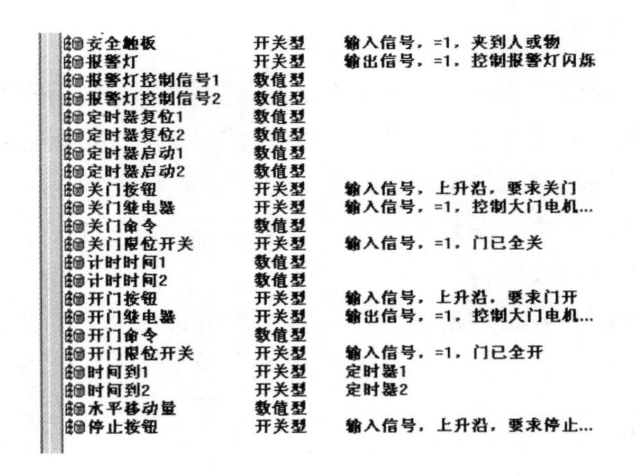

安全触板	开关型	输入信号，=1，夹到人或物
报警灯	开关型	输出信号，=1，控制报警灯闪烁
报警灯控制信号1	数值型	
报警灯控制信号2	数值型	
定时器复位1	数值型	
定时器复位2	数值型	
定时器启动1	数值型	
定时器启动2	数值型	
关门按钮	开关型	输入信号，上升沿，要求关门
关门继电器	开关型	输入信号，=1，控制大门电机...
关门命令	数值型	
关门限位开关	开关型	输入信号，=1，门已全关
计时时间1	数值型	
计时时间2	数值型	
开门按钮	开关型	输入信号，上升沿，要求门开
开门继电器	开关型	输出信号，=1，控制大门电机...
开门命令	数值型	
开门限位开关	开关型	输入信号，=1，门已全开
时间到1	开关型	定时器1
时间到2	开关型	定时器2
水平移动量	数值型	
停止按钮	开关型	输入信号，上升沿，要求停止...

图 9-69 数据对象图

下面以数据对象“安全触板”为例，介绍一下定义数据对象的步骤：

(1) 单击工作台中的“实时数据库”窗口标签，进入实时数据库窗口页。

(2) 单击“新增对象”按钮，在窗口的数据对象列表中，增加新的数据对象，系统缺省定义的名称为“Data1”“Data2”“Data3”等（多次单击该按钮，则可增加多个数据对象）。

(3) 选中对象，按“对象属性”按钮，或双击选中对象，则打开“数据对象属性设置”窗口。

(4) 将对象名称改为：安全触板；对象类型选择：开关型；在对象内容注释输入框内输入：“输入信号，=1，夹到人或物”，如图 9-70 所示。单击“确认”。

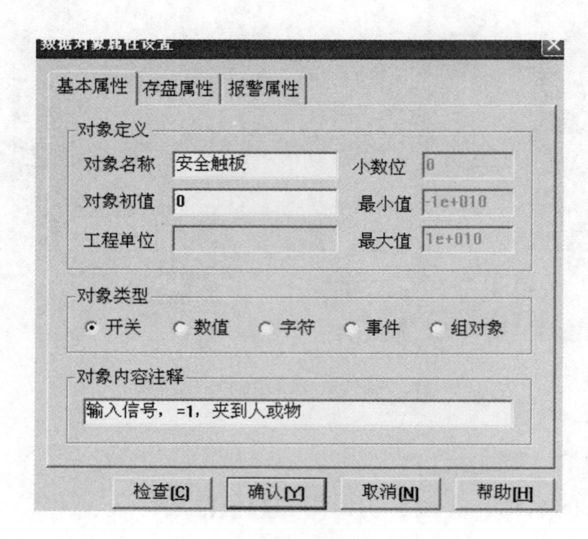

图 9-70　数据参量的设置

按照此步骤，根据上面列表，设置其他 21 个数据对象。

9.7.5　动画连接与调试

由图形对象搭制而成的图形画面是静止不动的，需要对这些图形对象进行动画设计，真实地描述外界对象的状态变化，达到过程实时监控的目的。MCGS 实现图形动画设计的主要方法是将用户窗口中图形对象与实时数据库中的数据对象建立相关性连接，并设置相应的动画属性。在系统运行过程中，图形对象的外观和状态特征，由数据对象的实时采集值驱动，从而实现了图形的动画效果。

本样例中需要制作动画效果的部分包括：按钮的开停及指示灯的变化、机械手的动画效果。

1. 按钮的动画连接

(1) 按钮的动画连接。双击“开门按钮”，弹出“属性设置”窗口，单击“操作属性”选项卡，显示该页，如图 9-71 所示。选中“数据对象值操作”。单击第 1 个下拉列表的“▼”按钮，弹出按钮动作下拉菜单，单击“按 1 松 0”。单击第 2 个下拉列表的“?”按钮，弹出当前用户定义的所有数据对象列表，双击“开门按钮”。用同样的方法建立关门按钮和停止按钮与对应变量之间的动画连接。单击“保存”按钮。

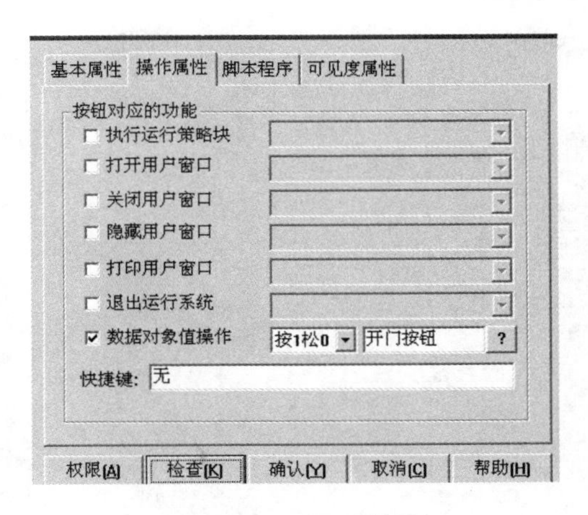

图 9-71 按钮的属性设置

（2）按钮动画连接效果与调试。

1）在“开门”按钮旁边写文字“#”。

2）对文字“#”进行“显示输出”→“数值量输出”动画连接，如图 9-72（a）、（b）所示。

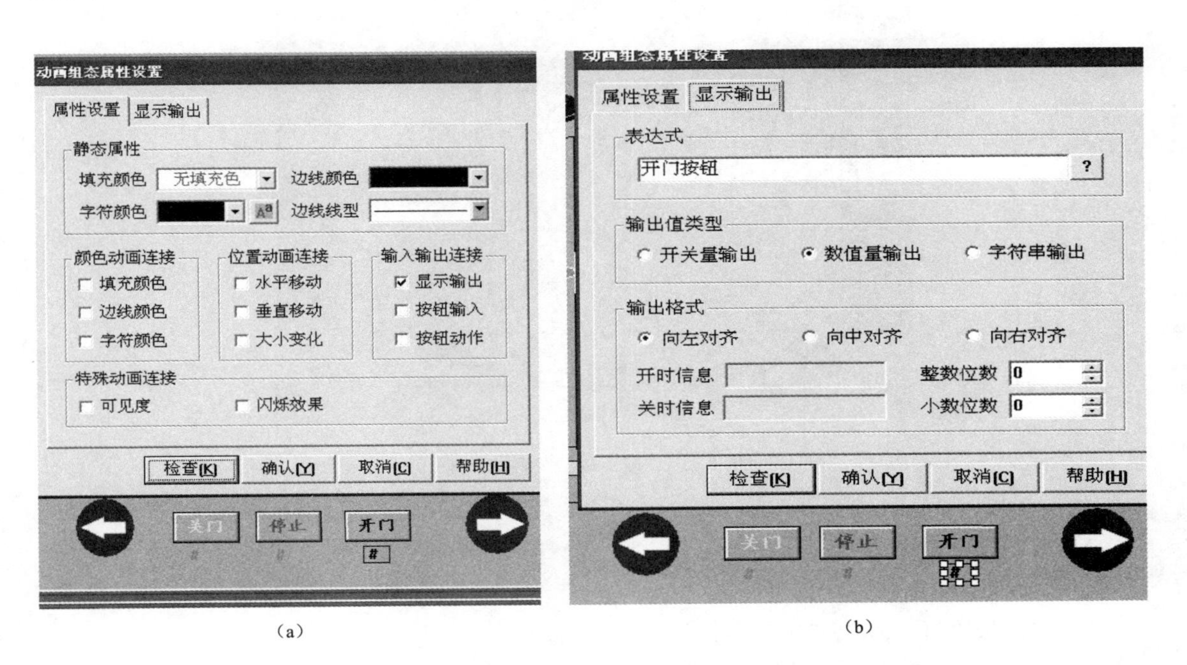

图 9-72 动态属性设置

（a）属性设置；（b）显示输出

3）存盘后进入运行环境。

4）操作“开门”按钮，检查是否为“按 1 松 0”效果，如图 9-73 所示。

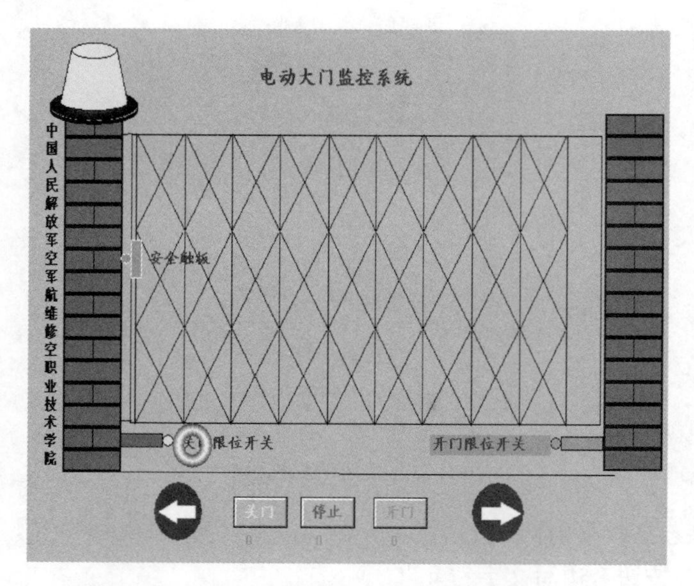

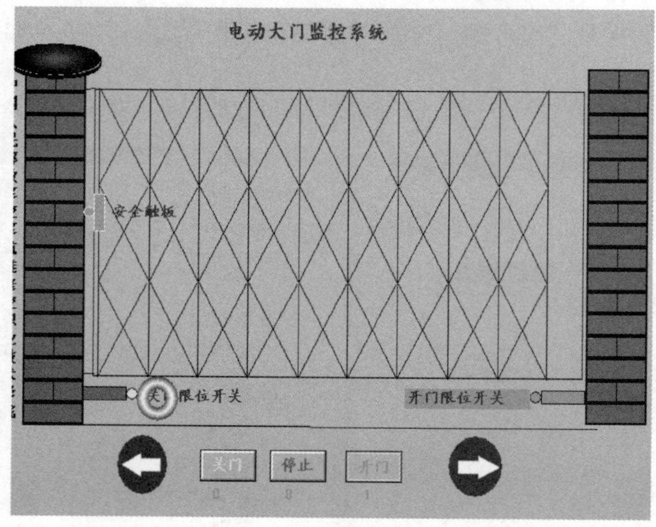

图 9-73 “按 1 松 0”效果观察

5）用同样的方法测试其他按钮。

(3）指示灯的动画。

1）双击报警灯，弹出“单元属性设置”窗口。

2）单击“动画连接选项卡，进入该页，如图 9-74 所示。

3）单击“组合图符”，出现“?”和“>”按钮。

4）单击“>”按钮，弹出“动画组态属性设置”窗口，如图 9-75 所示。

5）进入“属性设置页”，可看到“填充颜色”动画连接项被打钩，如图 9-76 所示。

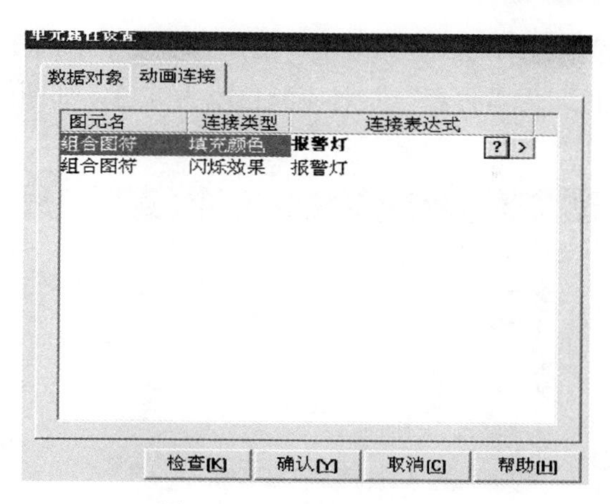

图 9-74 动画连接选项卡

图 9-75 指示灯动画连接

图 9-76 填充颜色选择

6）进入“填充颜色”页，单击“?”按钮，在弹出的菜单中选择报警灯，将“填充颜色连接”中的“0”对应颜色改为黄色；“1”对应颜色改为红色，如图 9-77 所示。

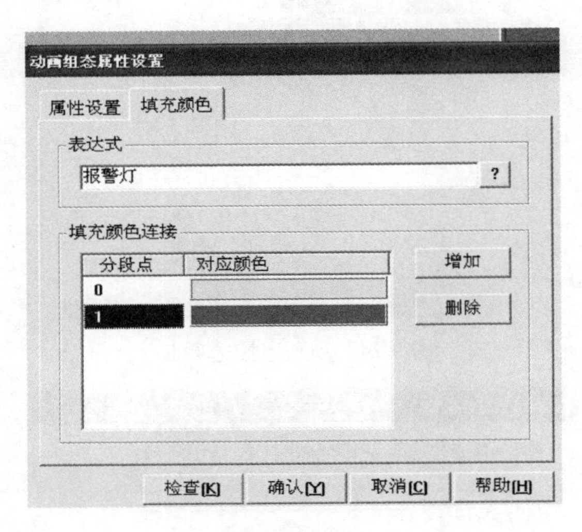

图 9-77　填充颜色对话框

7）为实现报警灯的闪烁效果，还需进入“属性设置页”，选中“闪烁效果”（单击其前小方块，使出现对钩）后，立刻出现闪烁效果页，如图 9-78 所示。

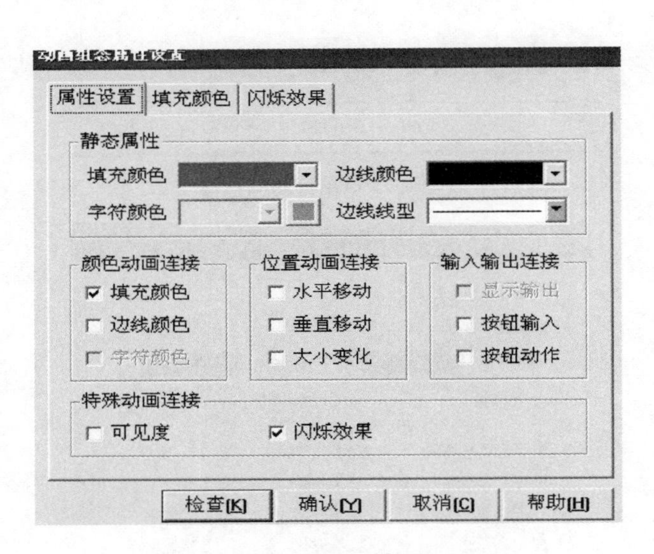

图 9-78　在属性设置页添加闪烁效果

8）单击“闪烁效果”选项卡，进入该页，按照如图 9-79 所示进行设置。

9）单击“确认”按钮，退出“闪烁效果”设置页，单元属性设置页变为图 9-80 所示，意味着报警灯这个组合图符被设置了“填充颜色”和“闪烁效果”两种动画连接。

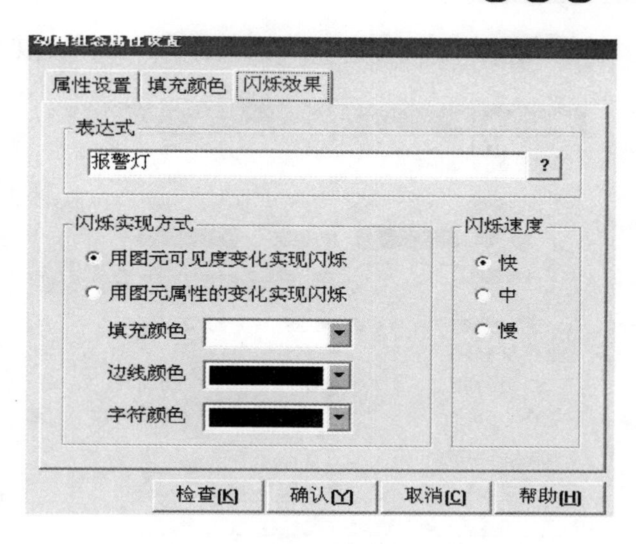

图 9-79　对闪烁效果进行设置

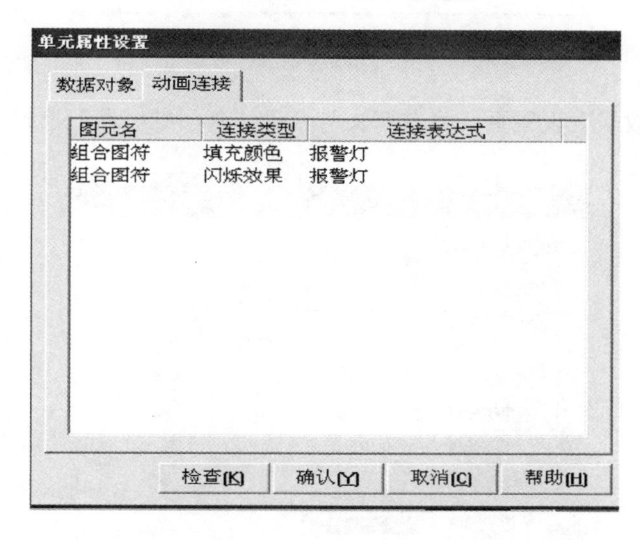

图 9-80　修改后的单元属性设置窗口

10）单击“确认”按钮，退出“单元属性设置”窗口，结束启动指示灯的动画连接。

11）单击“保存”按钮。

（4）指示灯的动画连接效果调试。要在运行环境观察指示灯动画效果，需要指示灯变量能够变化。利用临时创建一个按钮，修改指示灯变量值，以达到观察指示灯填充颜色和闪烁效果的目的。方法如下：

1）在画面中添加一个按钮，命名为“指示灯实验”。

2）对该按钮作“操作属性”→“数据对象值操作”→“取反　报警灯”动画连接。

3）存盘后进入运行环境观察。

（5）左右箭头的动画连接。

1）单击右箭头，弹出“动画组态属性设置”窗口，选择“闪烁效果”，如图 9-81 所示。

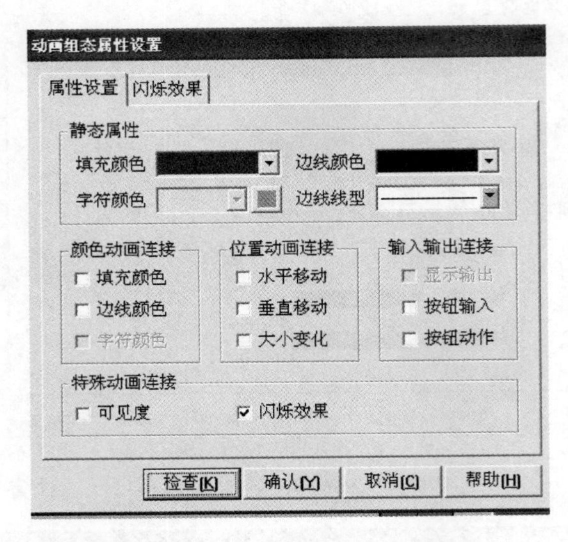

图 9-81　弹出“动画组态属性设置”窗口

2）进入“闪烁效果”设置页，将右箭头与变量“开门继电器”连接，如图 9-82 所示。

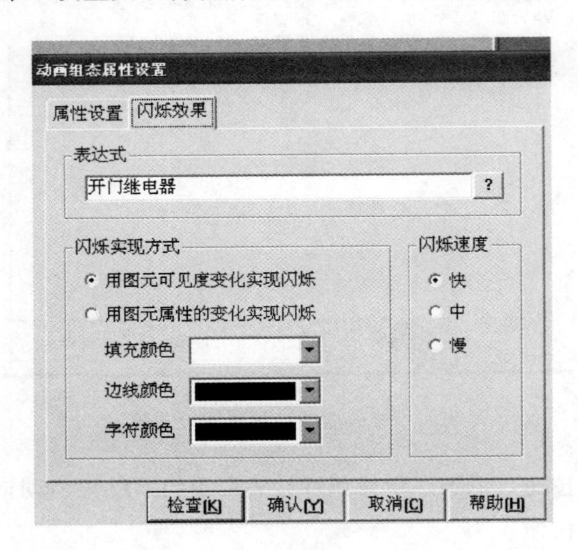

图 9-82　右箭头与变量“开门继电器”进行闪烁连接

3）单击“确认”后，按同样的方法将左箭头进行连接。

4）存盘。

（6）左右箭头的动画连接调试。

1）在画面中添加一个按钮，名为“右箭头实验”。

2）对该按钮作“操作属性”→“数据对象值操作”→“取反开门继电器”动画连接。

3）存盘后进入运行环境观察，正确结果应该是：

刚进入运行环境，“开门继电器”变量=0，右箭头不闪烁。

鼠标单击“右箭头实验”按钮，“开门继电器”变量=1，右箭头闪烁。

再次单击“右箭头实验”按钮，“开门继电器”变量=0，右箭头停止闪烁。

4）用同样的方法测试左箭头。

（7）行程开关的动画连接。

1）双击画面上的“关门限位开关”图标，弹出“动画组态属性设置”窗口，如图9-83所示选择“填充颜色”连接。

2）进入填充颜色页，按图进行设置，如图9-84所示。

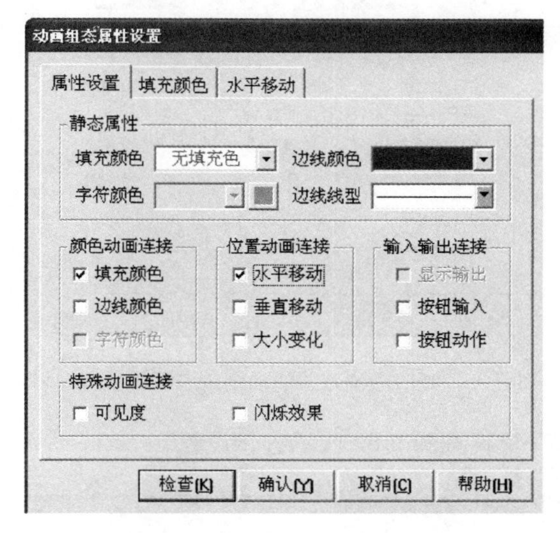

图9-83 “动画组态属性设置”窗口

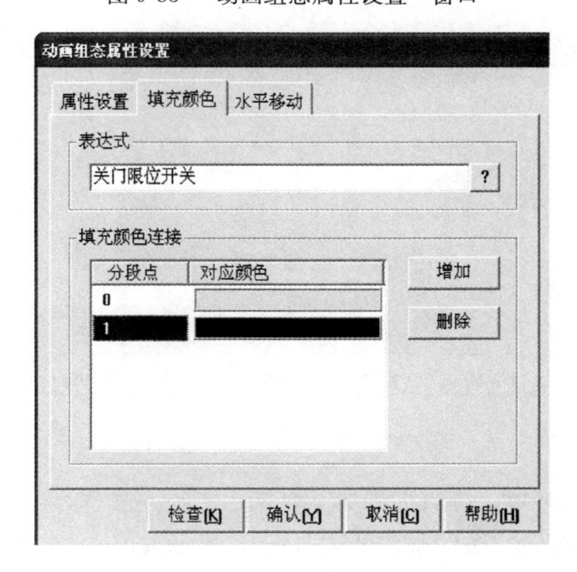

图9-84 关门限位开关的填充颜色动画连接

3）单击“确认”后存盘。

4）用同样的方法进行开门限位开关、安全触板动画连接。

（8）行程开关的动画效果调试。

1）双击“开门限位开关”，弹出组态属性设置窗口，选择“按钮动作”动画连接，如图 9-85 所示。

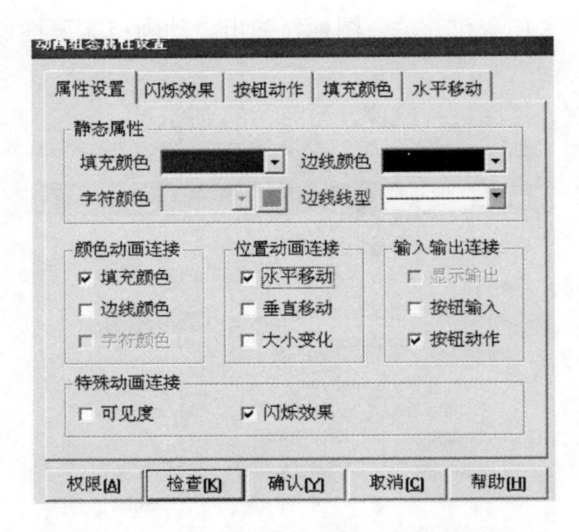

图 9-85　开门限位开关的动画组态属性设置窗口

2）进入“按钮动作”页，按图 9-86 所示进行设置。

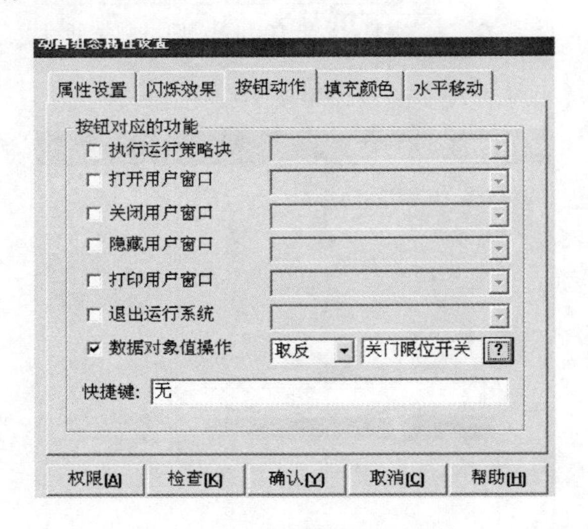

图 9-86　“按钮动作”动画连接

3）存盘，进入运行环境。应贯彻到如下效果：

刚进入运行环境，变量“关门限位开关”＝0，显示黄色。

鼠标单击画面上的“关门限位开关”，变量“关门限位开关”＝1，显示红色。

鼠标再次单击画面上的“关门限位开关”，变量“关门限位开关”=0，显示黄色。

4）用同样的方法调试“开门限位开关”和“安全触板开关”。

以上所有步骤都是动画的连接与调试。

2. 控制程序的编写

（1）添加一个定时器策略。

1）打开工作台进入循环策略，设置循环策略的执行时间为 200ms。

2）在循环策略中添加一个脚本程序和两个定时器，如图 9-87 所示。

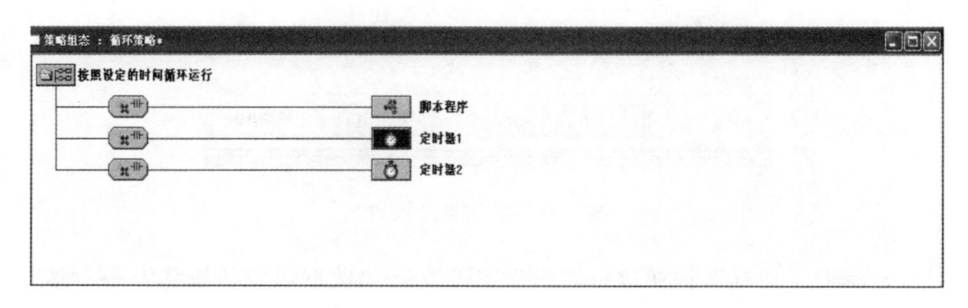

图 9-87 循环策略中添加一个脚本程序和两个定时器

3）双击定时器 1，进入定时器属性设置页，按图所示进行设置，同样方法设置定时器 2，如图 9-88、图 9-89 所示。

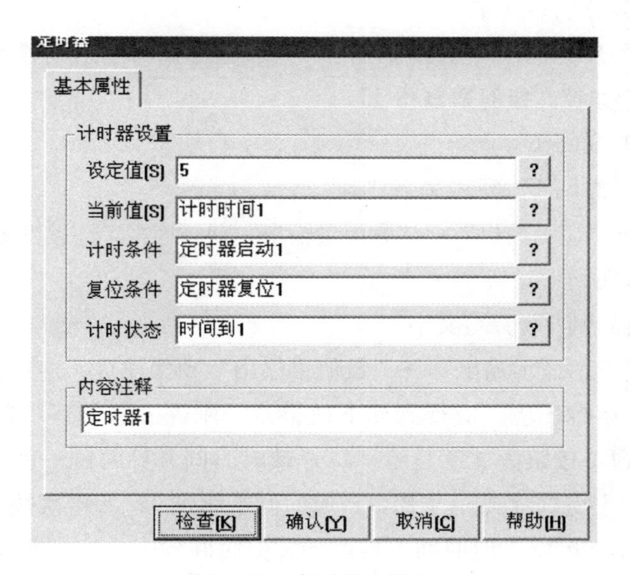

图 9-88 定时器 1 设置

（2）对定时器进行调试。

1）进入“用户窗口”页。

2）在画面中添加两个按钮：“定时器 1 启动”“定时器 1 复位”。

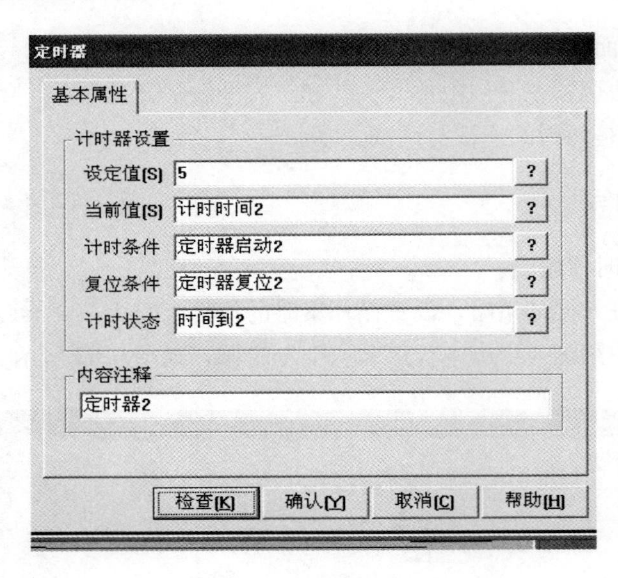

图 9-89　定时器 2 设置

3）对“定时器 1 启动”按钮进行“操作属性”→“数据对象值操作”→“取反定时器启动 1”动画连接。

4）对“定时器 1 复位”按钮进行“操作属性”→“数据对象值操作”→“取反定时器复位 1”动画连接。

5）在两个按钮旁分别写文字“♯”。

6）对连个“♯”号分别作“显示输出”→“数值量输出”动画连接。注意对应连接变量分别为“定时器启动 1”“定时器复位 1”。

7）写文字“计时时间 1”。

8）在文字“计时时间 1”旁写文字“♯”。

9）对“♯”进行“显示输出”→“数值量输出”动画连接，连接变量为“计时时间 1”。

10）写文字“时间到 1”。

11）在文字“时间到 1”旁写文字“♯”。

12）对“♯”进行“显示输出”→“数值量输出”动画连接，连接变量为“时间到 1”。

13）存盘，进入运行环境。应得到如下效果：①刚进入运行环境都显示“0”；②按下“定时器 1 启动”按钮，按钮旁文字显示“1”，计时时间开始每隔一秒自动加 1；③时间超过 5 秒后，“时间到 1”旁文字显示“1”，计时时间继续加 1；④再次按下“定时器 1 启动按钮”，按钮旁文字显示“0”，计时时间不再增加，但时间到旁文字仍显示“1”；⑤再次按下“定时器 1 启动按钮”，按钮旁文字显示“1”，计时时间继续加 1；⑥按下“定时器 1 复位按钮”，按钮旁文字显示“1”，计时时间 1＝0，时间到 1＝0；⑦再次按下“定时器 1 启动按钮”，按钮旁文字显示“1”，但计时时间＝0，时间到＝0；⑧再次按下“定时器 1 复位按钮”，按钮旁文字显示“0”，计时时间开始加 1.5 秒后时间到＝1；⑨出现以上结果，说明定时器设置无误。

同样的方法调试定时器 2。

3. 利用定时器和脚本程序实现电动门的定时控制

（1）脚本程序基本语句。共有四种语句。赋值语句的形式为：数据对象＝表达式。赋值语句用赋值号（“＝”）来表示，它具体的含义是：把“＝”右边表达式的运算值赋给左边的数据对象。赋值号左边必须是能够读写的数据对象，如开关型数据、数值型数据、事件型数据以及能进行写操作的内部数据对象。而组对象、事件型数据、只读的内部数据对象、系统内部函数以及常量，均不能出现在赋值号的左边，因为不能对这些对象进行写操作。

条件语句：条件语句有如下三种形式：

1）If（表达式）Then（赋值语句或退出语句）

2）If（表达式）Then

　　（语句）

EndIf

3）If（表达式）Then

　　（语句）

Else

　　（语句）

EndIf

条件语句中的四个关键字“If”“Then”“Else”“Endif”不分大小写。如拼写不正确，检查程序会提示出错信息。

条件语句允许多级嵌套，即条件语句中可以包含新的条件语句，MCGS 脚本程序的条件语句最多可以有 8 级嵌套，为编制多分支流程的控制程序提供了可能。

“IF”语句的表达式一般为逻辑表达式，也可以是值为数值型的表达式，当表达式的值为非 0 时，条件成立，执行“Then”后的语句，否则，条件不成立，将不执行该条件块中包含的语句，开始执行该条件块后面的语句。值为字符型的表达式不能作为“IF”语句中的表达式。

退出语句：退出语句为“Exit”，用于中断脚本程序的运行，停止执行其后面的语句。一般在条件语句中使用退出语句，以便在某种条件下，停止并退出脚本程序的执行。

（2）回到组态环境，进入循环策略组态窗口。单击工具栏“新增策略行”按钮，在定时器下增加一行新策略。选中策略工具箱的“脚本程序”，光标变为手形。单击新增策略行末端的小方块，脚本程序被加到该策略。双击“脚本程序”策略行末端的方块。出现脚本程序编辑窗口。

输入如下的程序清单：

IF 开门继电器＝1 THEN

```
水平移动量=水平移动量+1
ENDIF
IF 关门继电器=1 THEN
水平移动量=水平移动量-1
ENDIF
IF 开门按钮=1 THEN
开门命令=1
关门命令=0
ENDIF
IF 关门按钮=1 THEN
开门命令=0
关门命令=1
ENDIF
IF 停止按钮=1 THEN
开门命令=0
关门命令=0
ENDIF
IF 开门命令=1 THEN
定时器启动 1=1
定时器复位 1=0
ELSE
定时器启动 1=0
定时器复位 1=1
ENDIF
IF 关门命令=1 THEN
定时器启动 2=1
定时器复位 2=0
ELSE
定时器启动 2=0
定时器复位 2=1
ENDIF
IF 水平移动量=0 THEN
开门限位开关=0
关门限位开关=1
ELSE
```

```
关门限位开关=0
ENDIF
IF 水平移动量=75 THEN
开门限位开关=1
关门限位开关=0
ELSE
开门限位开关=0
ENDIF
IF 时间到 1=1AND 开门限位开关=0 THEN
开门继电器=1
ELSE
开门继电器=0
ENDIF
IF 时间到 2=1AND 关门限位开关=0AND 安全触板=0 THEN
关门继电器=1
ELSE
关门继电器=0
ENDIF
IF 开门命令=1AND 开门限位开关=0 THEN
报警灯控制信号 1=1
ELSE
报警灯控制信号 1=0
ENDIF
IF 安全触板=0AND 关门限位开关=0AND 关门命令=1 THEN
报警灯控制信号 2=1
ELSE
报警灯控制信号 2=0
ENDIF
IF 报警灯控制信号 1=1OR 报警灯控制信号 2=1 THEN
报警灯=1
ELSE
报警灯=0
ENDIF
```

项目十

变频器的应用

▶ 任务一　BOP 操作面板控制变频器运行实验

10.1.1　目的与要求

学习西门子 MM420 变频器的基本操作面板（BOP）的使用。

10.1.2　项目与任务

学习并且掌握西门子 MM420 变频器基本操作面板（BOP）的使用。其面板如图 10-1 所示。

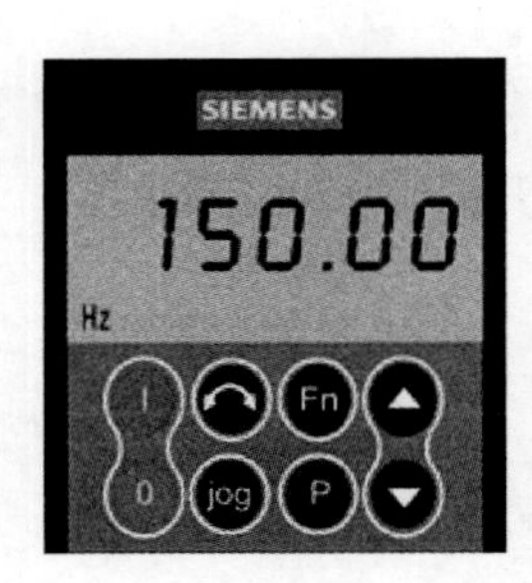

图 10-1　西门子 MM420 变频器基本操作面板

利用面板上的按钮，完成如下几个功能。

（1）启动变频器。

（2）停止变频器，可以两种方式：①按照设定的停车斜坡；②自由停车。

（3）电动机反转。

（4）电动机点动。

（5）参数设定。

10.1.3　任务实施

1. 接线

接线如图 10-2 所示。

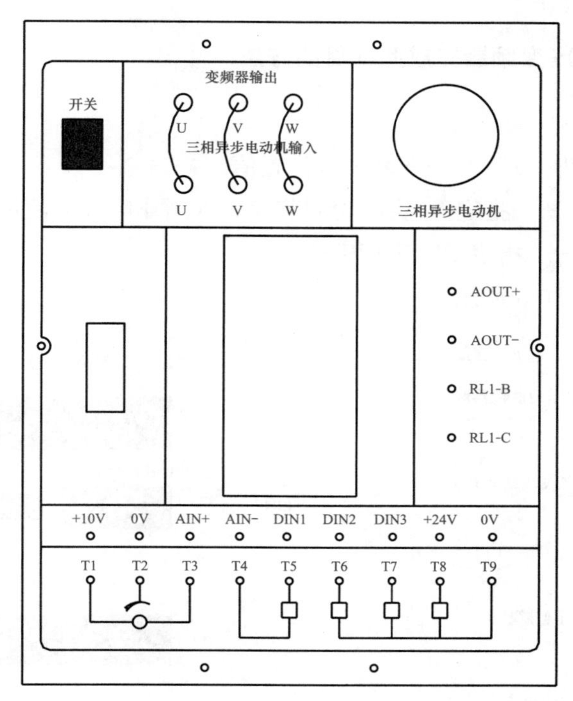

图 10-2 接线图 1

2. 参数设定

在默认状态下，面板上的操作按钮Ⅰ、0、⌒被锁住。要使用该功能，需要把参数P0700 设置为 1，并将 P1000 的参数设为 1。

3. 操作演示

（1）Ⅰ为启动按钮。按下此按钮，可以启动变频器。

（2）0为停止按钮。按此按钮，变频器将按确定好的停车斜坡减速停车。

（3）⌒为反转按钮。按此按钮可以改变电动机方向。

（4）jog为点动按钮。在变频器无输出的情况下，按此按钮，电动机按预定的点动频率运行。

（5）▲为增加数值按钮。按此按钮可以增加变频器输出频率。

（6）▼为减少数值按钮。按此按钮可以减小变频器输出频率。

注意

若变频器出现“A0922：负载消失”报警，该报警是由于电动机功率小的原因造成的，为了能正常完成实验可以将参数 P2179 设为“0”（需要首先把 P0003 设为“3”）。后面实验与此相同。

4. 附三菱 FR-D720S 变频器完成此项目的方法：

（1）参数设置。

1）ALLC/Pr. CL 为“1”——恢复工厂设置值。

2）Pr. 161 为“1”——指定 M 旋钮为调节模式（当作电位器使用）。

3）Pr. 79 为“1”——指定 PU 运行模式。

（2）操作步骤如图 10-3 所示。

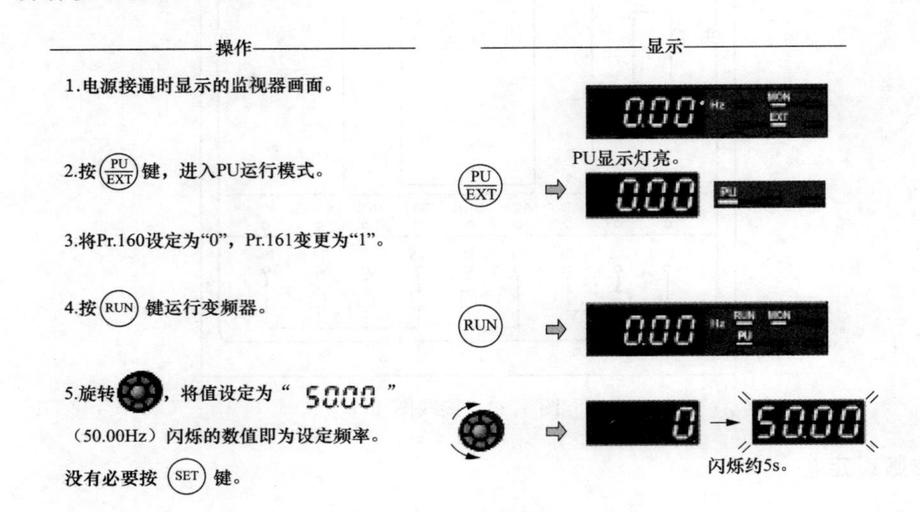

图 10-3 操作步骤图

（3）通过操作面板上（PU 模式）的RUN键和STOP/RESET键来控制变频器的启动、停止。

▶ 任务二　变频器点动运行

10.2.1 目的与要求

学习西门子 MM420 变频器的点动控制方式。

10.2.2 项目与任务

设计变频器参数设置，实现下述功能：数字输入 1 为点动正转，数字输入 2 为点动反转，正向点动频率为 20Hz，反向点动频率为 25Hz，点动的斜坡上升时间为 5s，点动的斜坡下降时间为 2s。

10.2.3 任务实施

1. 接线

按照图 10-4 进行接线。

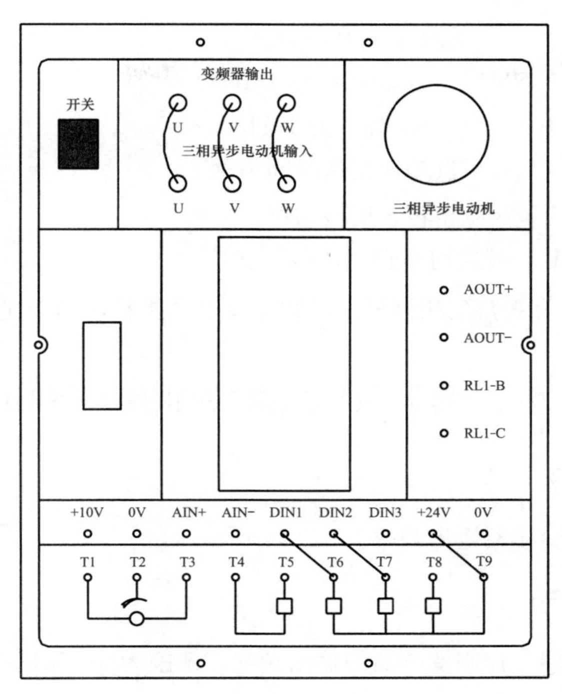

图 10-4 接线图 2

2. 参数设定

（1）P0010 参数为“30”，P0970 参数设为“1”——变频器复位到工厂设定值。
（2）P0003 参数为“2”——扩展用户的参数访问范围。
（3）P0700 参数为“2”——由端子排输入。
（4）P0701 参数为“10”——正向点动。
（5）P0702 参数为“11”——反向点动。
（6）P1058 参数为“20”——正向点动频率。
（7）P1059 参数为“25”——反向点动频率。
（8）P1060 参数为“5”——点动的斜坡上升时间。
（9）P1061 参数为“2”——点动的斜坡下降时间。

3. 操作演示

分别按下按钮“T6”和“T7”，观察电动机的正向点动与反向点动。

4. 附三菱 FR-D720S 变频器完成此项目的方法：

（1）给变频器送电，完成如下参数设置。
1）Pr. 79 参数为“1”——变频器切换为 PU 模式。
2）Pr. 1 参数为“50”——上限频率为 50Hz。

3）Pr. 2 参数为“0”——下限频率为 0Hz。

4）Pr. 13 参数为“0. 5”——启动频率为 0. 5Hz。

5）Pr. 15 参数为“10”——点动频率为 10Hz。

6）Pr. 16 参数为“1”——点动加减速时间为 1s。

7）Pr. 78 参数为“0”——正转、反转均可。

8）将变频器由“PU”模式切换到“JOG”模式。

（2）按下RUN键，注意观察变频器显示的频率及电动机转速的变化。

▶ 任务三　基于外部电位器控制的变频器的运行

10. 3. 1　目的与要求

学习用电位器控制变频器输出频率。

10. 3. 2　项目与任务

通过调节外控电位器，控制变频器的输出频率，范围为 0～50Hz。

10. 3. 3　任务实施

1. 接线

按照图 10-5 进行接线。

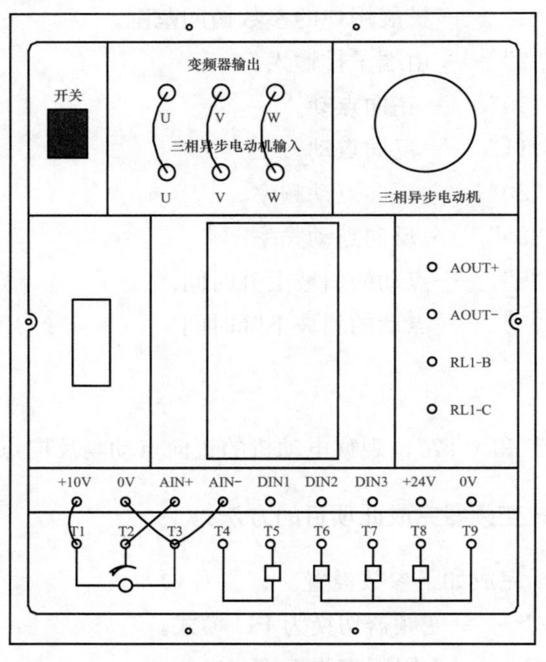

图 10-5　接线图 3

2. 参数设定

（1）P0010 参数为“30”，P0970 参数设为“1”——变频器复位到工厂设定值。
（2）P1000 参数为“2”——用模拟量给定频率。
（3）P0700 参数为“1”——由 BOP 控制变频器。

3. 操作演示

按下启动键，旋动电位器，注意观察变频器显示的频率以及电动机的转速的变化。

4. 附三菱 FR-D720S 变频器完成此项目的方法：

（1）给变频器送电，完成如下参数设置。
1）Pr. 79 参数为“1”——变频器切换为 PU 模式。
2）Pr. 1 参数为“50”——上限频率为 50Hz。
3）Pr. 2 参数为“0”——下限频率为 0Hz。
4）Pr. 7 参数为“3”——加速时间为 3s。
5）Pr. 8 参数为“3”——减速时间为 3s。
6）Pr. 73 参数为“0”——端子 2 的输入选择为 0～5V。
7）Pr. 78 参数为“0”——正转、反转均可。
8）Pr. 79 参数为“2”——变频器切换为 EXT 模式。
（2）接通“正转启动”，旋动电位器，注意观察变频器显示的频率及电动机转速的变化。

▶ 任务四　基于外部电压控制的变频器运行

10.4.1　目的与要求

学习用 0～10V 的电压信号控制变频器输出频率。

10.4.2　项目与任务

通过调节外部可调电压源，控制变频器的输出频率，范围为 0～50Hz。

10.4.3　任务实施

1. 接线

按照图 10-6 进行实验接线。

2. 参数设定

（1）P0010 参数为“30”，P0970 参数设为“1”——变频器复位到工厂设定值。

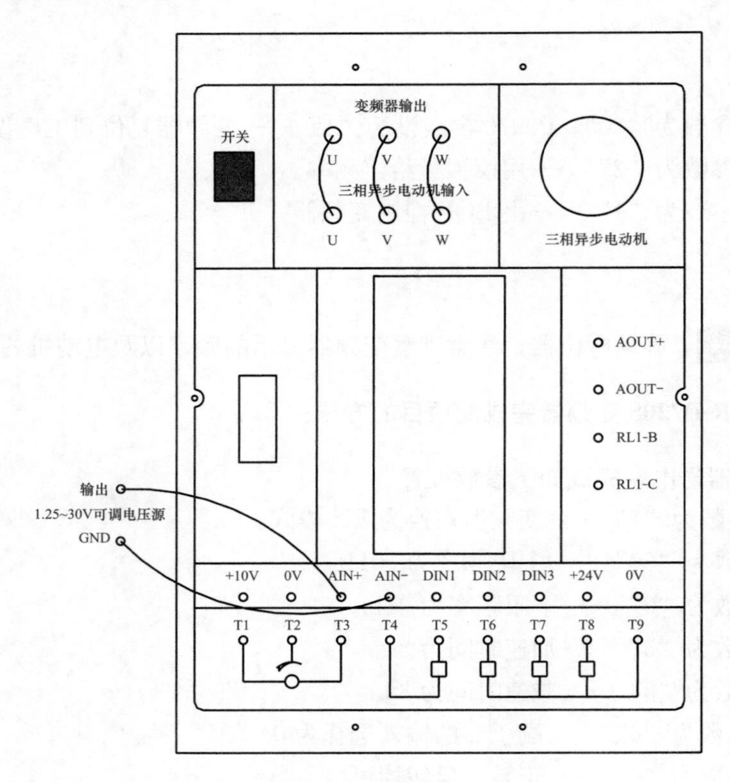

图 10-6　接线图 4

(2) P1000 参数为“2”——用模拟量给定频率。

(3) P0700 参数为“1”——由 BOP 控制变频器。

3. 操作演示

按下启动键Ⓘ，调节可调电压源，使其在 0～10V 内变化，注意观察变频器显示的频率以及电动机的转速的变化。

4. 附三菱 FR-D720S 变频器完成此项目的方法：

(1) 给变频器送电，完成如下参数设置。

1) Pr. 79 参数为“1”——变频器切换为 PU 模式。

2) Pr. 1 参数为“50”——上限频率为 50Hz。

3) Pr. 2 参数为“0”——下限频率为 0Hz。

4) Pr. 7 参数为“3”——加速时间为 3s。

5) Pr. 8 参数为“3”——减速时间为 3s。

6) Pr. 73 参数为“1”——端子 2 的输入选择为 0～10V。

7）Pr. 79 参数为“2”——变频器切换为 EXT 模式。

（2）接通“正转启动”，旋动电压源的电位器，注意观察变频器显示频率以及电动机转速的变化。

▶ 任务五　变频器模拟量输出检测

10. 5. 1　目的与要求

学习对变频器模拟量输出的检测。

10. 5. 2　项目与任务

用电位器调节变频器的频率，用电流表（或万用表的电流挡）检测其模拟量输出的变化。

10. 5. 3　任务实施

1. 接线

按照图 10-7 进行实验接线。

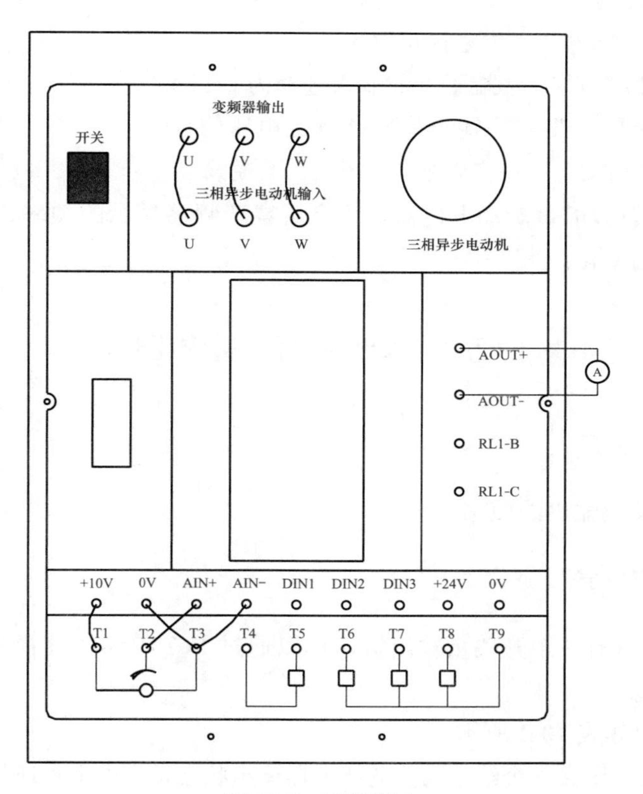

图 10-7　接线图 5

2. 参数设定

（1）P0010参数为“30”，P0970参数设为“1”——变频器复位到工厂设定值。

（2）P1000参数为“2”——用模拟量给定频率。

（3）P0700参数为“1”——由BOP控制变频器。

3. 操作演示

按下启动键，旋动电位器，注意观察变频器显示的频率、电流表指针指示的值以及电动机的转速的变化。

4. 附三菱FR-D720S变频器完成此项目的方法：

（1）给变频器送电，完成如下参数设置。

1）Pr. 79参数为“1”——变频器切换为PU模式。

2）Pr. 1参数为“50”——上限频率为50Hz。

3）Pr. 2参数为“0”——下限频率为0Hz。

4）Pr. 7参数为“3”——加速时间为3s。

5）Pr. 8参数为“3”——减速时间为3s。

6）Pr. 73参数为“0”——端子2的输入选择为0～5V。

7）Pr. 158参数为“2”——输出信号AM为电压信号。

8）Pr. 79参数为“2”——变频器切换为EXT模式。

（2）接通“正转启动”，旋动电位器，注意观察变频器显示的频率、电压表指针指示的值以及电动机转速的变化。

▶ 任务六　变频器开关量输出检测

10.6.1　目的与要求

学习变频器开关量输出的使用。

10.6.2　项目与任务

MM420变频器具有一个开关量输出端，可以通过P0731参数设置其功能，通过P0748参数设置其输出状态。

（1）P0731参数如表10-1所示。

（2）P0748参数：定义一个给定功能的继电器输出状态是高电平，还是低电平见表10-2。

（3）设定参数使变频器的开关量输出为“变频器到达最大频率”功能。

表 10-1　　P0731 参数

设定值	含　义	设定值	含　义
52.0	变频器准备	52.E	电动机正向运行
52.1	变频器运行准备就绪	52.F	变频器过载
52.2	变频器正在运行	53.0	直流注入制动投入
52.3	变器故障	53.1	变频器频率低于跳闸极限值
52.4	OFF2 停车命令有效	53.2	变频器低于最小频率
52.5	OFF3 停车命令有效	53.3	电流大于或等于极限值
52.6	禁止合闸	53.4	实际频率大于比较频率
52.7	变频器报警	53.5	实际频率低于比较频率
52.8	设定值/实际值偏差过大	53.6	实际频率大于/等于设定值
52.9	PZD 控制（过程数据控制）	53.7	电压低于门限值
52.A	已达到最大频率	53.8	电压高于门限值
52.B	电动机电流极限报警	53.A	PID 控制器的输出在下限幅值（P2292）
52.C	电动机抱闸（MHB）投入	53.B	PID 控制器的输出在上限幅值（P2291）
52.D	电动机过载		

表 10-2　　70748 参数

设定值	含　义
0	输出高电平
1	输出底电平

10.6.3　任务实施

1. 接线

按照图 10-8 进行实验接线。
灯 L0 可以使用 PLC 挂箱上的指示灯。

2. 参数设定

(1) P0010 参数为“30”，P0970 参数设为“1”——变频器复位到工厂设定值。
(2) P1000 参数为“2”——用模拟量给定频率。
(3) P0700 参数为“1”——由 BOP 控制变频器。
(4) P0731 参数为“52. A”——开关量输出功能为变频器到达最大频率。
(5) P0748 参数为“0”——开关量输出高电平。

3. 操作演示

按下启动键，旋动电位器，当频率为 50Hz 时灯亮，小于 50Hz 时灯灭。

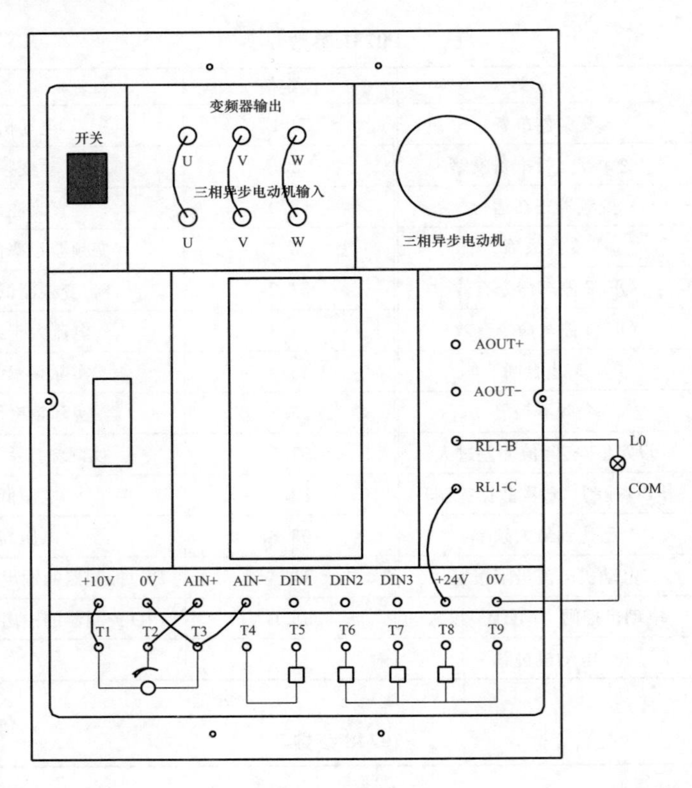

图 10-8　接线图 6

4. 附三菱 FR-D720S 变频器完成此项目的方法

(1) 给变频器送电，按下PU/EXT键进入 PU 运行模式，再按下MODE键进行如下参数设置。

1) Pr. 160 参数为“0”——扩张功能显示。

2) Pr. CL (ALLC) 参数为“1”——恢复出厂设置。

3) Pr. 160 参数为“0”——扩张功能显示。

4) Pr. 1 参数为“50”——上限频率为 50Hz。

5) Pr. 2 参数为“0”——下限频率为 0Hz。

6) Pr. 7 参数为“0. 5”——加速时间为 0. 5s。

7) Pr. 8 参数为“0. 5”——减速时间为 0. 5s。

8) Pr. 73 参数为“1”——端子 2 的输入选择为 0～5V。

9) Pr. 190 参数为“4”——RUN 端子功能选择。

10) Pr. 42 参数为“30”——输出频率检测。

11) Pr. 79 参数为“2”——变频器切换为 EXT 模式。

(2) 按下 T4 按键启动变频器，旋动电位器，当频率为 30Hz 时灯亮。

▶ 任务七 变频器实现多段速度控制

10.7.1 目的与要求

学习用变频器完成多段频率的输出。

10.7.2 项目与任务

用变频器完成一个可以输出 0Hz、10Hz、15Hz、20Hz、25Hz、30Hz、40Hz、50Hz 的多段频率输出的实验。

10.7.3 任务实施

1. 接线

按照图 10-9 进行接线。

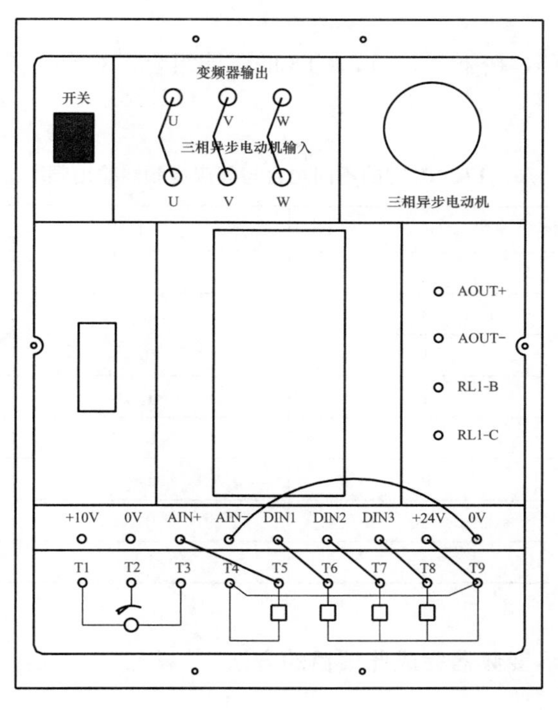

图 10-9 接线图 7

2. 参数设定

(1) P0010 参数为“30”，P0970 参数设为“1”——变频器复位到工厂设定值。

(2) P0003 参数为“2”——扩展用户的参数访问范围。

（3）P0700 参数为“2”——由模入端子/数字输入控制变频器。

（4）P0701 参数为“17”——BCD 码选择＋ON 命令。

（5）P0702 参数为“17”——BCD 码选择＋ON 命令。

（6）P0703 参数为“17”——BCD 码选择＋ON 命令。

（7）P0704 参数为“1”——正转启动。

（8）P1000 参数为“3”——固定频率设定值。

（9）P1001 参数为“10”——固定频率 1 为 10Hz。

（10）P1002 参数为“15”——固定频率 2 为 15Hz。

（11）P1003 参数为“20”——固定频率 3 为 20Hz。

（12）P1004 参数为“25”——固定频率 4 为 25Hz。

（13）P1005 参数为“30”——固定频率 5 为 30Hz。

（14）P1006 参数为“40”——固定频率 6 为 40Hz。

（15）P1007 参数为“50”——固定频率 7 为 50Hz。

3. 操作演示

按下启动/停止键 T5，按下 T6、T7、T8 的不同组合，对应变频器输出频率对应关系如表 10-3 所示。

表 10-3　　T6、T7、T8 键的不同组合与其应变频器输出频率

T8	T7	T6	输出频率（Hz）
0	0	0	0
0	0	1	10
0	1	0	15
0	1	1	20
1	0	0	25
1	0	1	30
1	1	0	40
1	1	1	50

4. 附三菱 FR-D720S 变频器完成此项目的方法

（1）给变频器送电，完成如下参数设置。

1）Pr. 79 参数为“1”——变频器切换为 PU 模式。

2）Pr. 1 参数为“50”——上限频率。

3）Pr. 2 参数为“5”——下限频率。

4）Pr. 4 参数为“20”——第 3 段速度。

5）Pr. 5 参数为“15”——第 2 段速度。

6）Pr. 6 参数为“10”——第 1 段速度。

7）Pr. 7 参数为“0. 5”——加速时间。

8）Pr. 8 参数为“0. 5”——减速时间。

9）Pr. 24 参数为“25”——第 4 段速度。

10）Pr. 25 参数为“30”——第 5 段速度。

11）Pr. 26 参数为“40”——第 6 段速度。

12）Pr. 27 参数为“50”——第 7 段速度。

13）Pr. 180 参数为“0”——RL 低速运行指令。

14）Pr. 181 参数为“1”——RM 中速运行指令。

15）Pr. 182 参数为“2”——RH 高速运行指令。

16）Pr. 79 参数为“2”——变频器切换为 EXT 模式。

（2）接通“正转启动”，将“高速”“中速”“低速”按 7 种不同组合接通，相应电动机按事先设定好的 7 种频率速度进行转动。

项 目 十 一

触摸屏、变频器与PLC的综合应用

▶ 任务一 触摸屏、PLC通过开关量控制变频器运行

11.1.1 项目与任务

由PLC控制变频器，实现多段速度控制。

(1) 具有手动和自动两种控制方式。

(2) 手动。手动时可以实现20Hz、25Hz、30Hz、35Hz、40Hz、45Hz、50Hz七种速度。

(3) 自动。手动时按下启动按钮，程序控制变频器每10s改变一次频率，初始值为20Hz，以后每10s加5Hz，加到50Hz后，经过10s后再重新从20Hz开始加，如此循环直到发出停止命令。

11.1.2 任务实施

1. I/O分配与开关量输出（见表11-1）

表11-1　I/O分配与开关量输出

序 号	点 号	符 号	意 义
1	Q0.0	AIN	变频器启停
2	Q0.1	DIN1	变频器数字量输入1
3	Q0.2	DIN2	变频器数字量输入2
4	Q0.3	DIN3	变频器数字量输入3

2. 通信点（见表11-2）

表11-2　各通信点设置

序 号	变量名	点 号	读写属性	意 义
1	手自动	M0.0	只写	手动控制与自动控制切换
2	启动	M0.1	只写	变频器启动

续表

序　号	变量名	点　号	读写属性	意　义
3	停止	M0. 2	只写	变频器停止
4	M20Hz	M0. 3	只写	手动 20Hz
5	M25Hz	M0. 4	只写	手动 25Hz
6	M30Hz	M0. 5	只写	手动 30Hz
7	M35Hz	M0. 6	只写	手动 35Hz
8	M40Hz	M0. 7	只写	手动 40Hz
9	M45Hz	M1. 0	只写	手动 45Hz
10	M50Hz	M1. 1	只写	手动 50Hz
11	运行	Q0. 0	只读	变频器运行
12	DIN1	Q0. 1	只读	变频器数字量输入 1 为 ON
13	DIN2	Q0. 2	只读	变频器数字量输入 2 为 ON
14	DIN3	Q0. 3	只读	变频器数字量输入 3 为 ON

3. 编写程序

根据控制要求以及 I/O 分配，写出 PLC 程序。如图 11-1 所示。

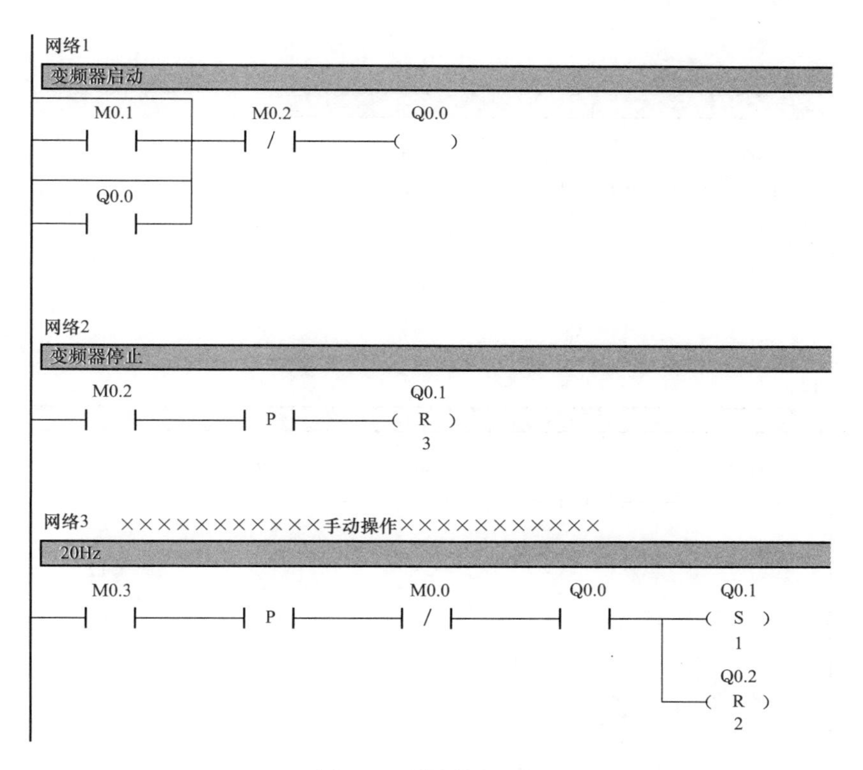

图 11-1　梯形图（一）

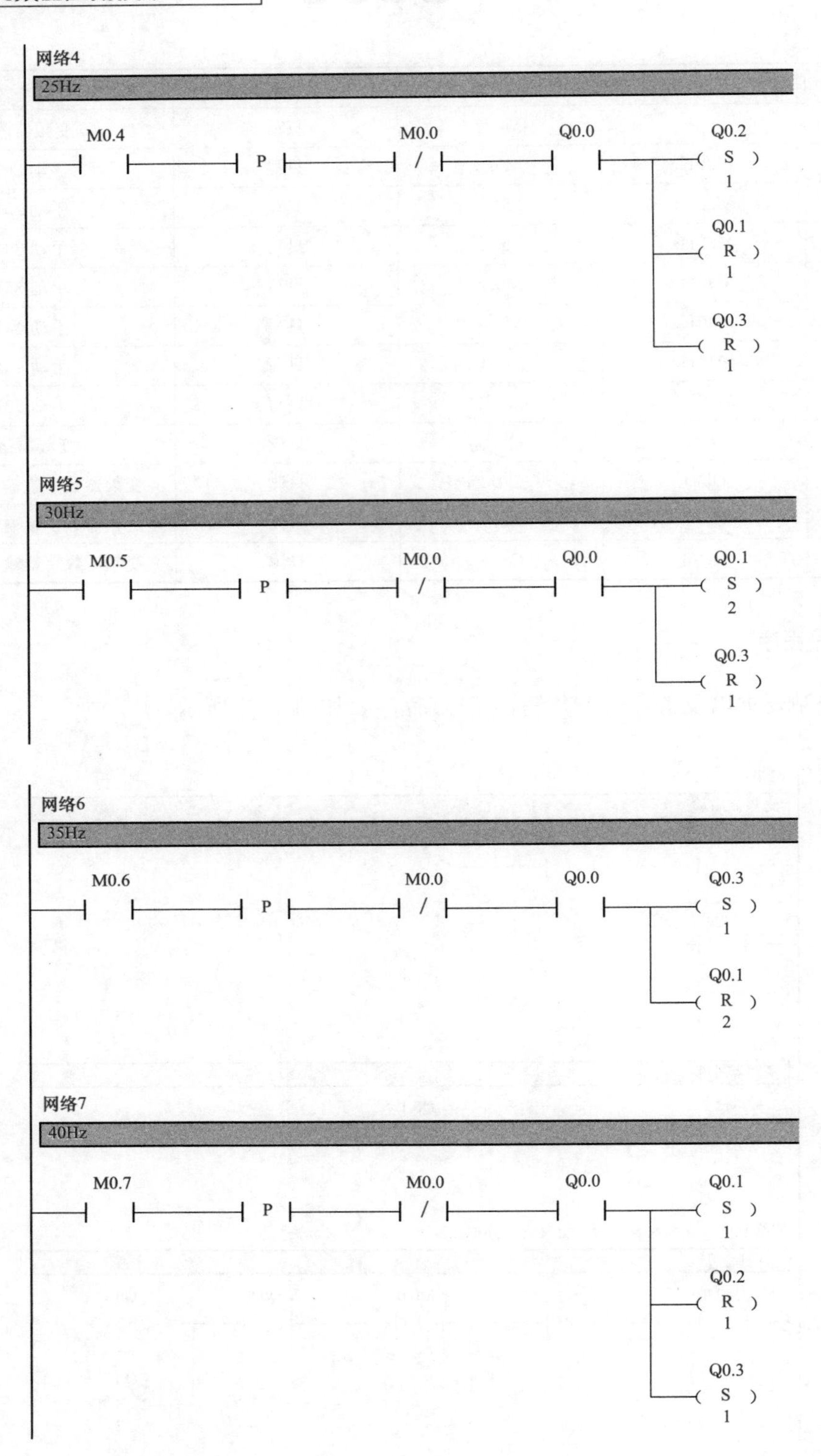
网络4
25Hz
M0.4
P
M0.0
/
Q0.0
Q0.2
S
1
Q0.1
R
1
Q0.3
R
1
网络5
30Hz
M0.5
P
M0.0
/
Q0.0
Q0.1
S
2
Q0.3
R
1
网络6
35Hz
M0.6
P
M0.0
/
Q0.0
Q0.3
S
1
Q0.1
R
2
网络7
40Hz
M0.7
P
M0.0
/
Q0.0
Q0.1
S
1
Q0.2
R
1
Q0.3
S
1

图 11-1　梯形图（二）

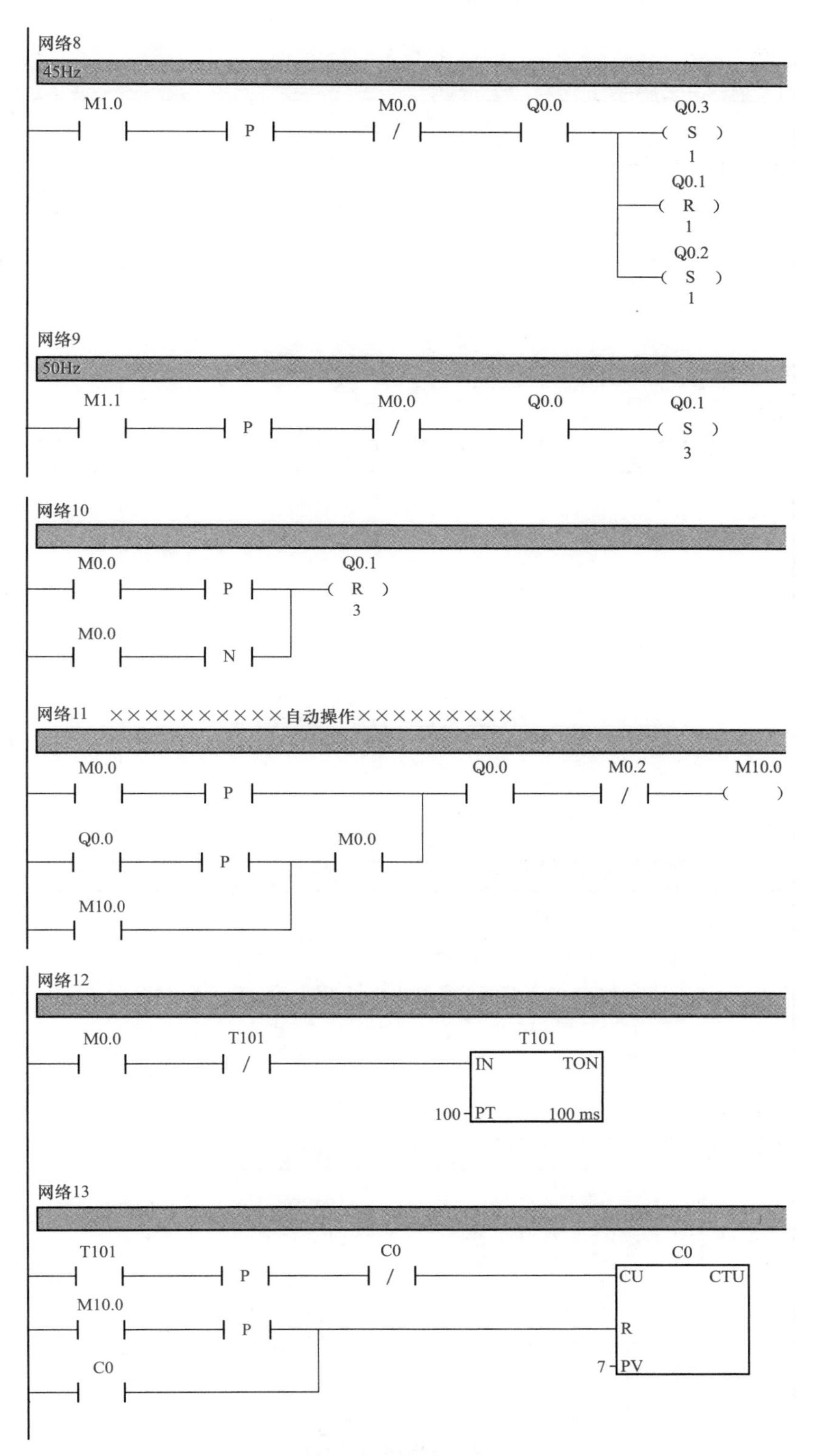
网络8
45Hz
M1.0
P
M0.0
Q0.0
Q0.3
S
1
Q0.1
R
1
Q0.2
S
1
网络9
50Hz
M1.1
P
M0.0
Q0.0
Q0.1
S
3
网络10
M0.0
P
Q0.1
R
3
M0.0
N
网络11 ××××××××××自动操作×××××××××
M0.0
P
Q0.0
M0.2
M10.0
Q0.0
P
M0.0
M10.0
网络12
M0.0
T101
T101
IN
TON
100
PT
100 ms
网络13
T101
P
C0
C0
CU
CTU
M10.0
P
R
C0
7
PV

图 11-1 梯形图（三）

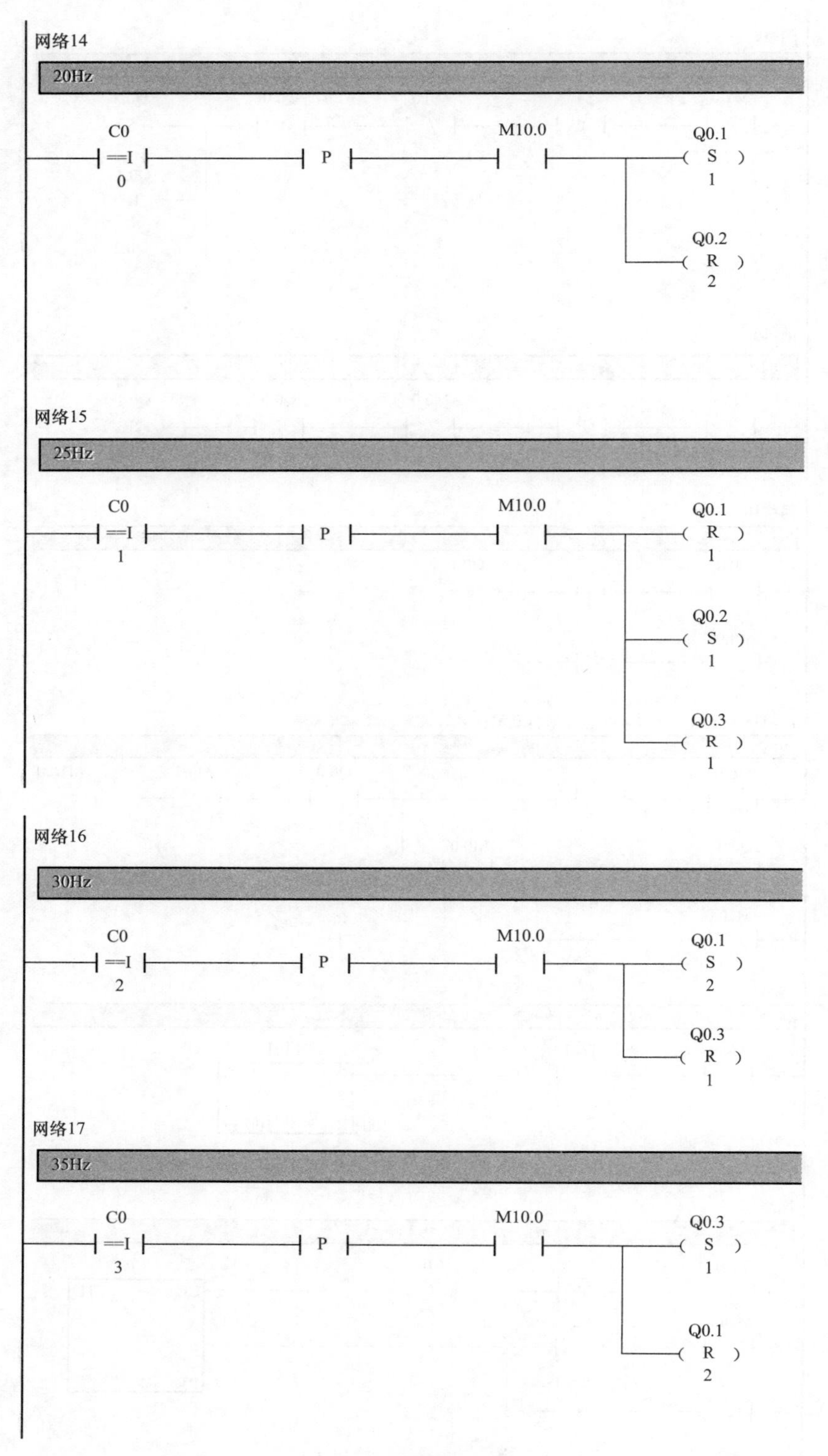

网络14
20Hz
C0
==I
0
P
M10.0
Q0.1
S
1
Q0.2
R
2
网络15
25Hz
C0
==I
1
P
M10.0
Q0.1
R
1
Q0.2
S
1
Q0.3
R
1
网络16
30Hz
C0
==I
2
P
M10.0
Q0.1
S
2
Q0.3
R
1
网络17
35Hz
C0
==I
3
P
M10.0
Q0.3
S
1
Q0.1
R
2

图 11-1　梯形图（四）

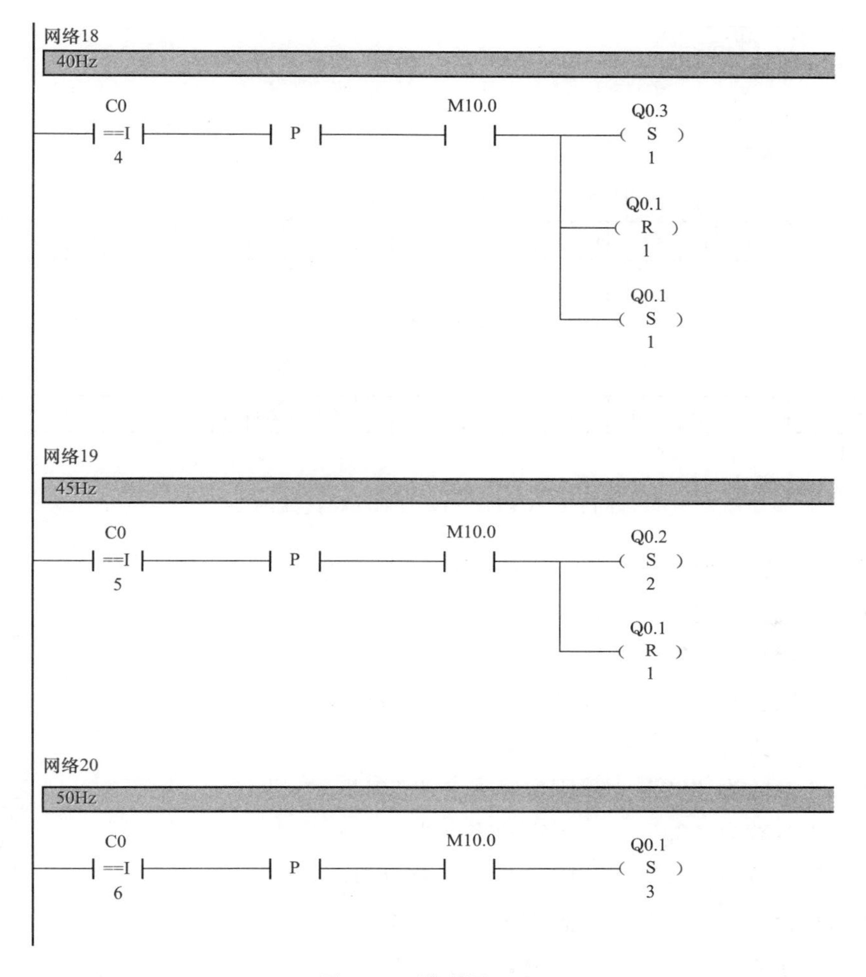

图 11-1　梯形图（五）

4. 接线

接线情况如图 11-2 所示。

5. 给变频器送电

完成如下参数设置。

（1）给变频器送电，完成如下参数设置。

1）P0010 参数为“30”，P0970 参数设为“1”——变频器复位到工厂设定值。

2）P0003 参数为“2”——扩展用户的参数访问范围。

3）P0700 参数为“2”——由模入端子/数字输入控制变频器。

4）P0701 参数为“17”——BCD 码选择＋ON 命令。

5）P0702 参数为“17”——BCD 码选择＋ON 命令。

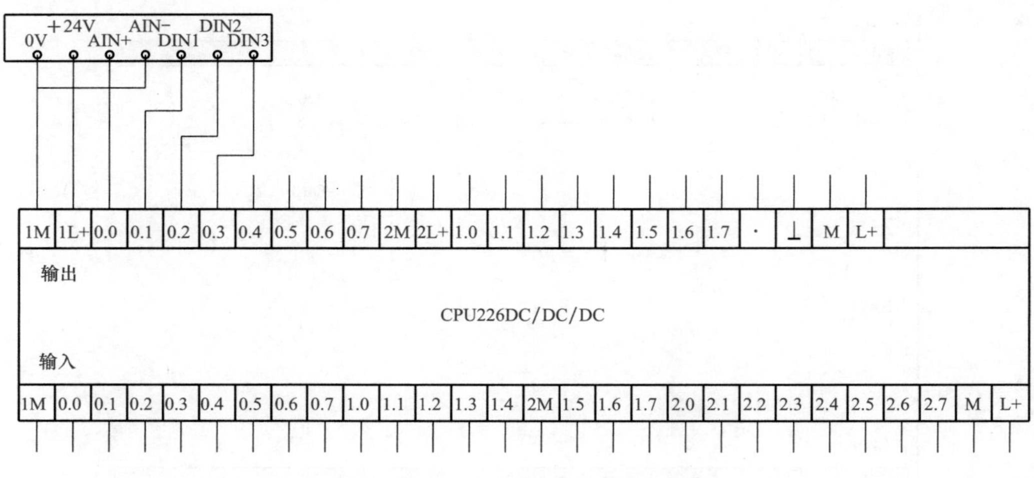

图 11-2 CPU226DC/DC/DC 接线图 1

6）P0703 参数为“17”——BCD 码选择＋ON 命令。

7）P0704 参数为“1”——正转启动。

8）P1000 参数为“3”——固定频率设定值。

9）P1001 参数为“20”——固定频率 1 为 20Hz。

10）P1002 参数为“25”——固定频率 2 为 25Hz。

11）P1003 参数为“30”——固定频率 3 为 30Hz。

12）P1004 参数为“35”——固定频率 4 为 35Hz。

13）P1005 参数为“40”——固定频率 5 为 40Hz。

14）P1006 参数为“45”——固定频率 6 为 45Hz。

15）P1007 参数为“50”——固定频率 7 为 50Hz。

（2）启动上位机，将“多段速度 . mwp”程序下载到 PLC 中。

（3）启动组态王，选“PLC 控制变频器多段速度”按“运行”进入组态王如图 11-3 所示的监控画面。

（4）按控制要求所述进行操作，观察实验结果是否符合要求。

6. 三菱 PLC 与 FR-D720S 变频器完成此项目的方法

（1）控制要求。变频器启动后，先以第一段速度 25Hz 的频率运行 5s，5s 后再以第二段速度 35Hz 的频率运行 5s，5s 后当变频器的 50Hz 的频率信号 X_2 到来时，变频器停止，同时电动机切换为工频运行。

（2）I/O 分配。

输入：X000，启动。

X001，停止。

X002，50Hz 频率信号。

输出：

Y000，变频器启动。

Y001，RL（低速）。

Y002，RM（中速）。

Y003，RH（高速）。

Y004，工频运行。

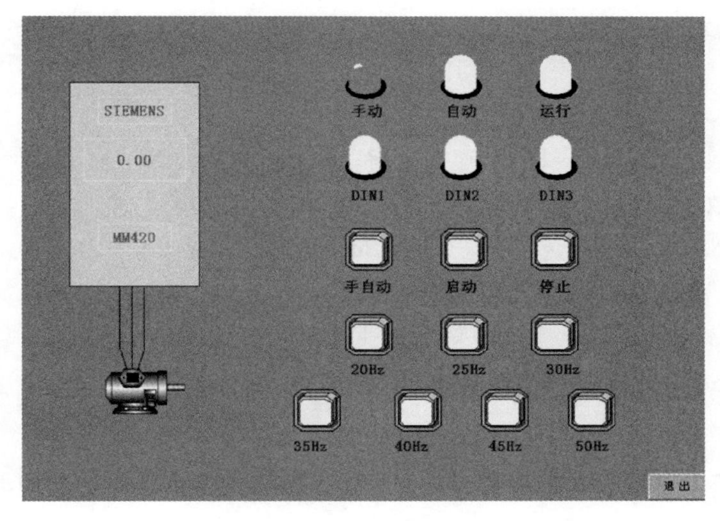

图 11-3 监控画面 1

（3）根据控制要求以及 I/O 分配，写出 PLC 程序。参考程序见 PLC 图 11-4 所示。

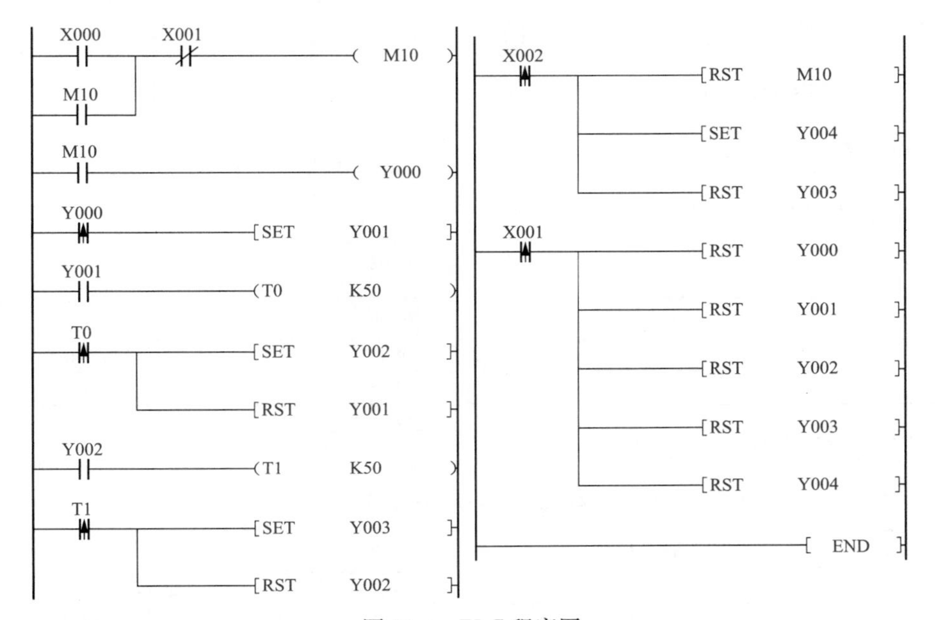

图 11-4 PLC 程序图

(4) 合上变频器电源开关，变频器面板点亮，按PU/EXT键把变频器切换为PU模式对变频器进行参数设定如下。

1) P.1参数为“50”——上限频率为50Hz。

2) P.2参数为“5”——下限频率为50Hz。

3) P.4参数为“50”——第3段速度。

4) P.5参数为“35”——第2段速度。

5) P.6参数为“25”——第1段速度。

6) P.7参数为“0.5”——加速时间。

7) P.8参数为“0.5”——减速时间。

8) P.60参数为“0”——RL低速运行指令。

9) P.61参数为“1”——RM中速速运行指令。

10) P.62参数为“2”——RH高速运行指令。

11) P.42参数为“50”——输出频率检测。

12) P.64参数为“4”——RUN端子功能选择。

(5) 参数设置完毕后，按PU/EXT键把变频器切换为EXT模式。

▶任务二　触摸屏、PLC通过模拟量控制变频器运行

11.2.1　项目与任务

用西门子EM235模块的模拟量输出设定变频器的运行频率在0～50Hz内变化，同时用EM235模块的模拟量输入实时监控变频器的实际频率。

11.2.2　任务实施

1. I/O分配

(1) 开关量输出见表11-3。

表11-3　　开关量输出表

序　号	点　号	符　号	意　义
1	Q0.0	DIN1	变频器正转
2	Q0.1	DIN2	变频器反转

(2) 模拟量输入输出见表11-4。

表11-4　　模拟量输入输出表

序　号	点　号	符　号	意　义
1	AIW0	AOUT	变频器实时频率检测
2	AQW0	AIN	变频器运行频率设定

2. 通信点（见表 11-5）

表 11-5　　　　通　信　表

序　号	变量名	点　号	读写属性	意　义
1	正转启动	M0.0	只写	变频器正转启动
2	反转启动	M0.1	只写	变频器反转启动
3	停止	M0.2	只写	变频器停止
4	正转运行	Q0.0	只读	变频器正转运行
5	反转运行	Q0.1	只读	变频器反转运行
6	反馈值	VW0	只读	变频器实时频率
7	设定值	VW2	只写	变频器频率设定

3. 编写程序

根据控制要求以及 I/O 分配，写出 PLC 程序。如图 11-5 所示。

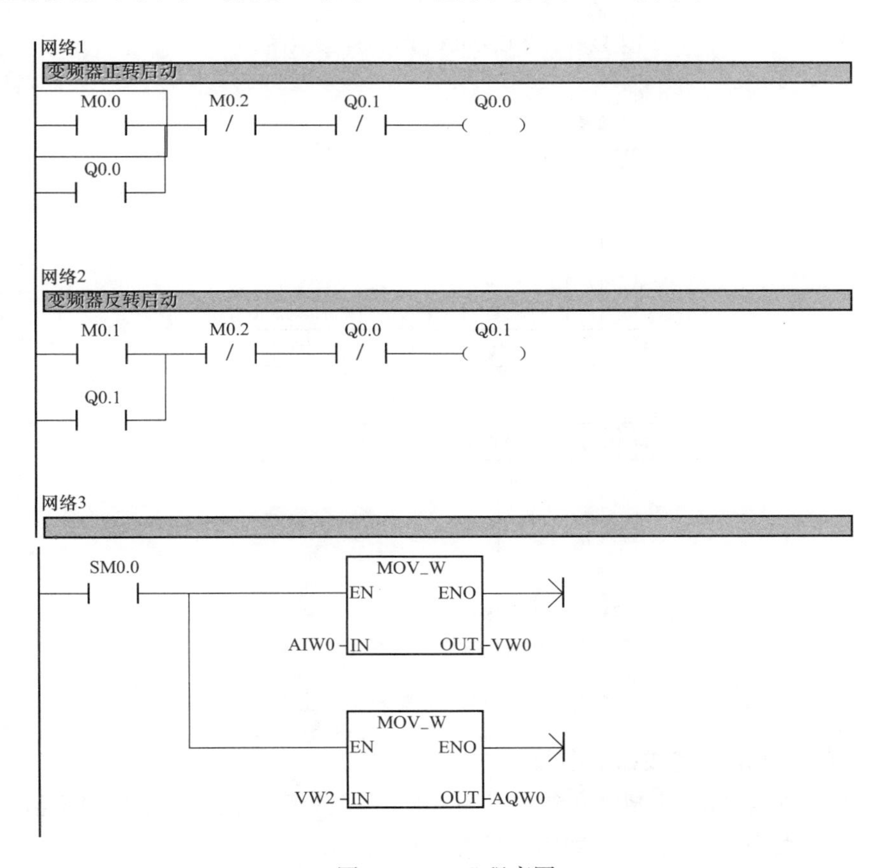

图 11-5　PLC 程序图

4. 接线

（1）接线如图 11-6 和图 11-7 所示。

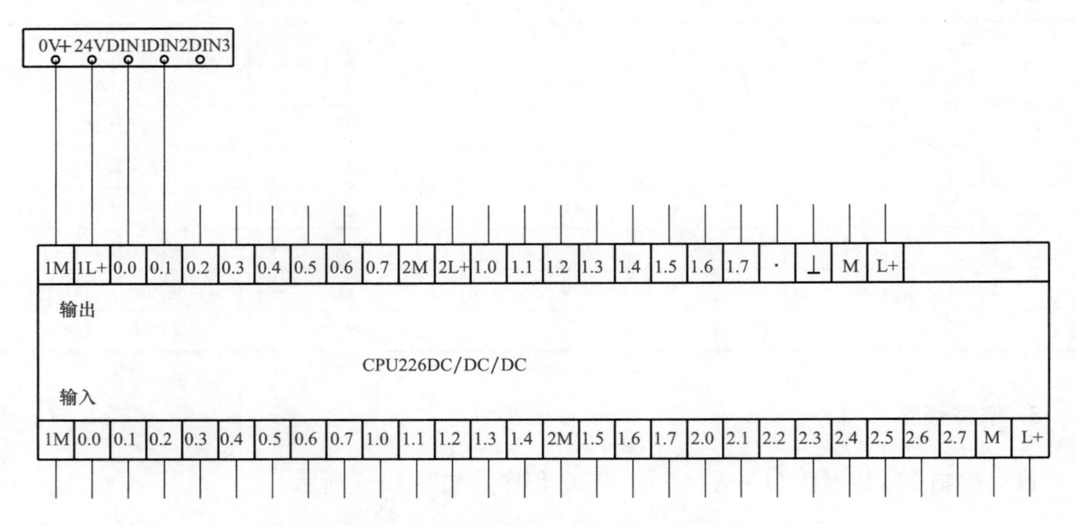

图 11-6　CPU226DC/DC/DC 接线图 2

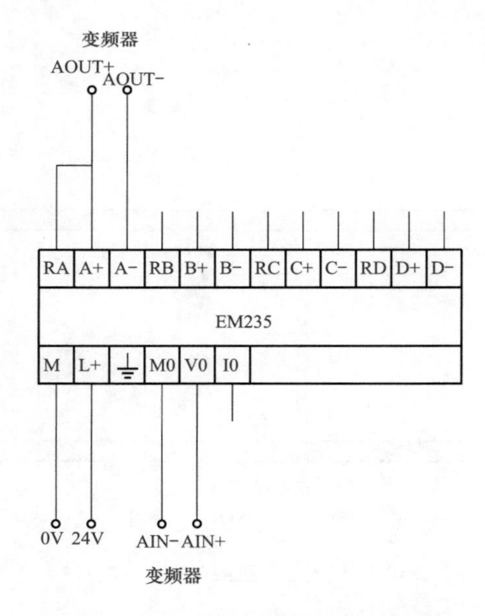

图 11-7　EM235 与变频器连接图

（2）给变频器送电，完成如下参数设置。

1）P0010 参数为“30”，P0970 参数设为“1”——变频器复位到工厂设定值。

2）P0003 参数为“2”——扩展用户的参数访问范围。

3）P0700 参数为“2”——由模入端子/数字输入控制变频器。

4）P0701 参数为“1”——正转启动。

5）P0702 参数为“2”——反转启动。

6）P0704 参数为“0”——禁止数字输入。

7）P1000 参数为“2”——用模拟量给定频率。

（3）启动上位机，将“模拟量控制变频器”程序下载到 PLC 中。

（4）启动触摸屏软件选“PLC 模拟量控制变频器”按“运行”进入触摸屏界面，如图 11-8 所示的监控画面。

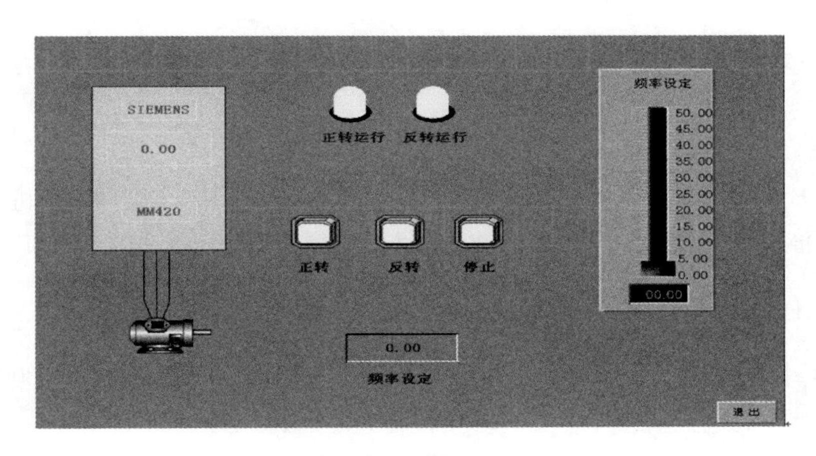

图 11-8 监控画面 2

（5）按控制要求所述进行操作，观察实验结果是否符合要求。

▶ 任务三 触摸屏、PLC 控制变频器实现恒压供水运行

11.3.1 项目与任务

在实际的生产、生活中，用户用水的多少是经常变动的，因此供水不足或供水过剩的情况时有发生。而用水和供水之间的不平衡集中反映在供水的压力上，即用水多而供水少，则压力低；用水少而供水多，则压力大。保持供水压力的恒定，可使供水和用水之间保持平衡。

现有 2 台电动机 M1、M2 拖动 2 台水泵如图 11-9 所示，控制要求如下。

（1）用转换开关实现手动、自动的切换。

（2）手动时由按钮分别控制 2 台电动机的启动、停止。

（3）自动时，变频器一控二异步切换，先用变频器控制 M1 启动调速，当变频器达到 50Hz 时延时 1min 水压力还在下限，把 M1 切换到工频运行，而变频器控制 M2 启动调速；压力上升，当压力到达上限，延时 30s 水压力还在上限，电机 M1 停机；当压力降至下限时，又使电动机 M2 频率为 50HZ，延时 1min 水压力还在下限，把 M2 切换到工频运行，而

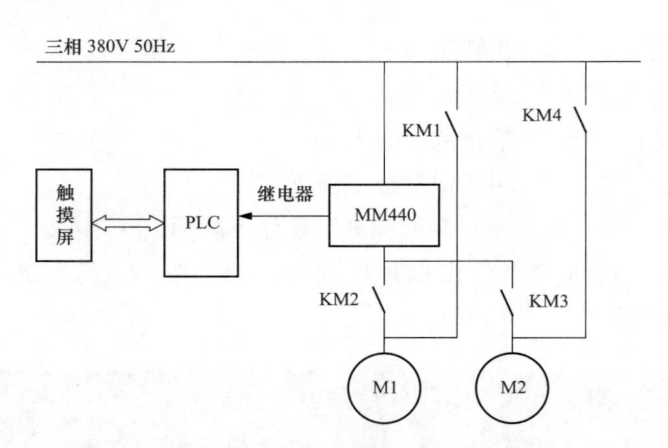

图 11-9 触摸屏 PLC 控制变频器恒压供水原理图

变频器控制 M1 启动调速。如此反复使水压恒定。停止时，M1 和 M2 同时停机。

（4）自动时，可用触摸屏来控制启动和停止，并能直接设置管道的压力值。

11.3.2 任务实施

采用 PLC 控制变频恒压供水系统。变频器采用 MM440，PLC 采用 S7-200，实现“一拖二”方式。

在加泵过程中，变频器驱动电动机达到额定转速时，变频器内部输出继电器动作，作为一个控制信号将电动机切换到工频电网直接供电运行，而变频器再去启动其他的电动机。以达到电动机软启动和节能的目的，切换过程由 PLC 控制实现。减泵时，则由 PLC 控制直接停止工频运行的电动机。采用“启先停”方式。

以电动机 M1 为例，首先将 KM2 闭合，M1 由变频器恒流启动，当电动机到达 50Hz 同步转速时，变频器 MM440 内部输出继电器动作，送出一个开关信号给 PLC，由 PLC 控制 KM2 断开，KM1 吸合，电动机 M1 转由电网供电。以此类推。变频器继续启动其他电动机。如果某台电动机需要调速，则可安排到最后启动，不再切换至电网供电，而由变频器驱动调速。

在本系统的切换中，对变频器的保护是切换控制可靠运行的关键。系统中可采用硬件和软件的双重连锁保护。启动过程中，必须保证每台电动机由零功率开始升速。为减少电流冲击，必须在达到 50Hz 时才可切换至电网。KM2 断开前，必须首先保证变频器没有输出，KM2 断开后，才能闭合 KM1，KM1 和 KM2 不可同时闭合。PLC 控制程序必须有软件连锁。

MM440 变频器有 2 个模拟输入端 ADC1 和 ADC2，可让一个模拟输入端用作反馈信号输入，另一个模拟输入端用作给定 PID 的目标值，这样使得 PID 的目标值能平滑地随意设定，操作很方便。模拟输入端 ADC2 接入反馈信号 0～10V，同时也把反馈信号送给 S7-200 的模拟输入端；给定的 PID 目标值由 ADC1 端通过 S7-200 的模拟输出给定。因此，这里

PLC采用S7-200 CPU224RLY+EM231+EM232。

触摸屏采用MCGS，直接与S7-200进行点对点连接，通过触摸屏能直接给PLC启/停控制命令以及给MM440变频器提供PID的目标值，同时能直接显示网管的压力值。

1. I/O的点数确定

表11-6为PLC的I/O分配表。

表11-6　　PLC的I/O分配表

输入位		
序　号	位	功　能
1	I0.1	接SB5，自动时启动
2	I0.2	接SB6，自动时停止
3	I0.3	接变频器RL1继电器，变频器故障切换信号
4	I0.4	接变频器RL2继电器，增加泵信号
5	I0.5	接变频器RL3继电器，减少泵信号
6	A+	接远传压力表送来的反馈信号
输出位		
7	Q0.1	接KM1，泵1工频运行
8	Q0.2	接KM2，泵1变频启动
9	Q0.3	接KM3，泵2变频启动
10	Q0.4	接KM4，泵1工频运行
11	Q0.5	接KA，变频器启动
12	V0	接变频器ADC1端，PID的给定目标值

要注意KM1与KM2、KM3与KM4须进行机械互锁。

2. 选择低压电器

（1）刀开关的选择。

1）闸刀开关。用于照明电路时可选择额定电压为220V，额定电流等于或大于电路最大工作电流的两极开关；用于电动机直接启动时，可选择额定电压为380V，额定电流等于或大于电动机额定电流3倍的三极开关。

2）组合开关。根据电源种类、电压等级、所需触点数、接线方式进行选择。直接控制电动机启动、停止，开关的额定电流一般选取电动机额定电流的1.5～2.5倍。

（2）断路器的选择。

1）断路器的额定工作电压大于或等于线路额定电压。

2）断路器的额定电流大于或等于线路计算负载电流。

3）断路器的额定短路通断能力大于或等于线路中可能出现的最大短路电流（一般按有效值计算）。

4）作导线保护的断路器。长延时整定值小于等于线路计算负载电流，瞬时动作整定值等于（6～20）倍线路计算负载电流。

5）作电动机保护的断路器。长延时电流整定值等于电动机额定电流；对保护笼型电动机的断路器，瞬时整定电流等于（8～15）倍电动机额定电流，对于保护绕线转子电动机的断路器，瞬时整定电流等于（3～6）倍电动机额定电流。

6）作配电变压器低压侧总开关时断路器，其分断能力应大于变压器低压侧的短路电流值，脱扣器的额定电流不应小于变压器的额定电流，短路保护的整定电流一般为变压器额定电流的6～10倍；过载保护的整定电流等于变压器的额定电流。

（3）熔断器的选择

1）应根据使用环境和负载性质选择适当类型的熔断器。

2）熔断器额定电压必须大于或等于电路的额定电压。

3）熔断器的额定电流必须大于或等于所装熔体的额定电流。

4）熔断器的分断能力应大于或等于电路可能出现的最大短路电流。

5）熔断器在电路中上、下两级的配合应有利于实现选择性保护。

6）对于电阻性负载的短路电流保护，熔体额定电流应等于或略大于电路的工作电流。

7）对于电动机负载，应按下式计算：

单台电动机

$$I_{RN} \geqslant (1.5 \sim 2.5) I_N$$

式中　I_N——电动机的额定电流（A）。

多台电动机

$$I_{RN} \geqslant (1.5 \sim 2.5) I_{Nmax} + \sum I_N$$

式中　I_{Nmax}——容量最大的一台电动机的额定电流（A）；

$\sum I_N$——其余电动机额定电流的总和（A）。

（4）主令电器的选择。控制按钮主要根据使用场合、触头数和所需颜色选择。行程开关根据动作要求和触头的数量选择。万能转换开关根据用途、所需触头挡数和额定电流选择。主令控制器根据额定电流和所需控制电路数选择。

（5）接触器的选择。

1）接触器的类型。可根据被控制的电动机或负载电流类型来选择，交流负载应使用交流接触器，直流负载应使用直流接触器。如果整个控制系统中主要是交流负载，而直流负载的容量较小时，也可全部使用交流接触器，但触头的额定电流应适当选大些。

2）接触器触头的额定电压。通常选择接触器触头的额定电压大于或等于负载回路的额定电压。

3）接触器主触头的额定电流。接触器主触头的额定电流应大于或等于电动机或负载的额定电流。由于电动机的额定电流与其额定功率有关，因此也可根据电动机的额定功率进行选择。当接触器使用在频繁启动、制动和正反转的场合时，一般将接触器主触头的额定电流降低一个等级或按可控制电动机的最大功率减半选用。

4）接触器线圈的电压。一般应使接触器线圈的电压与控制回路的电压等级相符。

5）接触器的辅助触头。接触器辅助触头的额定电流、数量和种类应能满足控制线路的要求，如不能满足时，可选用中间继电器。

（6）热继电器的选择。

1）热继电器的类型。一般都选用两相结构的热继电器，当三相电源严重不平衡，工作环境恶劣或遇较少有人照管的电动机时，可选用三相结构的热继电器，对于三角形接线的重要电动机，可选用带断相保护装置的热继电器。

2）热继电器的额定电流。应根据电动机或负载的额定电流选择热继电器和热元件的额定电流，一般热元件的额定电流应等于或稍大于电动机的额定电流。

3）热继电器的整定电流。热继电器和热元件的整定电流应与电动机的额定电流相等，但当电动机拖动的是冲击性负载、电动机启动时间较长或电动机拖动的设备不允许停电时，热元件的整定电流可比电动机的额定电流高 1.1～1.15 倍。

4）对于三角形连接电动机的保护，应采用三相带断相保护的热继电器。

3. 编写 PLC 控制程序

编写 PLC 控制程序前须编写控制工艺流程，要注意变频器的缺相检测功能，即起动变频器时须先接上电动机，而切除变频器输出端的电动机时须先停止变频器。要注意 KM1 与 KM2、KM3 与 KM4 动作互锁。然后根据 PLC 的 I/O 分配表，可以直接编写出梯形图。

4. 变频器参数设置

要注意 MM440 变频器的模拟输入端 ADC2 接入反馈信号 0～10V，ADC1 作为给定的 PID 目标值通过 S7-200 的模拟输出输给定。要注意参数设置的操作步骤。

1）参数复位，变频器停车状态下，设 P0010＝30，P0970＝1，再按下变频器操作面板上 P 键，变频器开始复位（显示 busy），复位过程大约为 3min。

2）设置电动机参数。电动机参数设置完成后，设 P0010＝0，变频器当前处于准备状态，可正常运行。

3）设置控制参数，要注意 P0701、P0756、P1000、P2200 等参数的设置。

4）设置目标参数，参数 P2253 确定 PID 设定值（目标值）通道，目标值以百分数表示。

5）设置反馈参数，参数 P2264 确定 PID 反馈信号通道，反馈值以百分数表示。

6）设置 PID 参数，参数 P2280 为 PID 比例增益系数，P2285 为 PID 积分时间，MM440 变频器没有微分功能。

5. 触摸屏画面的组态

MCGS 触摸屏组态时要注意正确选择 PLC 通信协议，且与 PLC 中系统模块里设置的波特率一致。画面创建时要考虑直观性和操控性，变量连接时要注意 PLC 的输入寄存器是只读属性，而 PLC 的输出寄存器是只写属性。

▶ 任务四　触摸屏、PLC 控制风机变频系统

11.4.1　项目与任务

1. 知识目标

（1）掌握 EM235 模块的使用方法。
（2）掌握速度测量传感器的使用方法。
（3）掌握变频器的使用方法。
（4）掌握风机变频控制系统的控制要求。
（5）掌握风机变频控制系统的硬件接线。
（6）掌握风机变频控制系统的通信方式。
（7）掌握风机变频控制系统的控制原理。
（8）掌握风机变频控制系统的 PID 控制的设计方法。
（9）掌握风机变频控制系统的 PLC 程序的设计方法。
（10）掌握风机变频控制系统的组态设计方法。

2. 能力目标

（1）初步具备风机变频控制系统的分析能力。
（2）初步具备 PLC 风机变频控制系统的设计能力。
（3）初步具备风机变频控制系统 PLC 的程序设计能力。
（4）初步具备对 PID 闭环控制系统的设计能力。
（5）初步具备风机变频控制系统的组态能力。
（6）初步具备风机变频控制系统 PLC 程序与组态的统调能力。

11.4.2　相关知识讲解

1. EM235 模块

EM235 模块能直接与 Pt100 热电阻相连，供电电源为 24V DC。EM235 模块有四路模拟量输入一路模拟量输出。输入、输出都可以为 0～10V 电压或 0～20mA 电流。图 11-10 为 EM235 模块的输入、输出连线示意图。

用 DIP 开关可以设置 EM235 模块，如图 11-11 所示，开关 1～6 用于选择模拟量输入范围和分辨率，所有的输入设置成相同的模拟量输入范围和格式。开关 1、2、3 是衰减设置，开关 4、5 是增益设置，开关 6 为单/双极性设置。

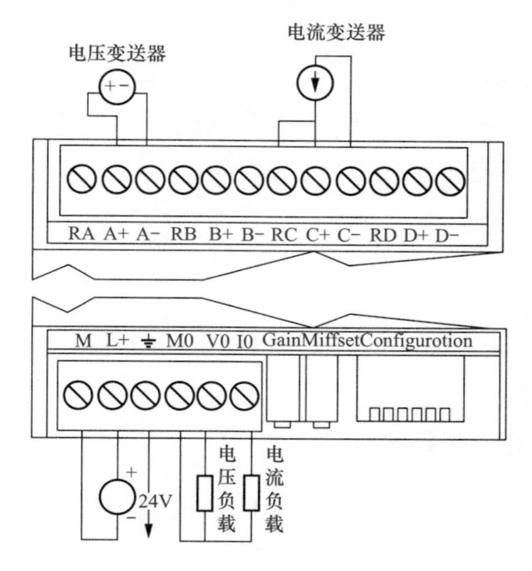

图 11-10　EM235 模块的输入、输出连接图

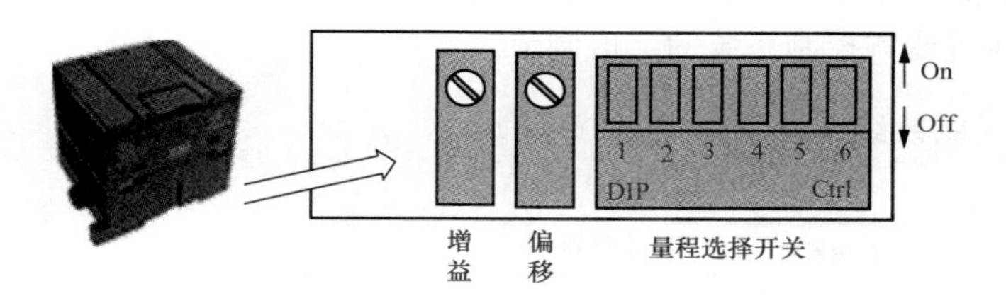

图 11-11　DIP 开关可以设置 EM235 模块

EM235 模块选择单/双极性、增益和衰减的开关设置及模块选择模拟量输入范围和分辨率的开关设置参考有关资料，本系统中 DIP 开关设置如表 11-7 所示。

表 11-7　　本系统 DIP 开关设置

SW1	SW2	SW3	SW4	SW5	SW6	满量程输入	分辨率
ON	OFF	OFF	OFF	OFF	ON	0～20mA	5μA

2. 风机模块前面板

风机模块前面板图如图 11-12 所示。

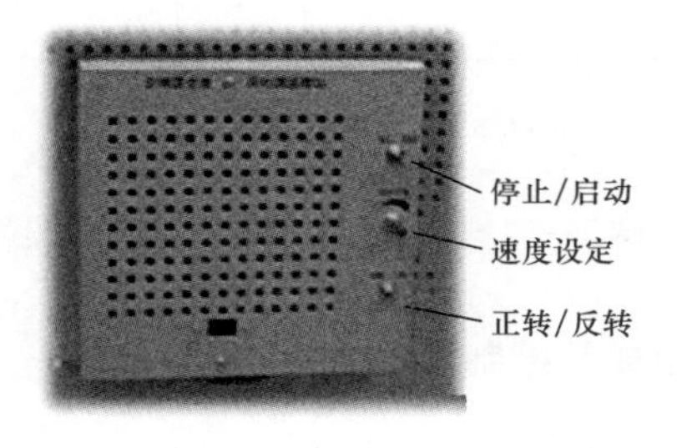

图 11-12　风机模块前面板图

3. 调速器

调速器特性：电源输入 0～36V，通过 PWM 技术，调节输出电压不超过输入电压。控制输入电压为 0～10V，输入电阻＞100kΩ。

4. 速度测量传感器

速度测量传感器为光电耦合器件。

11.4.3 任务实施

1. 风机变频控制系统的控制要求

(1) 用速度测量传感器、风机、PLC、EM235 模拟量处理模块、变频器等构成风机闭环控制系统。

(2) 用组态王软件来监控风机变频控制系统。

(3) 实现对风机变频控制系统的定值调节。

2. 风机变频控制系统接线图（见图 11-13）

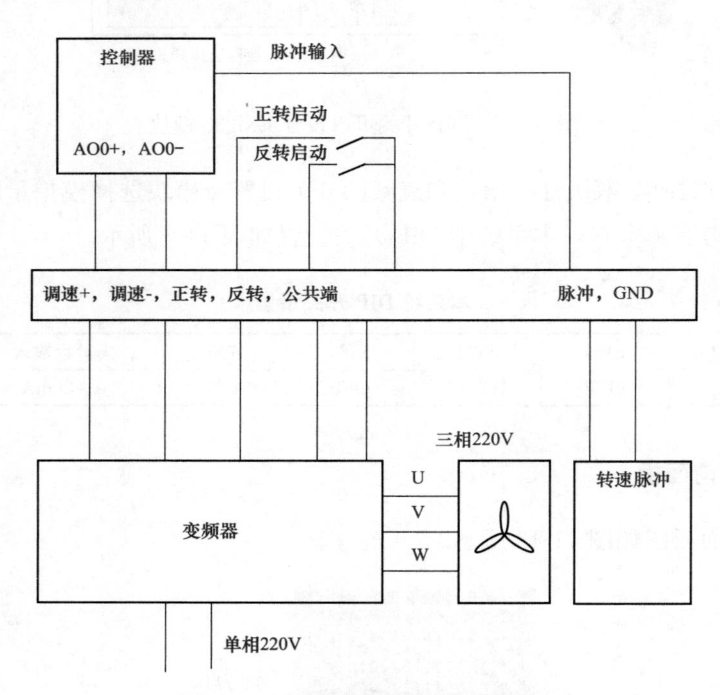

图 11-13　风机变频控制系统连接图

3. 风机变频控制系统的组成及控制原理

如图 11-14 所示，速度测量传感器将风机的转速转换成脉冲信号，然后经 I0.0 传送给高速计数器，在 PLC 程序中设计 100ms 的中断程序读取高速传感器的当前值，并经过标度变换将其转换成 0～1 之间的实数，传送到 PID 模块，与设定值进行比较后对偏差进行 PID 运算，将运算结果转换成 PLC 的标准数字输出信号，经模拟量处理模块转换成 4～20mA 的输出信号传送到变频器，变频器通过面板来控制风机的正转、反转以及风机的转速，使风机的转速稳定在设定值范围。

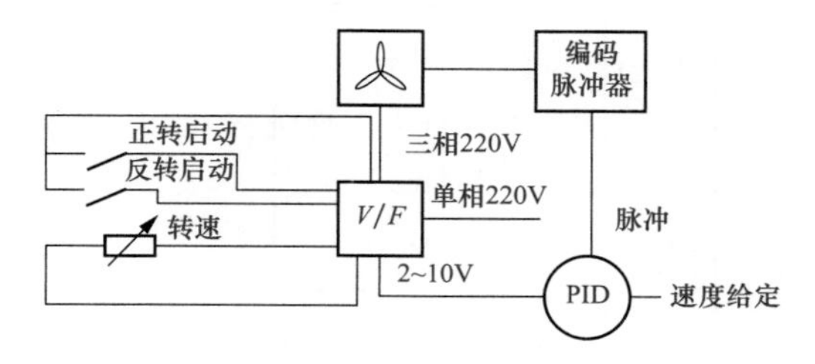

图 11-14 风机变频控制系统的组成图

4. 风机变频控制系统 PLC 控制程序

主程序包括以下两个网络。

（1）网络 1。初始化 PID 参数，指定采样周期为 0.1s，中断时间为 100ms。

初始化程序图如 11-15 图所示。

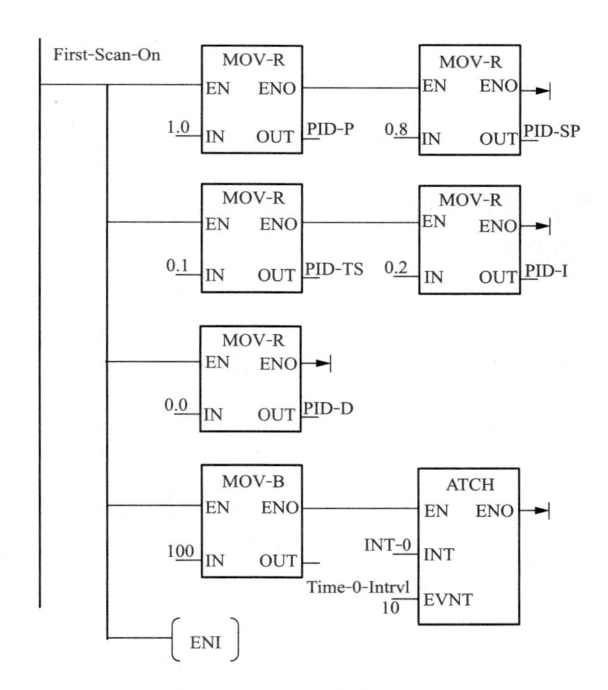

图 11-15 初始化程序图 1

（2）网络 2。定义高速计数器为 HSCO，当前值为 0，最大计数值为 1000000，并启动高速计数器 HSCO。初始化程序如图 11-16 所示。

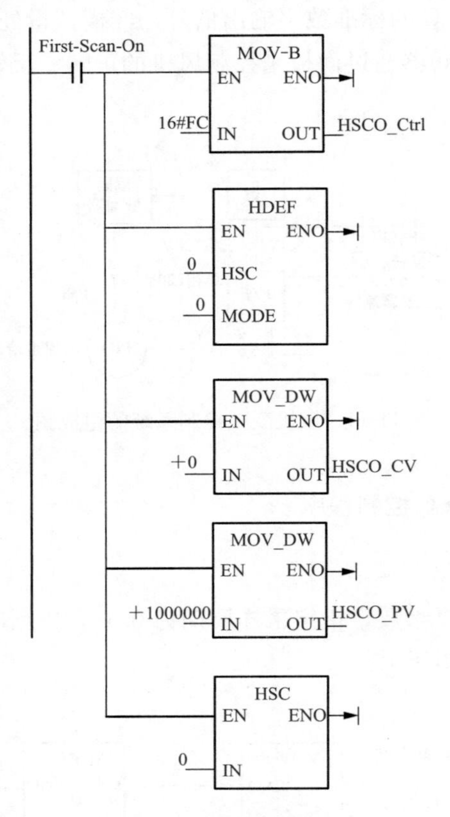

图 11-16　初始化程序图 2

（3）网络 3。实现手动/自动切换。

手动/自动切换程序如图 11-17 所示。

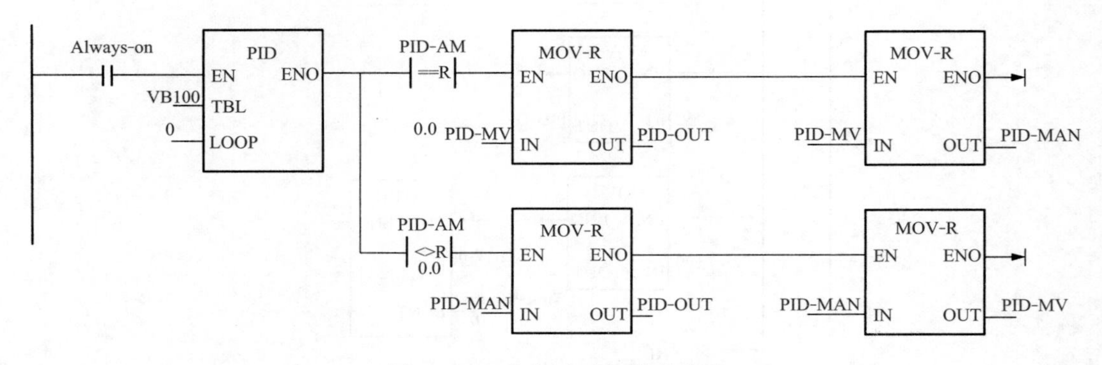

图 11-17　手动/自动切换程序图

（4）网络 4。将 0～1 之间的输出值转换为标准的输出值，然后传送到 AQWO。输出处理程序如图 11-18 所示。

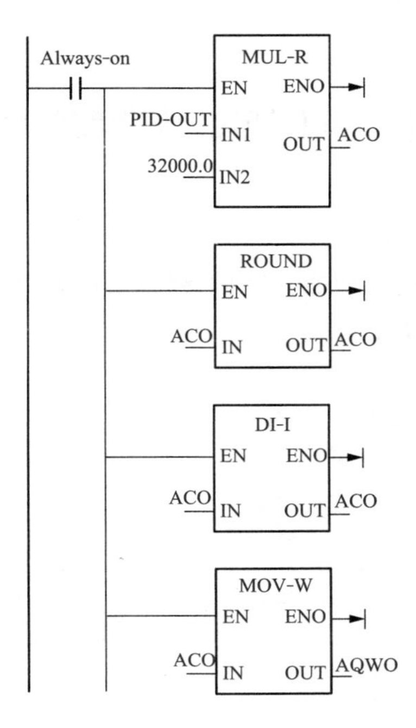

图 11-18　输出处理程序图

5. 风机变频控制系统的组态

风机变频控制系统如图 11-19 所示。

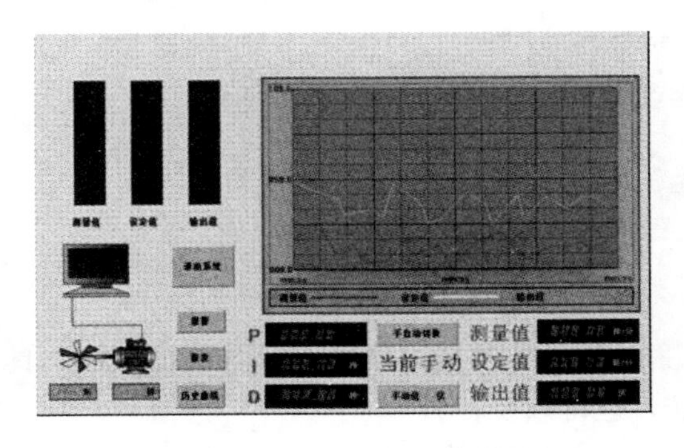

图 11-19　风机变频控制系统

6. 系统调试

（1）风机变频控制系统 PLC 程序调试。反复调试 PLC 程序，直到达到风机变频控制系统的控制要求为止。

（2）进入组态运行界面，调试组态界面，观察显示界面是否达到风机变频控制系统的控制要求，根据风机变频控制系统的显示需求添加必要的动画，根据动画要求修改 PLC 程序。

▶ 任务五　PLC 通过通信控制变频器运行

11.5.1　目的与要求

通过本任务了解变频器的通信功能，掌握 S7-200 PLC 与 MM420 变频器之间的通信方式、通信设置等，连接方式见图 11-20。

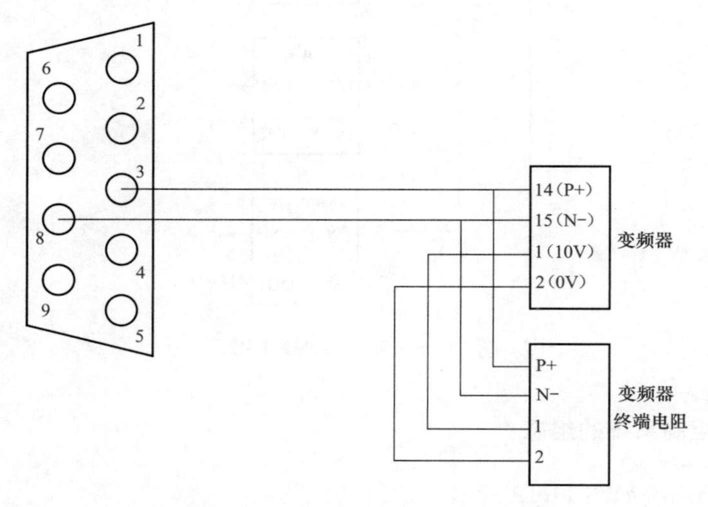

图 11-20　S7-200 PLC 与 MM420 变频器连接

1—机壳接地；2—逻辑地；3—RS485 信号 B；4—RTS；5—逻辑地；6—+5V；7—+24V；8—RS485 信号 A；9—机壳接地

11.5.2　项目与任务

1. 任务

有一台 PLC 和一台变频器，要求 PLC 通过通信控制变频器，具体控制要求如下：

(1) 变频器可以正转，也可以反转。

(2) 当变频器在运行时，变频器可以点动加频率，也可以点动减频率。每次加减的值为 2.5Hz。

(3) 当变频器的频率绝对值大于或等于 50Hz 时，不能再加频率。

(4) 变频器的正转和反转通过 PLC 的输出显示。

2. 相关知识

(1) 通用的串行接口协议。通用的串行接口协议（USS）按照串行总线的主-从通信原理来确定访问的方法。总线上可以连接一个主站和最多 31 个从站。主站根据通信报文中的地址字符来选择要传输数据的从站。在主站没有要求它进行通信时，从站本身不能首先发送数据，各个从站之间也不能直接进行信息的传输。

（2）通信报文的结构。每条报文都是以字符 STX（＝02hex）开始，接着是长度的说明（LGE）和地址字节（ADR）。然后是采用的数据字符。报文以数据块的检验符（BCC）结束，如图 11-21 所示。

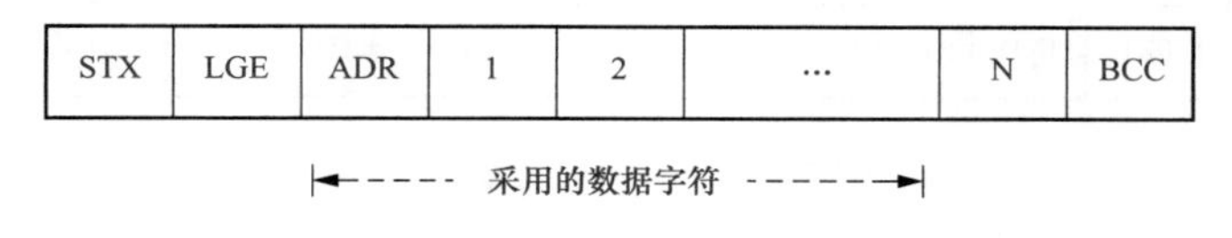

图 11-21　通信报文的结构

（3）USS 协议有关信息的详细说明。

STX：STX 区是一个字节的 ASC II STX 字符（02hex），表示一条信息的开始。

LGE：LGE 区是一个字节，指明这一条信息中后跟的字节数目。按照 USS 的技术说明，报文的长度是可以变化的，而且报文的长度必须在报文的第 2 个字节（即 LGE）中说明。根据配置，可以把报文定义为固定的长度（参看 PKE 和 PZD 区的说明）。

总线上的各个从站结点可以采用不同长度的报文。一条报文的最大长度是 256 个节，LGE 是根据所采用的数据字符（数量 n）数，地址字节（ADR）和数据块检验字符（BCC）确定的。

显然，实际的报文总长度比 LGE 要多 2 个字节，因为字节 STX 和 LGE 没有计算在 LGE 以内。

Micro Master 4 既可以采用变化的报文长度，也可以采用固定的报文长度。采用哪种报文长度由参数 P2012 和 P2013 来定义 PZD 和 PKW 的长度。最常用的固定长度是 4 个字（8 字节）的 PKW 区和 2 个字（4 字节）的 PZD 区，共有 12 个数据字符。因此，

$$LGE=12+2=14$$

ADR：ADR 区是一个字节，是从站结点（即变频器）的地址。地址字节每一位的寻址如图 11-22 所示。

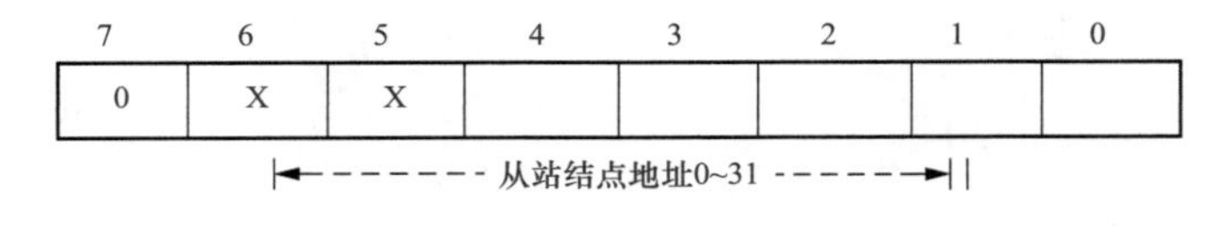

图 11-22　地址（ADR）的位号

位 5 是广播位。如果这一位设置为 1，该信息就是广播信息，对串行链路上的所有信息都有效。结点号是不用判定的。USS 协议规范要求在 PKW 区进行一些设置。

位 6 表示镜像报文。结点号需要判定，被寻址的从站将未加更改的报文返回给主站。不用的位应设置为 0。

BCC：BCC 区是长度为一个字节的校验和，用于检查该信息是否有效。它是该信息中BCC 前面所有字节“异或”运算的结果。如果根据校验和的运算结果，表明变频器接收到的信息是无效的，它将丢弃这一信息，并且不向主站发出应答信号。

（4）有效的数据字符。有效的数据块分成两个区域，即 PKW 区（参数识别 ID-数值区）和 PZD 区（过程数据），如图 11-23 所示。

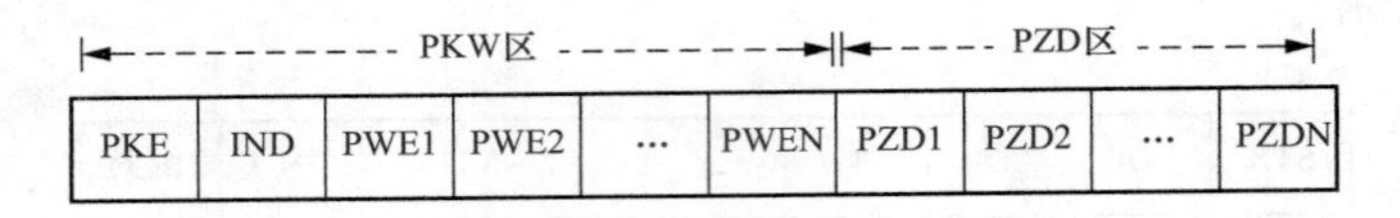

图 11-23　有效的数据字符

PKW（参数识别标记 ID-数值区）：PKW 区说明参数识别 ID-数值（PKW）接口的处理方式。PKW 接口并非物理意义上的接口，而是一种机理，这一机理确定了参数在两个通信伙伴之间（如控制装置与变频器）的传输方式，例如，参数数值的读和写。

PZD 区（过程数据）：如图 11-24 所示通信报文的 PZD 区是为控制和监测变频器而设计的。在主站和从站中收到的 PZD 总是以最高的优先级加以处理。处理 PZD 的优先级高于处理 PKW 的优先级，而且，总是传送接口上当前最新的有效数据。

	PZD1	PZD2	PZD3	PZD4
主站—MicroMaster4	STW	HSW	HSW2	STW2
MicroMaster4—主站	ZSW	HIW	ZSW2	HIW2

图 11-24　PZD（过程数据）区的结构

（5）USS 协议指令。

1）USS _ INIT 指令。如图 11-25 所示。

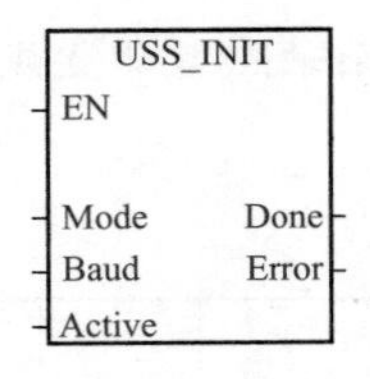

图 11-25　USS _ INIT 指令

USS _ INIT 指令用来使能、初始化或禁止 MicroMaster 驱动的通信。USS _ INIT 指令必须无错误地执行，才能够执行其他的 USS 指令。

参数说明如下（见图 11-26）：

EN：当 EN 输入接通时，每一循环都执行该指令。在每一次通信状态改变时只执行一次 USS _ INIT 指令，使用边沿检测指令脉冲触发 EN 输入接通。要改变初始化参数，需执行一个新的 USS _ INIT 指令。

Mode：可选择不同的通信协议：输入值为 1 指定 Port0 为 USS 协议并使能该协议，输入值为 0 指定 Port 0 为 PPI 并且禁止 USS 协议。

Baud：设置波特率为 1200、2400、4800、9600、19200、38400、57600 或 115200。

Acitive：表示激活驱动器，支持地址 0 到 31。

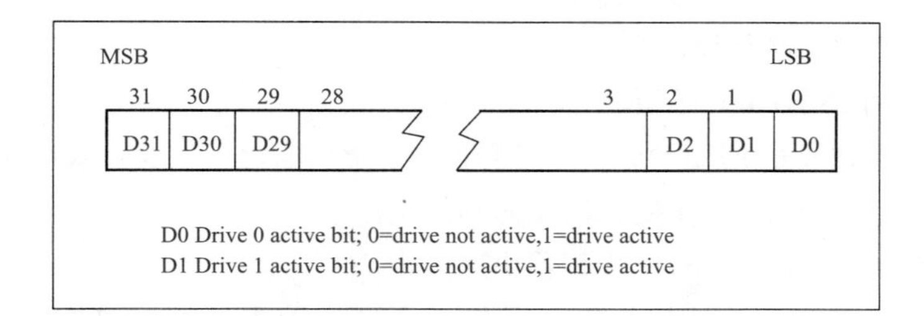

图 11-26 激活参数说明和格式图

Done：指令完成后，在继续进行下一个指令之前，Done 位立即被置位。

Error：输出字节 Error 包含指令执行情况的信息。

2）USS _ CTRL 指令。如图 11-27 所示。USS _ CRTL 指令用于控制 Active MicroMaster 变频器，每个变频器只应有一个 USS _ CTRL 指令。该指令将选择的命令放在一个通信缓冲区内，如果该变频器已由 USS _ INIT 指令 ACTIVE 参数选中的话，缓冲区中的命令将发送到该变频器。

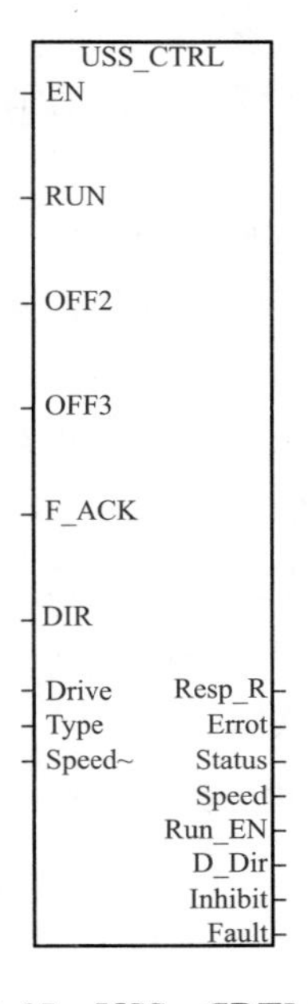

图 11-27 USS _ CRTL 指令

参数说明如下：

EN：位为1，启动USS _ CRTL，这个指令总是在允许状态。

RUN：RUN/STOP，指示变频器是接通1或是断开0。当RUN位是接通时MicroMaster变频器收到一个命令以便开始以规定的速度和方向运动。为了使变频器运动必须具备以下条件：

（1）在USS _ INIT中将变频器激活；

（2）OFF1和OFF2必须设定为0；

（3）FAULT和INHIBIT必须为0。

当RUN断开时则发送MicroMaster变频器一个命令电动机速度降低，一直到停止。

OFF2：用来使MicroMaster变频器减速到停止。

OFF3：用来命令MicroMaster变频器快速停止。

F _ ACK：故障确认位，用来确认一个故障，当F _ ACK从低变高时变频器清除故障。

DIR：方向位，指示变频器应向哪个方向运动，0——逆时针方向1——顺时针方向。

Drive：是DRV _ CTRL命令发送给变频器的地址（0～31）。

Type是变频器的类型，将MicroMaster3（或更早版本）驱动器的类型设为0。将MicroMaster4驱动器的类型设为1。

Speed _ SP：速度设定点，是作为全速百分比的驱动器速度。Speed _ SP的负值会使驱动器反向旋转方向。范围：－200.0%～200.0%。

Resp _ R：（收到响应）位，确认来自驱动器的响应。对所有的激活驱动器都要轮询最新的驱动器状态信息。每次S7-200接收到来自驱动器的响应时，每扫描一次，Resp _ R位就会接通一次并更新所有相应的值。

Err：是一个错误状态字节它包含与变频器通信请求的最新结果，指令执行中可能会出现的错误。

Status：是由变频器返回的状态字的原始值。

Speed：是变频器返回的用满速度百分比表示的变频器速度（－200.0%～200.0%）。

Run _ EN：用于指示变频器的状态，正在运行1或已停止0。

D _ Dir：指示变频器的旋转方向，0——逆时针方向，1——顺时针方向。

Inhibit：指示变频器上的禁止位的状态，0——不禁止，1——被禁止。要清除禁止位Fault位必须断开Run，OFF2以及OFF3输入也必须断开

Fault：指示故障位的状态，0——无故障，1——故障，变频器显示故障代码，要清除Fault位需，消除故障原因并接通F _ ACK位。

4系列小变频标准状态字的状态位和主反馈如图11-28所示。

3. I/O分配

（1）开关量输入见表11-8。

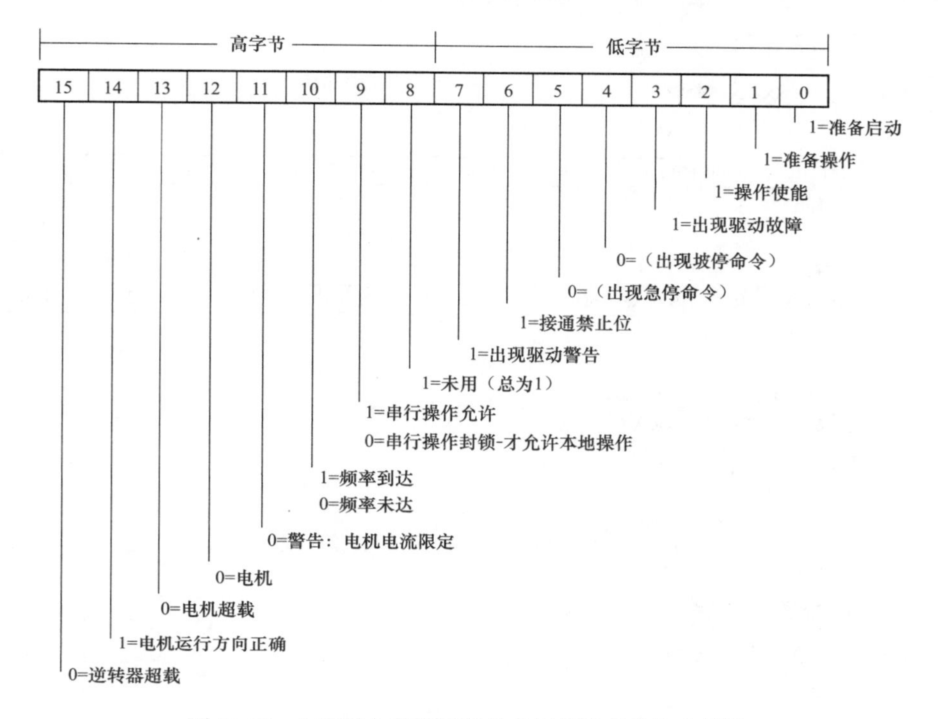

图 11-28　4 系列小变频标准状态字的状态位和主反馈

表 11-8　　开关量输入表

序　号	点　号	符　号	意　义
1	I0.0	K6	启动
2	I0.1	K7	正转/反转切换
3	I0.2	K0	点动+2.5Hz
4	I0.3	K1	I点动−2.5Hz
5	I0.4	K2	变频器快速停止
6	I0.5	K3	变频器减速到停止
7	I0.6	K4	变频器故障复位

（2）开关量输出见表 11-9。

表 11-9　　开关量输出表

序　号	点　号	符　号	意　义
1	Q0.0	L0	正转指示
2	Q0.1	L1	反转指示

11.5.3　任务实施

（1）用跨接线连接好接线，如图 11-29 所示。

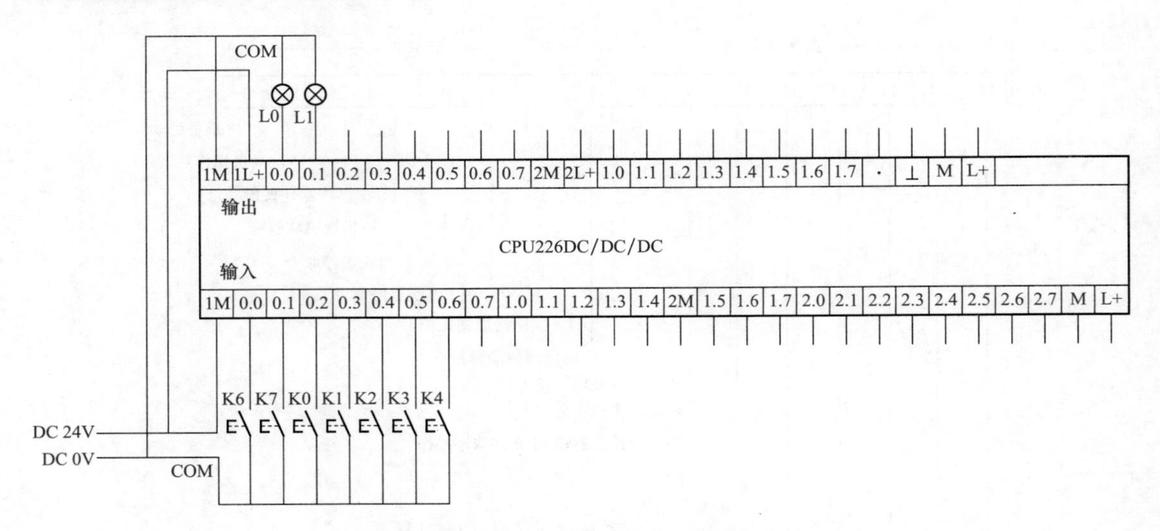

图 11-29 PLC 与变频器通信实验接线图

（2）给变频器送电，完成如下参数设置。

1）将驱动恢复为出厂设置：

P0010＝30。

P0970＝1。

如果忽略该步骤，需确保以下参数设置：

USS PZD 长度：P2012＝2。

USS PKW 长度：P2013＝127。

2）使能对所有参数的读写访问（专家模式）：P0003＝3。

3）检查电动机设置：

P0304＝电动机额定电压。

P0305＝电动机额定电流。

P0307＝电动机额定功率。

P0310＝电动机额定频率。

P0311＝电动机额定速度。

这些设置因使用的电动机而不同。要设置这几个参数，必须先将 P0010 设为 1（快速调试模式），当完成参数设置后，将参数 P0010 再设为 0。

4）设置本地/远程控制模式：P0700＝5。

5）在 COM 链接中设置到 USS 的频率设定值：P1000＝5。

6）斜坡上升时间：P1120＝3。

7）斜坡下降时间：P1121＝3。

8）设置串行链接参考频率：P2000=50。

9）设置USS标准化：P2009=0。

10）设置RS485串口波特率：P2010=6（9600b/s）。

11）设置从站地址：P2011=0。

12）设置串行链接超时：P2014=0。

（3）给变频器和PLC断电，用通信电缆连接好PLC和变频器，再给变频器和PLC送电。

（4）将程序“PLC和变频器通信.mwp”，下载到PLC。

（5）根据PLC的I/O分配操作，观看变频器的频率变化。

参 考 文 献

[1] 李红萍. 工控组态技术及应用——组态王 [M]. 陕西：西安电子科技大学出版社，2011.

[2] 袁秀英. 计算机监控系统的设计与调试——组态控制技术 [M]. 2 版. 北京：电子工业出版社，2010.

[3] 马宏骞. PLC、变频器与触摸屏技术及实践 [M]. 北京：电子工业出版社，2014.